文物建筑保护利用案例解读

CASE STUDIES ON HERITAGE BUILDINGS' CONSERVATION AND ADAPTIVE REUSE

国家文物局《文物建筑保护利用案例解读》课题组　主编

中国建筑工业出版社

图书在版编目（CIP）数据

文物建筑保护利用案例解读 = CASE STUDIES ON HERITAGE BUILDINGS' CONSERVATION AND ADAPTIVE REUSE / 国家文物局《文物建筑保护利用案例解读》课题组主编 . —北京：中国建筑工业出版社，2022.11
ISBN 978-7-112-27691-2

Ⅰ . ①文…　Ⅱ . ①国…　Ⅲ . ①古建筑—文物保护—案例—中国　Ⅳ . ① TU-87

中国版本图书馆 CIP 数据核字（2022）第 138659 号

责任编辑：柏铭泽　陈　桦
责任校对：李辰馨

文物建筑保护利用案例解读
CASE STUDIES ON HERITAGE BUILDINGS'
CONSERVATION AND ADAPTIVE REUSE
国家文物局《文物建筑保护利用案例解读》课题组　主编
*
中国建筑工业出版社出版、发行（北京海淀三里河路 9 号）
各地新华书店、建筑书店经销
北京雅盈中佳图文设计公司制版
天津图文方嘉印刷有限公司印刷
*
开本：889 毫米 ×1194 毫米　1/20　印张：$20^3/_5$　字数：604 千字
2022 年 10 月第一版　2022 年 10 月第一次印刷
定价：**169.00** 元
ISBN 978-7-112-27691-2
（39700）

目 录

综　述

1. 引子

2018 年，中共中央办公厅、国务院办公厅印发《关于加强文物保护利用改革的若干意见》（中办发〔2018〕54 号）。这是一部全面加强新时代文物保护利用改革的纲领性文件。文件发布以来，全国各地持续开展了文物建筑保护利用的探索与创新，形成了有亮点、可推广的经验。时至今日，文物建筑保护利用已经不仅仅是文物管理部门的事情，而且得到了各级政府和全社会的高度关注和参与；文物建筑开放利用已经成为展现中华文化魅力、传承中华优秀文化、增强中华民族自信的重要工作。

2019 年，国家文物局组织的文物建筑开放利用案例指南课题成果出版发行后，受到社会广泛好评。该成果通过对全国 20 余个省 / 市 / 自治区的上百处文物建筑开放利用情况进行调研与观察后，多方研讨，最终选取了 40 余处案例，围绕“开放条件”“功能适宜”“价值阐释”“业态选择”“社会服务”“工程技术”“运营管理”七个方面向社会进行亮点推介。因为是第一次开展文物建筑开放利用案例的解读推介，其中难免有面宽而深度不足的遗憾。为了进一步提高文物研究阐释和展示传播水平，使文物更好融入人民生活、服务社会，国家文物局在文物建筑保护利用方面持续发力，于 2020 年底启动了更为深入的文物建筑保护利用案例调研和解读研究，总结各地具有创新性的经验。在本次文物建筑保护利用案例选择与解读研究之初，国家文物局即进行了多次讨论，提出了明确的工作目标，一方面是不忘初心，即以文物建筑本体保护为本底，突出保护工程中针对文物价值的挖掘和真实性留存的好经验；另一方面是深度解读，深入挖掘文物建筑保护工程与开放利用融合中有理念、有坚守、有创新、有热度的推介点，寻求每一处样本的鲜明特色。

课题研究历时 1 年，通过案例推荐、实地考察、部门访谈、多方遴选、专家评阅等阶段，从中精选了 18 处文物建筑保护利用案例并形成本次成果，向社会推介。这 18 处案例涉及全国 13 个省 / 市 / 自治区，涵盖了全国重点文物保护单位、省 / 市 / 自治区级文物保护单位、县 / 市 / 区级文物保护单位、尚未核定公布为文物保护单位的不可移动文物。其中古建筑（群）13 处、近现代建筑（群）5 处。本次推介案例的数量虽然较上一本《文物建筑开放利用案例指南》减少了一半多，但每个案例解读的内容却增加了一倍多。

通过近 5 年连续两次的案例调查和研究，我们欣喜地发现，各地探索文物建筑开放利用的步伐非常快，各方面的工作都有长足的进步，在理念、法规、技术、管理、运营等诸多方面都有各自的思考和创新亮点，“一处一策”特点鲜明，特别是在保护与利用的关系上，有很多细节都非常具有启发性。工作中我们也有遗憾，从选择的案例分布情况看，特点鲜明且具有较强创新性的案例主要集中分布在我国的东部地区，反映出文物建筑保护利用工作发展的不平衡，也说明文物建筑保护利用的道路依然任重道远。

2. 案例解读要点

党的十八大以来，我国文物事业得到很大发展，文物保护、利用、管理的水平不断提高；文物的合理利用有助于文物保护，在保护中发展，在发展中保护的认识已达到基本共识。在各级各类文物中，文物建筑因存量最大、分布面最广，且与人民群众生活最为贴近，而受到社会的高度关注，成为文物利用的主要对象。同时，由于文物建筑年代跨度大，保存状态不同，资源禀赋差异及其复杂性非常明显，从而使得文物建筑利用的工作具有非常强的针对性和挑战性。本次选择的18处案例具备突出的“一处一策”特点，通过解剖可以看到文物建筑利用面对的一些瓶颈问题，以及各地针对这些问题的思考和采取的措施。例如，在国家法规及政策宏观约束下，地方如何结合实际情况细化文物建筑保护利用规章制度，从而保障保护利用工作顺利推进。再如，为使文物建筑保护利用具有持续的生命力，在前期谋划阶段如何选择具有相同价值观的合作伙伴共同参与保护利用工程，以及后期运营工作。还有，为满足文物真实性保存的同时又适宜当代使用，是如何融合文物与城市生活关系、如何消隐现代设备不利影响、如何处理文物与扩建建筑风貌协调的。在这18处案例中，不乏科学化、精细化、多样化、创新性的思考和方法。

在案例解读过程中，我们也可以看到争议点，归纳这些不足与争议，我们认为文物建筑保护利用工作还在探索的路上，会有经验收获，也会有不足问题，没有哪一个案例能够十全十美，也没有哪一个案例能够被完整复制，因此本次的案例解读工作既是推介也是思考。

2.1 高位引领，政策制度护航

1）国家政策顶层指导

党的十八大以来，习近平总书记多次对历史文化遗产保护作出重要论述和重要指示，为新时代文物事业改革发展指明了前进方向、提供了根本遵循。习近平总书记指出：“文物承载灿烂文明，传承历史文化，维系民族精神，是老祖宗留给我们的宝贵遗产，是加强社会主义精神文明建设的深厚滋养。保护文物功在当代、利在千秋。”[①] 近年来，中共中央、国务院发布了一系列加强文物保护利用的政策文件，体现了国家层面对保护好、传承好、利用好历史文化遗产，从而增强文化自信、增强中华民族共同意识的高度重视。

国家文物局在贯彻落实和深入解读中共中央、国务院的重要指示精神的同时，启动了多项文物保护利用创新性实践，包括国家文物保护利用示范区建设、革命文物集中连片保护利用工程、国家考古遗址公园建设、博物馆免费开放和青少年教育、文博创意产品开发、中外人文交流等工作，在开展创新性实践的同时，也在不断提炼可复制可推广的成功经验，通过《文物建筑开放利用导则》（文物保发〔2019〕29号）、《革命旧址保护利用导则（试行）》（文物保发〔2019〕2号）、《大遗址利用导则（试行）》（文物保发〔2020〕13号）等指导性文件，不断为文物保护利用提供更为具体的行业指导和政策保障。

2）地方政策推进落实

全国各省/市/自治区在贯彻落实中共中央、国务院的指示精神和深入解读国家相关法规政策的同时，也在积极探索地方文物保护利用实施的具体办法和制度，以为文物保护利用工作实施落地提供有力保障。

北京市西城区政府依据《首都功能核心区控制性详细规划（街区层面）（2018年—2035年）》提出的“全面梳理现有文物、历史建筑不合理使用情况，探索文物、历史建筑腾退保护政策。加强管理使用单位腾退保护的主体意识，加大文物保护投入力度”的要求，针对腾退后的文物建筑应如何合理使用这一广泛关注的热点命题，研究出台了《西城区关于促进文物建筑合理利用和开放管理的若干意见》（西行规发〔2019〕1号），从政府政策层面对文物建筑活化利用进行了明确和规范。该文件明确了文物建筑合理利用的基本原则和主要功能，强调任何文物利用必须以确保安全为

① 中共中央总书记、国家主席、中央军委主席习近平总书记对文物工作作出重要指示（2016年4月）[N]. 人民日报，2016-04-13.

前提，以服务社会公众为目的，以彰显文物历史文化价值为导向。提出文物利用需坚持公益属性、社会效益优先，坚持保护责任、实现科学保护；坚持政府主导、鼓励社会参与的原则。在此文件指导下，已有几十处文物建筑腾退，并陆续得以利用。本次选取的北京市福州新馆即为其案例之一，体现了“政府主导、社会参与、专家把关、市场化运作”的操作模式，探索了一条文物建筑腾退后活化利用的新路径。

2019 年，广东省文物局印发了《广东省文物建筑合理利用指引》（粤文物函〔2019〕86 号），一方面通过政策文件推动文物建筑有效保护，另一方面加强政策扶持，联合相关部门齐心协力推动岭南文化的文物创造性利用。本次选取的荣封第案例即是按照广东省“万企帮万村”方案，由广州市启动的首批“千企帮千村”工程，是地方政府推动的文物保护精准扶贫行动的代表性成果。该项文物保护扶贫工程提出“政府引导、村企自愿、农民主体、合作共赢”的基本原则，探索了文物保护与活化利用助力扶贫工程的新途径。

福建省文物局于 2019 年印发《福建省鼓励社会力量参与文物保护利用实施意见》和《福建省文物建筑认养管理规定》，积极引导社会力量参与文物保护利用工作。福建省永泰县政府针对区域内上百处庄寨文物建筑多为私宅的情况，成立了领导小组统筹协调，通过建立“村保办 + 理事会”制度，提出以文物修复带动乡村经济修复、文化修复、人心修复，引导群众参与文物保护利用，走出了一条地方政府与社会组织合作推动、群众自发参与的文物建筑保护利用新路。本次选取的北山寨是永泰县推动的首个庄寨保护利用试点，通过村保办、理事会引入社会资金共同投入，将闲置多年且亟待维修的庄寨转换为乡村遗产酒店并向公众开放，在经营的同时兼顾了地方村民使用需求。

近几年，很多省市如上海市、浙江省、湖南省、杭州市、广州市等地，多次组织了文物建筑活化利用案例申报评选、推介发布——通过对辖区内具有独创性、启发性、指导性的文物保护利用案例进行收集整理，提供可参照的样本，使社会充分了解文物保护利用的理念和方法，使人民群众更多地享受到文物保护利用的成果。

制度前进一小步，社会前进一大步。通过顶层设计和制度安排，建设并完善文物保护与利用的管理制度与机制，是实现文物治理体系和治理能力现代化的重要工作内容。

2.2　不忘初心，保护利用统筹

价值凝结于文物本体，价值保护是文物的初心。对价值的认识往往不是一次完成的，随着社会发展，以及科学文化水平的不断提高、研究挖掘的不断深入，理解文物价值的视角更为多元化。2015 年，新一版《中国文物古迹保护准则》在以往强调文物的历史、艺术和科学价值基础上，进一步提出了社会和文化价值。社会价值体现了文物在文化知识和精神传承、社会凝聚力产生等方面所具有的社会效益，文化价值体现了文化多样性的特征和与非物质文化遗产的密切联系。2021 年，中央全面深化改革委员会第二十二次会议审议通过的《关于让文物活起来、扩大中华文化国际影响力的实施意见》提出，要准确提炼并展示中华优秀传统文化的精神标识，更好体现文物的历史价值、文化价值、审美价值、科技价值、时代价值。时代价值即是将文物所凝结的优秀文化与当代社会主义建设紧密结合，而成为新时代的创新源泉。这些都充分说明对文物价值研究发掘需要广视野、多视角、深研究。文物建筑保护利用是一项既要保存其物质载体、延续其有形生命，又要诠释其价值内涵、传承其无形生命的工作。两者兼顾做到极致，需要具有正确的理念和大智慧，以及创新精神。

1）价值传承与功能再生两全

文物建筑利用离不开功能的抉择。前置策划并长远统筹安排非常关键。

本次案例调查座谈中，许多的文物管理部门都强调在文物保护利用工作前期一定要千挑万选,选择“具有相同价值观”的合作伙伴。价值观一致，意味着具有同样的理念，可以统一步伐开展后续各项工作；理念相同意味着可以可持续性地保护利用。

北疆博物院旧址是一个很好的案例。工程维修中的业主、设计、施工三方共同坚持维修和展示充分尊重历史细节考证的原则，以研究贯通、动态协调、精细实施、全面展示为共同的工作方式，使得维修工程中能够深入研究，将工程过程中揭示出来的历史遗存细节全部保留并予以展示，例如室内的各类装饰细节，样品柜的位置样式，以及试验台上排放的物品等，都恢复到历史的模样，旧物的保护展示与文物建筑维修工程同时推进完成。

在文物建筑保护工程之初即统筹安排后期各类功能，避免二次施工扰动，从而统筹解决文物建筑保护与当代使用需求。这些操作模式在实际案例中越来越多。打破文物保护工程、展示利用工程、环境整治工程、安防消防工程等多项工程之间严格的界限，在近现代文物建筑保护工程中已经较为普遍。总体来看，只要前期论证充分，一次性安排好各项工程之间的交叉衔接，有利于文物历史信息的保护，因为任何一次的扰动都会有历史信息的流失，扰动次数越少，可能的伤害就越小。

上海市跑马总会旧址是近代西方文化传入上海留下的印记，之后作为博物馆、图书馆、美术馆使用。保护工程确定将两座业主不同、使用功能不同的建筑保护后作为上海市历史博物馆使用，并且明确保护工程必须将1933年建造之初的建筑精华全部保留，包括木饰线脚、五金件等各类装饰细节，以及材料工艺等，同时也要满足博物馆的现代使用功能。由此，保护工程中积极探索了在审慎对待不同历史时期有价值信息的同时，优化现代设备特别是消防设施的方法，尽全力破解现代设备引入的难题。工程中借助BIM信息模型技术和碰撞检查，最终利用原有的狭小夹层空间，将各类管线设备紧密布局精准安装，在外观上消隐了现代设备的不利影响，使原有历史面貌得以保存。该项工程的探索同时推动了上海市消防规范的细化和优化。此外，作为大城市中的公共文化建筑，除文物自身保护利用之外，与城市交通、景观、公共空间的融合，以及内外流线的组织等也都非常重要，该项保护工程结合了城市景观、公共活动需求一并实施，使得一处承载了几代上海人记忆的建筑，成为当代城市历史记忆的精品。

乡村社会及其传统文化的保存和延续主要依托于充满烟火气息的村落生活及其依存的山水田园环境，乡村中的文物建筑保护利用同样是一项系统工程，具有其特殊性。村落作为乡土文明的“容器”，其中文物建筑的保护利用不仅要考虑自身的要求，还需要考虑对其他相关物质遗存的全面保护，同时通过对物质载体的保护达到非遗传承和文化精神延续的目的，尤其是对最富有生命力的地方特点的留存和传达。

本次选取的北山寨和邓村石屋案例都是将村落中闲置的居住类型文物建筑群转换为乡村遗产酒店功能使用。在这些案例中可以看到政府的积极指导，特别是村民委员会的组织作用。对于产权复杂的私有产权文物建筑，通过“以租代征”的方式，不变更房屋产权，鼓励村民参与保护利用：一方面保障了村民的利益；另一方面有利于培育乡村文化，提高村民热爱建筑遗产热爱家乡的认知；同时也提升了村庄整体环境和村庄文旅服务品质，形成生产、生活、生态“三生”融合发展的模式。北山寨在文物建筑保护工程中还吸纳了地方传统工匠陪伴式的参与，使得地方传统工艺得以延续。北山寨和邓村石屋的案例中，居民作为文物建筑的产权方，全过程都能参与文物保护利用工程，提出意愿和建议；各方也能够尊重地方传统习俗；在酒店运营期间，村民仍然可以在约定的时间回到庄寨或围屋举办婚嫁、节庆、祭祀等活动，由此形成村企共享文物建筑保护活化成果的和谐局面。

2）整体保护与整合利用统筹

文物建筑自建造之始就与周边自然和人文环境有着密不可分的关联，现今也不是孤立地存在于城乡环境中，赋存环境的不同，也会带来利用方式的差异。文物建筑与环境的相伴关系、文物建筑与自然和人文特色资源的整体保护和延续，同样是保护利用的目标之一。《中国文物古迹保护准则》中对于真实性概念阐述强调“文物古迹本身及其环境”和“所反映的相关信息”的真实性，以及“与文物古迹相关的文化传统的延续同样也是对真实性的保护”。文物真实性的保护是基于价值整体性的认知，包括文物本体和相关环境、有形物质遗存要素和无形文化精神要素等全部构成。整体保护与利用的理念强调文物本体与其赋存环境的整体保护及共同利用。有效整合文物建筑与其周边的自然景观和人文资源，共同发挥文化传承作用和社会效应，是使公众更多地了解文物、享受文物保护成果的重要举措。特别是当文物建筑位于历史文化街区、历史文化名镇、名村、传统村落、文化景观地等文化资源富集区时，文物建筑的价值溯源、选址特征、历史功能与其周边的街巷格局、山水环境、地域文化必定有着千丝万缕的联系，在其利用中与周边各类资源的整体联动，不仅可以凸显文物建筑的价值，同时也能够带动周边区域振兴，形成集聚效应，共同焕发历史文化街区、社区、村落的文化活力。

本次案例选取的潘祖荫故居、松阳三庙（文庙、城隍庙）、泉州府文庙、谷氏旧居等文物建筑均位于历史城区中。其中潘祖荫故居位于苏州古城的平江历史文化街区内，不仅是尚未核定公布为文物保护单位的不可移动文物，也被列入苏州市控制保护建筑名录，是苏州市首批推动的古建老宅保护传承和永续利用的试点之一。通过实施保护修缮、环境整治、室内装修、展览展陈等工程，潘祖荫故居现作为文旅会客厅和文化精品酒店对外开放，为历史文化街区及古城的文化阐释和公共服务提供助力，发挥“样板”作用并带动周边“苏州市区古建老宅”的利用，促推了地方对于老宅保护利用相关政策的出台。松阳三庙位于松阳老县城内，保护利用之初即引入了街区的视角，通过策划、设计、实施、运营整体服务模式，以文物建筑为核心向周边扩展，对区域内古树、老旧建筑、街头空间、生活习惯等各类历史元素予以研究和留存，统筹文物保护利用与城市传统空间品质提升工程，提出以“泥鳅钻豆腐”的方式植入新的空间元素，塑造了以文物为中心、新老结合、新不压老的城市文化休闲空间，受到在地居民的喜爱，充分体现了文物建筑与城市空间一体，与居民生活融合，与社区活动共享的新型城市空间特征。同时还通过对周边老街建筑的再利用，从街区角度实现文物利用的“造血”功能，以点带面激发老城新活力，重塑精神文化中心。泉州府文庙位于泉州古城中，谷氏旧居位于安顺古城中，这两个案例都是以规划为宏观引领，统筹考量区域社会发展，为文物建筑保护利用提供政策保障。全面开展各项文物建筑的本体保护工程和展览展示等利用工程的同时，统筹城市层面的街区更新，通过与文物建筑周边建筑风貌整治、交通道路整治、景观环境修复等工程相结合，实现综合环境整治，为文物建筑景观视廊通畅和历史格局恢复等创造条件。“内外兼修”的整体保护利用模式既提升了历史文化街区整体风貌和传统文化氛围，也延续了文物建筑在区域中的历史文化地标作用。

2.3 活化传承，技术方法创新

1）传统技术与现代阐释升级

与以往的文物建筑利用相比，在开放或使用过程中越来越多地注意到了传统建造技艺及现代保护技术的传达，借助于多元的阐释与展示手段，呈现文物建筑的建造过程、建造技术特征，甚至是当前的保护技术方法。除了常规的标识、解说方式外，数字化的方法已经更多地被使用，同时沉浸式、体验式、参与式的方法也被普遍引入文物的利用中，特别是在非物质文化遗产展示中体现的引入，更加丰富了阐释与展示的内容与形式。

文物建筑修缮历程的阐释与展示对于公众更全面深入地理解文物建筑的历史价值、科学价值、地方技艺方面有着重要作用。文物修缮过程及保护措施的解读对于公众理解文物保护修缮理念和提升文物保护意识具有很强的作用，也更能够激发公众了解文物建筑的兴趣。保护源于热爱，热爱源于了解，让公众充分了解文物有助于使文物走出象牙塔而进入公众的生活。公众是最重要的文物保护利用参与者，同时公众在使用中对文物价值的理解和反馈有利于激励文物价值认识的再深化。

本次选取的旧上海市图书馆案例用现场解说系统和科技手段向公众展示修缮工程的全过程并解读保护理念。利用移动终端的 AR 互动，通过识别图书馆特定地标和图片，显示 3D 动画动态效果，将文物建筑修缮前后的虚拟场景展现出来，让公众立体真实地感受建筑内外的历史风貌。潘祖荫故居创新宣教模型，鼓励公众参与修缮工程。在修缮过程中吸纳中外学者共同参与，以实操的方式，动手体验地方传统木作建筑技术，感受保护实施的尺度把控、工艺手法、技术流程，以促进文物保护理念的推广和普及，呼吁更多的人加入到保护和传承古建筑技艺的队伍中来。泉州府文庙同样以图示解读以及建筑群模型、建筑构件展示等方式，介绍泉州府文庙文物保护历程、文物保护规划编制、环境整治方案、文物保护理念和保护措施等内容。

我国文物建筑分布广泛，其所处地区的历史文化背景、自然环境不尽相同。文物建筑具有突出的“在地性”建造特点，可以说传统建造技术不仅体现了地方建筑文化的价值特征，同时地方传统文化也伴随着建筑生命的延绵而赓续。文物建筑往往都是区域的重要文化标志，其保护利用对区域文化特征的延续具有重要意义。《北京文件——关于东亚地区文物建筑保护与修复》（2007 年）阐述：“文化多样性与保护过程：正如《奈良真实性文件》（1994 年）和《联合国教科文组织文化多样性世界宣言》（2001 年）所主张的，文化遗产的根本特征是源于人类创造力的多样性。文化多样性是人类精神和思想丰富性的体现，也是人类遗产独特性的组成部分。因此，采取审慎的态度至关重要。考虑到各个遗产地的文化和历史特性，修复工作不能不经过适当的论证和认知，就按照固定的应用方式或标准化的解决方法进行。”文物建筑在保护利用中，特别需要尊重和理解地方传统文化的多样性并予以展示表达。

本次解读选取的塔尔寺案例体现了最基层的传统工匠队伍在不断地学习、争议、讨论过程中的进步，在逐步提高文物保护理念过程中的相互，尊重和理解，可以看到地方寺院传统建筑维修队伍的观念改变过程。在国家文物局、专业机构和专家的多年现场指导下，寺院将传统匠人组织起来建立自己的专业修缮队伍，以地方工匠手艺对塔尔寺辖区内 9300 余间（座）古建筑进行日常保养，并参与维修工程。此举不仅保障了塔尔寺传统建造技艺的传承，也为保护和深耕当地传统建造技艺提供了土壤。在不断地进步过程中，老建筑、老物件、传统工艺需要保留并传承的观念，以及最小干预的文化遗产保护理念逐渐被僧人们接受，使文物建筑保护、宗教活动、景区开放能够协调一致。工匠们也尝试利用现代技术手段隐蔽恒温系统设备，使中国藏区最高技艺代表之一的“酥油花”非遗艺术得以四季常年展示，塔尔寺古建筑群修缮保护项目也获得全国年度十佳保护工程。

2）活化利用与文化传播的新生

文物建筑保护利用的目标是为了促进文物保护利用事业的高质量发展，增强中华民族文化自信。《文物建筑开放导则》（文物保发〔2019〕24 号）积极鼓励地方政府、文物部门和文物建筑管理使用单位进一步加大文物建筑开放力度，科学合理开展开放使用活动，明确开放使用的基本原则和底线，在充分保护的前提下更好地发挥文物建筑的公共文化属性及社会价值。鼓励所有文物建筑采取不同形式对公众开放，强调文物建筑开放使用的社会性和公益性、普遍性和特殊性。文物建筑的开放利用需探索可持续运营管理模式和多元文化传播途径，持续构建全面精细的价值阐释与展示体系，细分观众群体、精选展示手段，达成价值传达目标。

本次选取的许多案例都在文化活动内容、形式方面做出了极大的努力，可谓形式丰富多样，其共同特点是主题突出。龙溪祝氏宗祠和荣封第案例是将修缮后的文物建筑作为乡村文明教育活动地。其中龙溪祝氏宗祠现仍作为家族宗祠，在延续传习家族家风的同时还作为社区文化大礼堂，举办文化展览、组织社区文化和研学教育等活动；同时通过与农企合作，联合周边乡镇组织村民共同参与乡村文旅，推动农文旅教产业融合，助力乡村振兴。荣封第案例是广东省推进“千企帮千村”精准扶贫脱贫行动中，联合企业开展的首个文物扶贫项目。除完成荣封第文物建筑保护修缮工程外，企业帮扶村庄整合周边各类资源，以农学的研学体验为切入点，发展农文旅教融合产业，推动乡村文化传播和乡村振兴。

文物建筑的开放利用还需要深入挖掘其价值和历史故事，提供具有充分依据而又有丰富文化意义的展览展示、参观游览、社区服务。

本次选取的水师饭店旧址案例，深入挖掘文物价值内涵，结合当代公众文化取向选择业态，成功打造年轻人喜爱的影视文化空间。在文物建筑修缮前，业主与设计方通过多方查考、充分论证，确定了水师饭店旧址是中国现存最早电影院的历史定位，收集的大量资料为后续修缮、阐释和业态选择奠定了充实的基础。修缮后的文物建筑紧扣“电影文化主题”，侧重文化体验感，融合建筑、电影、音乐、科技、艺术、文化、历史等多重元素为一体，形成中国首家电影文化体验综合体，增强了青岛电影文化氛围，受到年轻人的喜爱。福州新馆案例的业主单位围绕林则徐在北京生活 7 年的历史，提出这里是林则徐“苟利国家生死以，岂因祸福避趋之”爱国情怀形成重要时期的历史价值，创建北京市林则徐禁毒教育基地，开展禁烟历史展览、云端联展、“云游”六地林则徐纪念馆、禁毒教育直播、系列禁毒节目等宣教活动，积极探索“线上 + 线下、前端 + 后台”的模式，全方位开展禁毒宣教工作。这里现已被命名为全国禁毒宣传教育基地。三苏祠案例的业主单位紧扣文物建筑价值主题，紧跟时代要求，围绕三苏文化和东坡文化，举办各类教育研学课堂、学术研讨会议、文化宣传、艺术展示等形式丰富的活动。泉州府文庙案例的业主单位积极与当地各大中小学校联系，充分利用各种节假日在文庙开展经典诵读、礼仪培训、文物讲解、志愿服务等社会教育活动，共建校外教学实习基地；延续文庙教育功能，传承优秀传统文化，扩大文庙的影响力和知名度，将其打造成为泉州文化生活名片。

文物建筑不仅是重要的物质文化遗存，其也承载着灿烂的中华文明和丰富的历史文化，蕴涵着珍贵的非物质文化遗产。本次选取的四连碓造纸作坊和安化茶厂早期建筑群案例都是延续文物建筑初始功能至今，同时传承古法生产工艺的活态传承经典案例。特别难能可贵的是四连碓造纸作坊，作为传统造纸生产用途而沿用至今，原址原位地按照原工艺进行生产流程，并予以展示，同时拓展科普教育和体验实操功能。地方管理部门持续规范地对四连碓造纸作坊进行日常保养与维护，保障文物安全及生产活动。安化茶厂早期建筑群同样尽可能地延续了古法生产陈化茶叶的流程，通过科研揭示百年木库的贮藏秘诀，为修缮中材料把控、通风安排提供科学依据，延续了茶叶木库历史工艺和贮藏品质。同时茶厂面向社会开放，年轻的工人们成为其中最好的讲解员，延续几代人的茶叶生产记忆，同时这也成为员工们的骄傲。

人民群众既是文化遗产的创造者和传承者，也是其守护者和受益者，因此文物保护利用与群众切身利益密切相关。文物保护和利用的根本目标是保护和延续文物价值，通过合理利用文物资源及其承载的文化信息，将其转化成文物惠民成果，让中华传统文化得到更切实有效的传播。如何全面提升文物保护、传承、利用和服务水平，满足社会日益增长的文化需求，促进“文物共享”和“文化分享”，正成为探索文物事业发展的必修课。

2.4　共同参与，保护运维同步

1）保护理念与运营目标契合

通过管理和宣传手段助推文物建筑保护理念传播和吸纳社会力量共同参与文物保护利用至关重要。本次选取的案例不乏多部门合作参与保护工程，多渠道筹措保护利用经费，多元主体参与运维推动文物保护成果惠及民众的方法与经验。

政府有责任保护好文物建筑，同时引导社会力量共同参与文物保护利用的工作，既要建立制度机制约束社会力量参与的责任与义务，也要通过创新模式激励社会力量参与的积极性，保证文物价值真实性和文物利用的可持续性。针对文物建筑保护后的利用的持续性和运维问题，各地均进行了有益的尝试，如通过多方案比选引入企业、事业单位、社会团体或个人等社会力量参与文物建筑利用运营，并通过契约或缴纳维护基金、定期巡查、运营评估等方式约束运营行为。政府通常要求参与比选的运营单位提交详细的运营管理计划，由此考量其预定目标是否符合文物建筑保护理念，运营方式是否符合公益优先的原则。文物建筑运营之前，通常需要制定文物建筑保护利用管理细则，明确相关人员各自的责任。本次选取的福州新馆、原浙江兴业银行大楼等案例都是社会力量参与文物建筑运营管理的案例。北京市西城区政府遵循公开、公平、公正原则，通过公开透明的竞争方式，以开放的姿态广集社会各方智慧共同探索文物保护利用，现已面向社会公开推出两批文物建筑活化利用项目，以及向社会公开招募运营服务机构的项目，通过以点带面，推动整个区域的文物活化和保护工作。这样一种公开选择社会力量参与文物活化利用的模式不仅体现了“开门用文物”工作思路的变化，也实现了从“政府一手抓”向“社会众手搭”的观念转变。原浙江兴业银行大楼的业主单位本着对文物建筑的敬意，希望选择对于文物建筑价值认知和保护理念方面志同道合的企业团队负责运营管理——与多家意向企业进行广泛和深入的沟通，从企业是否具有参与文物建筑或历史建筑相关运营经验和企业文化理念等层面进行多方衡量，同时要求意向企业尽可能提供更为详细的维护和运营方案参与比选。通过协商详细规定了运营单位在管理中关于文物保护与利用的责任与义务，后续的运营过程中业主单位也定期对运营活动进行监管，从而确保文物建筑实现自我造血功能的同时，也能保障有序维护和合理利用。

2）传统技艺与研究修缮协同

对文物建筑价值的认识、研究、保护、阐释与展示需要经历反复调整和不断深化的过程，在文物建筑保护与利用工程中，管理、业主、设计、施工、监理、运营等各方主体也经历了共同协作、不断磨合、达成统一认识的过程。多方的目标取向越一致，文物建筑的保护与利用就会越成功。

文物建筑承载着丰厚且独特的建筑营造技艺，以及历代沉淀的修复技艺，多层历史痕迹的重叠使得文物建筑蕴涵了丰富的文化信息。文物建筑保护修缮是一项研究性和探索性并存的工作，能够延续文脉最重要的是传承传统技艺的传承人。本次选取的龙溪祝氏宗祠在修缮时聘请了祝氏宗祠建造技艺传承人陪伴式指导，全程参与保护修缮工作，同时培养传统建造技艺的传承人，后续地方也将这种方式推广到当地其他宗祠的修缮工程中，推动了地区传统建造技艺非物质文化遗产的传承。荣封第案例可以看到组织研究团队，邀请广府传统灰塑名匠班组进行试样、分析材料的制作工艺，确定材料、工艺制作工序的文物修缮过程。通过工艺研究和工程实践提炼和展示文物建筑建造和修缮方面的非遗技艺，以此助推传统建造和保护修缮技艺的传承和推广。

三苏祠案例体现了在灾后的维修工程中，多专业配合同步实施10余座文物修缮、展陈提升、园林修整、水系恢复、基础设施完善、安防消防等工程，解决工种与工序交叉衔接的可贵经验。通过各项工程之间的相互磨合和多次方案调整，不仅实现了综合管沟隐蔽设置等创新，还避免了重复施工可能带来的破坏。协同配合使得各项工程同步完成，获得了较好的整体效果，也得到了社会的普遍好评。究其原因，既有赖于各级政府和各级文物主管部门的高度重视，也离不开各项工程实施主体的高度协作密切配合，其背后是各方对于文物建筑价值认识和保护理念的高度一致性。

3. 展望

近些年，国家层面为文物保护利用的高质量发展持续强化制度供给，各地不断加强文物保护利用的管理和实践探索，逐渐出现了一批可推广的经验和样板，推动了文物合理利用的认知深化和成果创新。本次《文物建筑保护利用案例解读》选择的18个案例仅仅是沧海一粟，选择这些案例开展分析的初衷是希望尽可能开拓文物建筑保护利用的思路和方法，提供多类型的经验以供各方借鉴或批判反思。仔细观察每一处案例，不难发现：“唯一性”是其本质，唯一不变的是价值真实性留存的理念；“多变性”是其表现，每一个案例都有自己的策略和方法。每一处文物建筑的保护利用都需因地制宜的综合考量，探究针对性的实现路径。

文物建筑的有效利用是一项复杂的系统工程，既要“高站位”着眼于保护利用政策理念的提升，也要“接地气”注重于解决实际问题策略方法的创新，多策并举、标本兼治，才能筑牢根基、行稳致远。文物建筑的保护和利用结合仍然需要各级各地各行业的法律法规和规章规范体系提供管理保障，以及国家政策方针的引路导航；需要文化遗产相关多元学科深化理论研究和交叉融合研究提供智力支撑，推进实践探索和提升创新能力；需要鼓励社会各界的广泛参与，通力合作履行全社会保护和利用文物的共同责任，走出一条符合我国国情的文物保护利用之路。

2022年7月22日，全国文物工作会议在北京召开，要求坚持以习近平新时代中国特色社会主义思想为指导，坚持保护第一，加强管理，挖掘价值，有效利用，让文物活起来，全面提升文物保护利用和文化遗产保护传承水平，引导广大干部群众增强历史自觉。坚定文化自信，为建设社会主义文化强国，实现中华民族伟大复兴的中国梦做出更大贡献。加强文物建筑的保护研究利用意义重大，只有通过更多元、更生动、更活泼的方式展现文物建筑的魅力，才能更好地让文物建筑“活”起来！

案例解读推介点

<table>
<tr><th>序号</th><th>文物名称</th><th>提要</th><th colspan="3">推介点</th></tr>
<tr><td rowspan="8">1</td><td rowspan="8">福州新馆</td><td rowspan="8">福州新馆位于北京市西城区骡马市大街 51 号，为市、县（区）级文物保护单位，现作为北京市林则徐禁毒教育基地向社会开放。将福州新馆作为近些年来北京市文物建筑腾退及利用的案例进行解剖，可以了解到政府顶层决策在文物建筑腾退及保护利用政策保障、资金配套、法制推动、腾退安置等方面起到的关键作用。同时，在政府的主导下，明确以服务社区为导向的文物修缮与环境景观提升，不仅整合了文物及其周边城市的可利用空间资源，还填补了社区对公共文化服务空间的需求。运营机构多渠道、多途径调动社会力量参与，通过紧扣林则徐禁毒主题，丰富活动形式，取得了良好的社会影响。这些工作切实推进了文物建筑腾退后的活化利用，使群众享受到了文物保护的成果</td><td rowspan="3">推介点
01</td><td rowspan="3">政府主导 公益优先
多方参与 惠及民众</td><td>政策保障，依法推进文物建筑腾退</td></tr>
<tr><td>政府引导，文物利用公益属性优先</td></tr>
<tr><td>多方参与，文物保护成果惠及民众</td></tr>
<tr><td rowspan="3">推介点
02</td><td rowspan="3">规划统筹 资源整合
空间共享 社区参与</td><td>资源整合，文物及城市空间统筹规划</td></tr>
<tr><td>预先谋划，保护工程兼顾未来使用</td></tr>
<tr><td>功能复合，丰富社区公共文化空间</td></tr>
<tr><td rowspan="2">推介点
03</td><td rowspan="2">线上 + 线下
前端 + 后台
活动丰富 寓教于乐</td><td>做深禁毒教育主题活动</td></tr>
<tr><td>做活传统文化特别活动</td></tr>
<tr><td rowspan="5">2</td><td rowspan="5">原浙江兴业银行大楼</td><td rowspan="5">原浙江兴业银行大楼位于天津市著名的天津劝业场大楼对面，为省（自治区、直辖市）级文物保护单位，现作为咖啡店开放。原浙江兴业银行大楼从保护修缮到开放利用是一个不断探寻经营性活动与文物建筑保护之间相互平衡的过程。第一，在项目前期通过多方案比较，谨慎选择了具有共同价值观的使用方；第二，采用现代技术手段降低经营使用期间对文物建筑可能的影响；第三，在经营活动中通过多种方式向公众展现和诠释文物建筑价值。使用过程让这栋拥有百年历史的建筑重新被外界了解，极大地提高了其知名度，收获了社会广泛好评。该案例也提出了大家热议的问题，文物建筑在不受过度干扰且能够有一定的展示情况下，是否可以作为经营性场所开放</td><td rowspan="2">推介点
01</td><td rowspan="2">多方寻求具有共同价值观的运营使用方
精诚合作追溯建筑初始样貌及历史故事</td><td>多方比较，优选有共同价值观的合作方</td></tr>
<tr><td>相互配合，共同倾力展现文物建筑原貌</td></tr>
<tr><td rowspan="3">推介点
02</td><td rowspan="3">可逆手段保护价值载体及历史空间氛围
消隐方法处理现代设备避文物构件损伤</td><td>可逆手段实现功能转变，满足开放要求</td></tr>
<tr><td>消隐手段加设现代设备，满足特殊需求</td></tr>
<tr><td>多种方法保护遗存信息，避免使用损伤</td></tr>
<tr><td rowspan="5">3</td><td rowspan="5">北疆博物院旧址</td><td rowspan="5">北疆博物院旧址位于天津市河西区马场道 117 号天津外国语大学院内，为全国重点文物保护单位。该博物院是迄今国内唯一一座历经百年，原址、原建筑、原藏品、原展陈形式、原文献资料都完好保存，并全方位开放的博物馆，是中国近代早期博物馆的“活化石”。北疆博物院旧址是文物建筑延续初始功能并实现当代活化利用的典型案例，在修缮与利用工程中采取的研究贯通、动态协调、精细实施、全面展示的方法，为文物建筑保护利用提供了有价值的经验。通过保护利用工程，封存了半个多世纪的北疆博物院旧址重新向公众开放，恢复标本收藏、陈列展览、科学研究及科普教育的初建功能，受到公众高度好评</td><td rowspan="2">推介点
01</td><td rowspan="2">延续初建功能
适应现代使用</td><td>延续初始功能，修复历史空间场景</td></tr>
<tr><td>利用闲置空间，适应现代设备安装</td></tr>
<tr><td rowspan="2">推介点
02</td><td rowspan="2">探索保用融合一体修缮模式</td><td>尊重历史让修缮与展示高度融合</td></tr>
<tr><td>确保最利于文物保存的室内环境</td></tr>
<tr><td>推介点
03</td><td>追求修复工作精细化与艺术化</td><td>修复中的精细化艺术化追求</td></tr>
<tr><td rowspan="6">4</td><td rowspan="6">“大上海计划”公共建筑群——旧上海市图书馆</td><td rowspan="6">“大上海计划”公共建筑群为省（自治区、直辖市）级文物保护单位，其中旧上海市图书馆位于上海市杨浦区中部。该建筑为中华民国时期实施“大上海计划”建设的公共建筑之一，是 20 世纪 30 年代中国古典复兴建筑的典范。建筑曾短暂地作为图书馆使用，后几经他用。为满足当代图书馆使用需求，实现从“文献收藏中心”向“学习支持中心”转型，设计团队在对文物建筑修缮的同时，对初建时期董大酉先生设计图纸中未建设的两翼建筑进行了分析推敲，提供方案比选，实现两翼的扩建。修缮过程中针对不同使用功能部位的不同需求提出了详细的保护方案，并采用消隐手法对现代设备进行了隐蔽处理，同时还采用数字科技手段，对建筑的历史、修缮过程、现实状态进行了全面展示</td><td rowspan="2">推介点
01</td><td rowspan="2">延续初始功能
推敲设计原稿
保护与扩建结合</td><td>恢复初始功能，实现当代使用转型</td></tr>
<tr><td>研究原稿意向，谨慎扩建两翼建筑</td></tr>
<tr><td rowspan="2">推介点
02</td><td rowspan="2">巧妙消隐设备
消除外观影响
保护与提升并举</td><td>满足现代使用需求，调整功能布局</td></tr>
<tr><td>巧妙布设现代设施，消隐外观影响</td></tr>
<tr><td rowspan="2">推介点
03</td><td rowspan="2">阐释方式多元
紧扣价值主题
阅读与展示融合</td><td>图片展示与数字化结合再现修缮全过程</td></tr>
<tr><td>展陈与阅读紧扣“上海近代市政”主题</td></tr>
</table>

续表

序号	文物名称	提要	推介点		
5	跑马总会旧址	跑马总会旧址位于上海市中心城区人民广场区域的西端，为省（自治区、直辖市）级文物保护单位，现作为上海市历史博物馆对外开放。跑马总会旧址是近代西方文化传入上海留下的印记，1949年后陆续作为上海市博物馆、上海市图书馆、上海市美术馆使用，承载了几代上海人的城市记忆。在推进上海国际文化大都市建设的背景下，上海市将跑马总会旧址东楼、西楼两栋分属不同业主，不同功能的文物建筑整体作为上海市历史博物馆使用。保护利用工程涵盖了文物修缮、室内展陈、环境整治、景观提升等诸多方面，通过一体化的设计与实施，对不同年代历史留存进行了审慎选择，同时将传统技艺与现代技术有机结合，很好地解决了功能布局改变、展示流线变更、文物建筑空间制约等一系列问题	推介点01	实现文物建筑与环境景观的整合	保护修缮审慎对待各历史时期信息
					整合流线满足现代博物馆使用需求
					整体推进保护修缮展陈与景观提升
			推介点02	兼顾文物保护与现代功能的融合	推动地方文物消防规范化
					探索设备管线处理隐蔽化
					BIM 助力设备管线布置集约化
			推介点03	探索传统工艺与现代技术的结合	坚持试验比对“样板”引路的修缮理念
					探索传统工艺融入现代技术的施工做法
					注重施工过程中新发现构件的保护展示
6	潘祖荫故居	潘祖荫故居位于江苏省苏州古城平江历史街区内，为尚未核定公布为文物保护单位的不可移动文物，同时列入苏州市控制保护建筑名录，现作为文旅会客厅和文化精品酒店对外开放。潘祖荫故居等一批古宅的保护利用工程推动苏州市人民政府出台了关于产权复杂的古建老宅维修工程实施政策，为解决多年来困扰古宅保护利用问题打开了新思路。通过保护修缮、环境整治、室内装修、展览展陈一体化工程实施，以及公益性展示和商业化运营的结合，实现了文物建筑利用与现代生活的结合。特别是借助于修缮工程对香山帮传统营造技艺的挖掘与研习，吸纳了中外学者共同参与，为地方传统建造技艺传承做出了样板	推介点01	政策保障与功能策划先行 保护设计与利用设想统筹	推动上位新政策出台，保障项目推进
					公益与商业功能结合，实现自我“造血”
					保护与利用设计同步，实施多位一体
			推介点02	研究深度与实施精度并重 修缮过程与历程展示并举	深挖历史资料，提供保护修缮依据
					深化实施管理，确保保护工程质量
					创新宣教形式，鼓励公众参与修缮
7	松阳三庙（文庙、城隍庙）	松阳三庙（文庙、城隍庙）位于浙江省丽水市松阳县西屏镇，为省（自治区、直辖市）级文物保护单位。片区化的保护与更新项目探索了政府决策指导，高水平专业团队全过程谋划实施，以及文物建筑与城市历史元素、公共空间共同活化利用的新模式。项目采取了从前期策划、设计、投资，到中期建造实施，再到后期运维管理环环相扣，一家运维单位全程跟进的方式。采用“街区化”整合视角、“泥鳅钻豆腐”设计手法，对不同保护类型、级别历史遗存进行细致评估与留存，保留不同时代记忆，使其历史公共空间成为社区居民喜爱的当代文化休闲空间。以“文物建筑有限使用，其他建筑造血反哺”的有效方法，通过文物建筑公益性使用与周边商业业态结合，保证文物建筑具有持续活力	推介点01	探索文物保护利用打造整体片区	街区视角，整体保护、提升、利用
					政府指导，专业化团队全流程实施
			推介点02	重塑精神文化中心焕发老城活力	尊重当下，分级谋划
					新旧并置，空间串联
			推介点03	融合文教体商旅憩实现文化传承	借力文化主题，复兴老城发展
					植入文化文旅，实现文化传承
8	四连碓造纸作坊	四连碓造纸作坊位于浙江省温州市瓯海区泽雅镇，为全国重点文物保护单位，泽雅屏纸制作技艺列入国家级非物质文化遗产名录，现在仍有几十个村落延续古法造纸生产，并作为景区向公众开放。原位置、原工具、原工法、原生环境的四连碓造纸作坊是难能可贵的活态文化遗产。受环境、建筑材料以及手工作坊建造方式的影响，建立常年性的巡查、维护、维修制度，明确针对性的立项、招标、维修、验收流程，地方文物管理部门探索了一套特定环境条件下乡间手工作坊类文物建筑保养维护的经验。为延续古法造纸生产和传统工艺，地方除面向青少年开展科普教育外，还帮助当地村民结合现代需求，沿用传统造纸工艺生产文创产品，探讨了一条物质与非物质文化遗产共同保护传承的途径	推介点01	持续规范开展日常保养工程	及时开展保护，建立日常保养与岁修制度
			推介点02	原址原位活态传承文化遗产	活态呈现非遗，提升文物建筑价值与活力

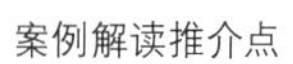

序号	文物名称	提要	推介点		
9	泉州府文庙	泉州府文庙位于福建省泉州市鲤城区，为全国重点文物保护单位，为“泉州：宋元中国的世界海洋商贸中心”世界文化遗产核心遗产构成要素，为泉州国家历史文化名城的重要构成要素。泉州府文庙保护利用坚持规划为引领，扎实落实文物保护规划提出的保护修缮、环境整治、展览展示等多项工作，在对周边建筑进行整饬、降层、拆除后，文庙建筑群恢宏气势得以展现。在保护工程中引入了现代科学技术，通过高光谱成像技术、端元分解法摸清大成殿的彩画年代变化，采用可逆性与和谐性兼容的方法实施了彩绘保护。文庙管理部门不忘责任担当，在国学传播、学术研究、阐释宣传、日常维护等诸多方面主动开展工作，延续学习传统文化氛围，充分展现出中国古代文庙在地方城市中的聚气作用	推介点01	规划引领 全面统筹各项工程 和谐互动 融入城市公共空间	规划统筹引领保护和利用全面推进
					文物环境整治与城市风貌提升并举
					文物建筑展览展陈融入城市文脉
			推介点02	深度研究 呈现文物保护历程 广泛交流 传播儒学文化精神	深挖文庙价值内涵，展示融入建构技艺
					注重对外文化交流，展示研究同步推进
					传承特色传统文化，延续拓展教育功能
			推介点03	科技助力 现代技术支撑修缮	现代技术助力传统修缮和彩绘原真保护
			推介点04	强化责任 提升专业队伍能力	专职机构持续提升专业水平和管理能力
10	北山寨	北山寨位于福建省福州市永泰县白云乡北山村，为市、县（区）级文物保护单位，现作为乡村遗产酒店使用。北山寨是永泰县推动的首个庄寨保护利用试点，在县政府主导和推动下，通过建立理事会制度，引导村民共同参与，并选择企业共同投入庄寨保护修复和酒店运营，使闲置多年且亟待维修的庄寨建筑得到有效保护和使用。“永泰庄寨保护模式”提出了“四道门槛”“五个坚持”等原则和工作流程，明确了文物保护与房屋产权人、使用人关系，保护与运营费用分配关系，使村民受益，增强了地方群众获得感，探索了一条文化遗产保护与乡村振兴双赢的新途径	推介点01	探索永泰管理模式 创新多元参与机制	政府主导高位统筹协调，创新建立“理事会”制度
			推介点02	审慎置换文旅功能 赋能乡村振兴发展	传统居住置换遗产酒店，赋能融合农文旅教发展
			推介点03	尊重地域文化特点 坚持庄寨施工工艺	尊重地域特色文化表达，坚持传统营造工艺传承
11	龙溪祝氏宗祠	龙溪祝氏宗祠位于江西省上饶市广丰县东阳乡龙溪村，为全国重点文物保护单位，现作为家族宗祠及社区公共文化场所使用。地方民众在龙溪祝氏宗祠利用中尽力收集整理了相关历史图文、实物，在展示家族繁衍历史之外，对风土人情、行为规范、价值观念进行展示，助力地方社会主义文明建设。修缮后的龙溪祝氏宗祠是地方传统祭祀仪式、婚嫁丧葬等乡村活动的公共场所，并通过举办宗亲联谊、大型书画展、暑期研学等活动，增强家乡吸引力，传播家文化，也是公众了解皖、浙、闽、赣风格融汇建筑的最佳场所。同时，龙溪祝氏宗祠还积极与周边农企业开展农文旅项目合作，充分体现了文物建筑活化利用对乡村振兴的助力作用	推介点01	深挖宗族历史 系统阐释价值	深度挖掘展示宗族起源与发展
					阐释宗祠建筑价值及家族文化
			推介点02	融入社区功能 引入农文产业	文以化人，发挥乡村育人功能
					农企合作，推动乡村特色振兴
			推介点03	扶持非遗传承 保护建造技艺	持续推广传统建造和修缮技艺
12	青岛德国建筑——水师饭店旧址	青岛德国建筑——水师饭店旧址位于山东省青岛市市南区湖北路17号，为全国重点文物保护单位，初始为德国海军俱乐部，现作为1907光影俱乐部向社会开放。水师饭店旧址的利用体现了文物建筑利用的业态选择契合其核心价值的特点。在保护修缮初期，业主方与设计方充分沟通，通过多方查考、充分论证后，确定水师饭店旧址是中国现存最早电影院的历史定位，前期收集的大量资料为保护修缮、阐释与业态选择奠定了可靠基础。保护修缮秉承减少扰动、科学恢复原则，去除了后期改建部分，恢复了塔楼屋顶、安装了现代设备，兼顾了文物遗存和历史风貌保护要求，以及现代使用需求。开放后的水师饭店旧址融合建筑、电影、音乐、科技、艺术、文化、历史等多重元素为一身，成为中国首家电影文化体验综合体	推介点01	重视价值发掘 丰富阐释方式	多方查考，深入挖掘历史价值
					多种阐释，生动展现历史内涵
			推介点02	减少施工扰动 重现历史风貌	以历史研究为依据，修正后期改建
					以屋顶放样为前提，研讨形制安全
					以减少扰动为目标，考虑设备隐蔽
			推介点03	拓展业态形式 促进文化传播	紧扣电影文化主题，创新业态类型
					丰富电影文化体验，发挥社会效益

续表

序号	文物名称	提要	推介点		
13	安化茶厂早期建筑群	安化茶厂早期建筑群位于湖南省安化县东坪镇光明路130号，为省（自治区、直辖市）级文物保护单位，从初建至今始终作为茶厂使用。安化茶厂早期建筑群是物质文化遗产与非物质文化遗产活态传承的经典案例。茶厂在完整保留清末至新中国建设之初的建筑同时，为满足生产和展示需求对部分建筑功能进行了调整，增加了展示、研学、评茶用房。在保护修缮工程中不仅保留了厂房墙面不同年代的标语、墙绘，还特别沿用了古法生产的防潮材料。特别是以科学实验的方法揭示了百年茶叶木仓存储的醇香之谜，不仅深化了木仓建筑的科学价值，也升级了古法茶叶生产。安化茶厂是湖南最早的茶学教育基地、首批100个中央企业爱国主义教育基地，充分体现了中央企业在中华优秀文化传承中的责任担当	推介点01	延续文物建筑原始功能 挖掘百年木仓功能价值	深入挖掘文物建筑历史价值，延续原始功能
					科研揭示百年木仓醇香之谜，原始功能升级
			推介点02	遵循茶叶木仓历史工艺 完整保留车间历史信息	延续使用安化皮纸修缮工艺，保留历史信息
			推介点03	加强制茶古法工艺传承 融合工业遗产茶文康旅	加强价值阐释和制茶非遗传承的文旅体验
					推进工业遗产和制茶文化等多元融合实践
14	邓村石屋	现保留有一组石屋建筑群，其中武威祠堂、石焕新民宅、北门楼、石屋炮楼四处建筑被列为增城区尚未核定公布为文物保护单位的不可移动文物。邓村石屋现作为精品酒店对外开放。邓村石屋是政府统筹引领、乡土文化依托、村庄企业合作的文物建筑活化利用的典型案例、通过出租合作方式对闲置的70余间石屋进行保护维修后，赋予酒店功能；武威祠堂等公共空间则为酒店和村民共同使用，延续祠堂功能。同时在对村庄道路及公共空间环境整治时保留了历史格局，在周边山水田园设置有采摘、露营、野炊、竹林SPA等活动，村民与企业共同参与经营，文物保护促进了产业、文化、旅游“三位一体”，形成了生产、生活、生态融合的“三生”发展范式	推介点01	政府统筹，村企合作推动乡村遗产开放利用	政府统筹，规划先行，整合提升区域资源
					企业运营，村民参与，共治共享乡村遗产
			推介点02	功能置换，设备隐蔽契合文物建筑空间特征	基于原有空间功能特征，转换现代功能
					基于遗产酒店功能需求，隐蔽处理设备
15	荣封第	荣封第位于广东省河源市东源县康禾镇仙坑村，为省（自治区、直辖市）级文物保护单位。荣封第的案例是“千企帮千村”精准扶贫行动的成果，探索了企业帮扶、文物保护助力乡村脱贫带动乡村振兴的新途径。在荣封第修缮工程中特别对土坯拉接、三合土修复、红砂岩装饰墙面修复等数项客家民居修复关键技术进行了研究。同时对周边环境进行提升，引入中小学生乡村调研和体验农村生活主题的研学活动，带动了乡村文旅和其他产业的发展。以文物保护利用为扶贫的突破口，具有重要的社会意义，真正体现了文物保护成果惠及民众、社会共享的精神	推介点01	社会力量参与文物保护 保护工程与文旅策划同步	创新引入社会力量与社会资本
					同步开展保护工程与文旅利用
			推介点02	研究性修缮延续历史信息 地方工匠传授客家建造技艺	深入研究传统形制与传统工艺
					秉承客家建造技艺与传统做法
16	三苏祠	三苏祠位于四川省眉山市，为全国重点文物保护单位，现作为博物馆对外开放。因受到两次地震影响，2013年三苏祠开始大修工程。本次工程提出了“修研并重”的理念，是一次深度挖掘地方传统做法与特殊营造技艺、科学化与精细化结合的文物保护工程实践。为了减少古建维修、环境整治、展览陈列、防雷、消防、安防、生态修复等七项工程独立实施可能产生的二次扰动，采取了多项工程并行、多专业多单位协同工作的尝试。2016年工程顺利完成。值得推广的是，工程完成后很快出版了《眉山三苏祠维修工程报告》。修缮后的三苏祠以传播三苏文化为目标，开展了多样化的文化活动及研学课程，文物建筑修缮的成果及三苏文化的神韵得到更好的彰显	推介点01	多项工程同步推进 探究修缮特殊做法	统筹推进多项工程，降低二次破坏风险
					探究特殊修缮做法，最大程度抢救脊饰
			推介点02	多方式展示修缮 举办宣教特色活动	及时出版修缮报告，专题展示修缮历程
					多样拓展三苏文化，举办特色主题活动

续表

<table>
<tr><th>序号</th><th>文物名称</th><th>提要</th><th colspan="3">推介点</th></tr>
<tr><td rowspan="4">17</td><td rowspan="4">谷氏旧居</td><td rowspan="4">谷氏旧居位于贵州省安顺市儒林路北段，安顺古城历史文化街区内，市、县（区）级文物保护单位，现作为旧居陈列室、公益图书馆使用。2019 年安顺市人民政府印发《安顺市全面加强文物工作的实施方案》，为旧居保护利用提供了地方性指导意见。谷氏旧居已有上百年的历史，持续使用中有多次的加改，由此修缮工程特别注重了历史信息挖掘和旧材料的修复使用。遵照“政府主导、社会参与、严格筛选、服务公众、有效监督”的要求，筛选了有公益情怀的运营单位，通过有效监督及预交维修经费的措施，使旧居维护有了资金保障。作为安顺首家公益图书馆使用的谷氏旧居，已经成为安顺百姓文化生活的有机组成部分</td><td rowspan="2">推介点 01</td><td rowspan="2">保障政策切实可靠
修缮实施严谨利旧</td><td>加强政策保障，纳入街区发展</td></tr>
<tr><td>深挖历史资料，应保尽保利旧</td></tr>
<tr><td rowspan="2">推介点 02</td><td rowspan="2">鼓励社会力量参与
发挥文化公益效应</td><td>社会力量参与，严格监督管理</td></tr>
<tr><td>挖掘价值内涵，体现公益效应</td></tr>
<tr><td rowspan="5">18</td><td rowspan="5">塔尔寺</td><td rowspan="5">塔尔寺位于青海省西宁市湟中区西南隅的莲花山坳中，为全国重点文物保护单位。寺院自始建以来始终是地方重要的宗教活动场所，还是开放景区。20 世纪 90 年代，塔尔寺成立了自己的古建筑修缮队伍，负责塔尔寺管辖范围内的古建筑维修工作。通过国家文化遗产保护专家的多年指导，加之与僧侣队伍内部不断讨论磨合，逐渐接受了保留老建筑、老物件，保留历史遗存，传承地方建造技艺的思想。寺院僧侣队伍文物保护意识的增强及传统建造技术的传承，有效地保障了塔尔寺文物建筑在使用中得以维护，传统维修技术有了根植的土壤。同时也使得塔尔寺宗教文化氛围更为传统古朴，环境更为和谐</td><td rowspan="2">推介点 01</td><td rowspan="2">建立专业修缮队伍
深耕传统技艺传承土壤</td><td>地区专业修缮队伍持续壮大，培育地方传统技艺传承土壤</td></tr>
<tr><td>寺内优秀修缮案例持续宣教，转变僧侣团体文物保护理念</td></tr>
<tr><td>推介点 02</td><td>隐蔽设置现代设备
保障“酥油花”非遗持续展示</td><td>非遗展厅隐蔽配备恒温系统，保障“酥油花”艺术品持续展示</td></tr>
<tr><td rowspan="2">推介点 03</td><td rowspan="2">践行“最低限度干预”原则
延续文物建筑历史面貌</td><td>践行“最低限度干预”原则，寺内多方达成修缮标准共识</td></tr>
<tr><td>探索突破传统修缮技术缺陷，吸纳适合经验改良技艺做法</td></tr>
</table>

案例解读

提要

福州新馆位于北京市西城区骡马市大街 51 号，为西城区文物保护单位，现作为北京市林则徐禁毒教育基地向社会开放。将福州新馆作为近些年来北京市文物建筑腾退及利用的案例进行解剖，可以了解到政府顶层决策在文物建筑腾退及保护利用的政策保障、资金配套、法制推动、腾退安置等方面起到的关键作用。同时，在政府的主导下，明确以服务社区为导向的文物修缮与环境景观提升，不仅整合了文物及其周边城市的可利用空间资源，还填补了社区对公共文化服务空间的需求。运营机构多渠道多途径调动社会力量参与，通过紧扣林则徐禁毒主题，丰富活动形式，取得了良好的社会影响。这些工作切实推进了文物建筑腾退后的活化利用，使群众享受到了文物保护的成果。

BJ-01　福州新馆前院

福州新馆

文物保护单位基本信息

地　　址： 北京市西城区椿树街道骡马市大街51号

年　　代： 清

初建功能： 会馆

使用功能： 禁毒教育基地

保护级别： 市、县（区）级文物保护单位

历史变迁

清嘉庆二十一年（1816 年），福州新馆始建，由林则徐偕在京同乡集资购买虎坊桥董宅改建而成，为区别于福州馆街的老馆而称“福州新馆”，此处是清代福建同乡居停、聚会之处，也是林则徐在京期间议事、会友的重要场所；林则徐去世后，闽省人士在会馆内设“桂斋”供奉林则徐；

清嘉庆二十三年（1818 年），曾任刑部尚书的福建籍官员陈若霖告老还乡，“尚书告归，舍室办馆”，将其位于骡马市大街的宅院让与乡人，一并作为福州新馆；

清光绪十七年（1891 年）、光绪末年（1908 年），两次重修福州新馆，并扩建房屋；

中华民国期间，福州新馆因临骡马市大街来往客人较多，已有住户 17 户；

中华人民共和国成立后，福州新馆成为民居大院；

2000 年左右，因骡马市大街拓宽，福州新馆原三进院落中的前两进院落被拆除，现仅存一进院；

2012 年，福州新馆被认定为文物普查登记在册的尚未核定公布为文物保护单位的不可移动文物；

2015 年，福州新馆完成腾退；

2018 年，启动福州新馆保护修缮与展示利用工程；

2019 年 12 月，北京市禁毒委在福州新馆创建北京市林则徐禁毒教育基地并向社会开放，设“禁烟英雄林则徐”主题展、“禁毒斗争，任重道远”专题展；

2021 年 3 月，福州新馆被公布为西城区文物保护单位；

2021 年 12 月，经国家禁毒委员会批准，国家禁毒办将北京市林则徐禁毒教育基地命名为“全国禁毒宣传教育基地”。

BJ-02　福州新馆北房及东西厢房

福州新館

FUZHOU XINGUAN

北京的会馆兴起于明代，清代得到较大发展。北京会馆主要集中分布于北京外城西部的宣南地区，清末中华民国时期该地区有会馆500多座，是北京乃至全国会馆数量最多、最为集中的地区。会馆是许多政治事件、革命活动的发祥地，连接了华夏各地，是具有独特历史记忆的文化空间和多元文化的交流场所。

福建在京开设会馆可追溯至明代，分省、府、县三级，共有近50处。福州新馆为府级会馆，位于宣南地区会馆密集区内。林则徐在京生活的7年中，福州新馆是他重要的活动场所，也是他“苟利国家生死以，岂因祸福避趋之”爱国情怀形成的重要时期。福州新馆还是戊戌六君子之一的林旭在变法期间的住所，是重要历史人物活动场所。

如今，福州新馆一改原来大杂院的居住使用状态，结合历史重要人物林则徐的禁毒事迹，展示中国近年来的禁毒成绩，成为重要的爱国主义教育基地及禁毒宣传教育基地。

BJ-03　林则徐画像

林则徐（1785年8月30日—1850年11月22日），福建省侯官人，字元抚，又字少穆、石麟，晚号俟村老人、俟村退叟、七十二峰退叟、瓶泉居士、栎社散人等，是清代政治家、思想家和诗人，官至一品，曾任湖广总督、陕甘总督和云贵总督，两次受命钦差大臣，因其主张严禁鸦片、抵抗西方列强的侵略，有“民族英雄”之誉。

1839年，林则徐在广东禁烟时，派人明察暗访，要求外国鸦片商人交出鸦片，并将没收鸦片于1839年6月3日在虎门销毁。虎门销烟使中英关系陷入极度紧张状态，成为第一次鸦片战争英国入侵中国的借口。尽管林则徐一生力抗西方入侵，但对于西方的文化、科技和贸易则持开放态度，主张“可师敌之长技以制敌”。

林则徐还是一位出色的治水专家，重视并兴办水利事业，兴修浙江、上海的海塘及太湖流域各主要河流的水利工程，治理运河、黄河、长江，曾著《北直水利书》。

文物概况

福州新馆馆址南临骡马市大街，现仅存一进院落，坐北朝南，占地面积669平方米，建筑面积466平方米。

福州新馆南房面阔六间，东侧尽间为过道，六檩硬山顶。北房面阔六间，七檩硬山顶。东厢房面阔三间，六檩硬山顶。西厢房面阔三间，六檩硬山顶。建筑均为前出廊，硬山顶，清水脊合瓦屋面。另外东厢房东侧有一平房，面阔两间，进深一间。

BJ-04 “禁毒斗争，任重道远”展厅外景

推介点

01 政府主导　公益优先
多方参与　惠及民众

政策保障，依法推进文物建筑腾退

政府引导，文物利用公益属性优先

多方参与，文物保护成果惠及民众

政策保障，依法推进文物建筑腾退

《北京市城市总体规划（2016 年—2035 年）》确定了首都发展的总体蓝图，将“加强文物保护与腾退”作为规划任务。《首都功能核心区控制性详细规划（街区层面）（2018 年—2035 年）》进一步明确文物保护与腾退工作路径，提出实施要求：“全面梳理现有文物、历史建筑不合理使用情况，探索文物、历史建筑腾退保护政策。加强管理使用单位腾退保护的主体意识，加大文物保护投入力度。”

西城区作为首都功能核心区的主要区域，率先开始文物建筑腾退工作。2016 年制定《北京市西城区“十三五”期间不可移动文物保护行动计划》，提出对 52 处直管公房类不可移动文物实施腾退保护。为直管公房类文物建筑腾退提供了一条“主体尽责、依法维权、合理腾退、司法保障”的实施路径。

面对腾退文物建筑产权复杂、腾退资金和房源缺口大、文物建筑腾退专项法律不健全、文物建筑利用社会力量和社会资金投入政策不清等问题，多个政府管理部门在首批文物建筑腾退工作中通力合作，根据产权人具体情况采用不同腾退方式，如产权置换、异地安置、申请式退租等，摸索出一定经验。同时，西城区提出建立 1 个公共博物馆体系、15 处街道博物馆，以及“N”处体现西城代表性文化、重大历史事件及重要人物的专题博物馆（展览馆）、各种社会力量开办的小微博物馆（展览馆）、展示各类非物质文化遗产的文化空间或家庭工作室等，重点突出文物建筑利用的公益属性。

BJ-05 “禁烟英雄林则徐”主题展

政府引导，文物利用公益属性优先

福州新馆、万松老人塔、佑圣寺、林白水故居、广福观、沈家本故居等作为西城区第一批腾退的文物建筑，在先行政策的指导下完成了文物腾退的实践和活化利用的探索。西城区政府及时总结实践经验，研究制定指导政策，于 2019 年出台《北京市西城区人民政府关于促进文物建筑合理利用和开放管理的若干意见（试行）》（西行规发〔2019〕1 号），使得西城区文物建筑腾退和活化利用工作有了更为清晰的制度和决策保障。

该文件提出任何文物建筑的利用必须以确保安全为前提，以服务社会公众为目的，以彰显文物历史文化价值为导向。坚持公益属性、社会效益优先；坚持保护责任，实现科学保护；坚持政府主导、鼓励社会参与。文物建筑主要用于展览展示、参观游览、文化交流、公共服务、文化体验服务、非遗传承和公益性办公等。为鼓励社会力量参与，文物建筑活化利用文件规范了社会化项目申报和决策程序。文件还进一步明确文物建筑利用中政府所有权不变，文物建筑使用功能根据价值和区域发展需要由政府研究确定；探索社会运营机构和政府合作，鼓励社会力量参与文物建筑修缮和管理运营等。

BJ-06 福州新馆场地入口区

多方参与，文物保护成果惠及民众

为使腾退后的文物建筑得到有效保护和科学合理的利用，在《北京市西城区人民政府关于促进文物建筑合理利用和开放管理的若干意见（试行）》（西行规发〔2019〕1号）的指导下，西城区文化和旅游局分别于2020年1月、2021年9月两次向社会公开招标征集总计17处腾退后的文物建筑活化利用计划，部分项目同时招募运营服务机构，招标文件对文物建筑利用原则和利用方向提出了明确的要求。

首批文物建筑活化利用项目公开招标征集活动共有34家机构提交了53个项目申请报告，经过资格审核筛选出44个有效项目申请报告，之后通过方案初评、项目预审、专家评审和区政府审议等环节，最终于2021年4月14日确定6处腾退文物建筑的活化利用方向并与利用单位正式签订合同。

在首批文物建筑活化利用计划落地实施以来，西城区仍在积极探索、不断完善"政府主导、社会参与、专家把关、市场化运作"的文物保护利用新模式，持续开展文物建筑活化利用计划，让更多社会力量参与到文物建筑的保护利用当中，也使地方人民群众可以最大程度享受文物保护成果。

BJ-07　西城区举行首批文物建筑活化利用项目签约仪式

表 BJ-01　6处首批腾退文物建筑活化利用方向一览表

文物建筑名称	文物建筑利用内容
歙县会馆	中英金融与文化交流中心
晋江会馆	林海音文学展示中心
梨园公会	京剧艺术交流传播及孵化中心
西单饭店旧址	多功能复合型文化艺术空间
聚顺和栈南货老店	糖果主题阅读 + 糖果体验空间
新市区泰安里	泰安里文化艺术中心

推介点

02 规划统筹　资源整合 空间共享　社区参与

资源整合，文物及城市空间统筹规划

预先谋划，保护工程兼顾未来使用

功能复合，丰富社区公共文化空间

资源整合，文物及城市空间统筹规划

福州新馆现为一进院落，面积不到700平方米，院落内除文物建筑占地面积466平方米以外，剩余院落空间仅有200余平方米，很难满足现代展示馆的展示需求。由于福州新馆位于首都功能核心区的平房区，院落外部用地也十分紧张，西城区经过多方努力协调，创造条件将福州新馆院落东侧紧邻的闲置空间纳入福州新馆的使用范围，以此配合文物院落开展统筹设计，扩大展陈纪念空间，极大地改善了文物院落的利用条件。

在福州新馆整体流线设计中，考虑到院落南侧紧邻地铁站通风设备，若按原院落将入口设在南侧，观众直接步入展馆，不利于产生仪式感和纪念感。所以，设计团队将入口北移至场地东侧中部，充分利用东侧闲置空间，形成类似于展馆序厅功能的空间，观众在进入文物建筑前先依次看到院墙上的主题景墙、透空景墙，进入场地前隐约看到内部空间，到达院落入口后，正对是一棵高大的保留树木，之后经过纪念活动区、穿过院门才正式进入福州新馆院落内。设计团队通过流线设计进行空间营造，延展参观流线，扩大和丰富展陈空间。

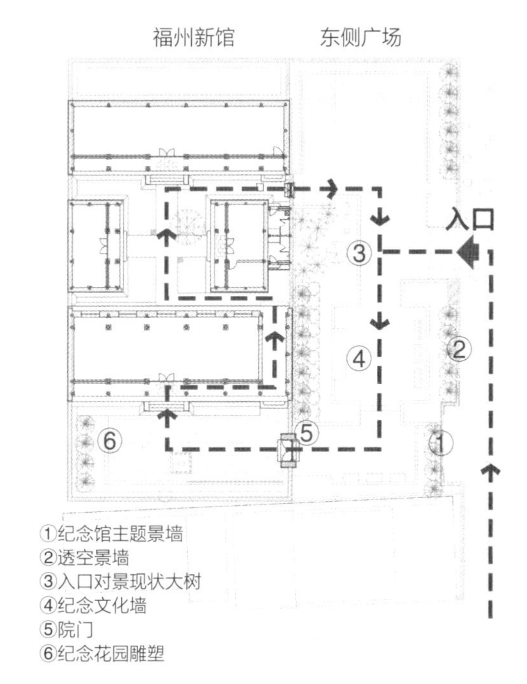

BJ-08 平面流线（上图）

BJ-09 福州新馆纪念活动区及院落入口区（下图）

将原本不属于福州新馆的东侧空间作为入口前广场，拓展展示流线，强化仪式感和纪念感。

预先谋划，保护工程兼顾未来使用

在福州新馆的修缮过程中，设计团队认为文物建筑是历史信息的载体，而不是一个摆件，在保护过程中更应当充分关注其作为建筑的基本功能。抱着这样的修缮理念，设计团队在业主单位还未明确文物建筑未来使用功能的情况下，在修缮方案设计中就预先考虑了文物建筑后期使用时的一些必要基础设施和设备的布设，在方案中明确布设点位和线路等，做到提前预留，一次完工。

这种将文物建筑保护与文物建筑利用同时考量、同步设计的方式，极大降低了文物建筑在内部装修过程中受到二次破坏的风险，也为文物建筑的利用提供了良好的基础保障。

在建筑墙面预留接口，方便后续增加安防设备。

BJ-10　安防接口（上图）
BJ-11　1—1 剖面图（中图）
BJ-12　2—2 剖面图（下图）

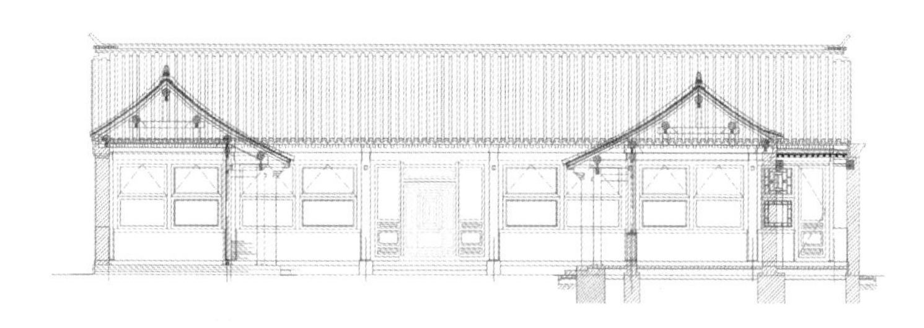

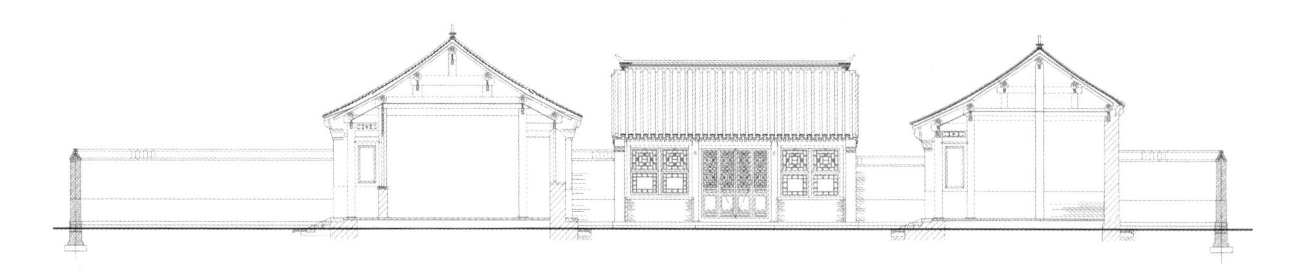

功能复合，丰富社区公共文化空间

福州新馆所在社区面临文化设施与文化空间紧缺、社区绿化景观匮乏、社区居民缺少公共活动空间等现实问题。因此，在福州新馆整体提升的过程中，设计团队充分考虑社区诉求，利用有限的空间，因地制宜地打造尺度亲切、使用有趣的绿化空间和休憩空间，并将东、西厢房作为多媒体放映厅和阅读空间向社区居民免费开放。在满足展馆基本展陈需求的基础上，增强功能复合性，弥补社区文化空间不足的现状，一定程度上解决了当地社区居民对丰富公共文化生活的迫切需求，大幅提升社区公共空间品质，形成既与古都风貌相协调又与公众需求相适应的高品质公共文化场所。

BJ-13　纪念活动区（左上图）
BJ-14　用作多媒体放映厅的东厢房（左下图）
BJ-15　功能分区图（右图）

推介点

03 线上+线下　前端+后台 活动丰富　寓教于乐

做深禁毒教育主题活动

做活传统文化特别活动

做深禁毒教育主题活动

经过深入挖掘历史价值，福州新馆最终被研究确定为以林则徐生平及其禁烟事迹为主题对外开放展示，并在此成立北京市林则徐禁毒教育基地。福州新馆积极探索“线上＋线下、前端＋后台”的模式，全方位开展宣传教育活动。自开馆以来，福州新馆为弘扬林则徐禁烟事迹和助力新时期首都开展禁毒教育工作起到积极带动作用。

福州新馆在线上通过云端联展、禁毒教育直播、出品系列禁毒节目等形式介绍林则徐生平事迹、开展毒品危害和禁毒知识宣教活动。例如，福州新馆联合福州市林则徐纪念馆、虎门林则徐纪念馆、澳门林则徐纪念馆、伊犁林则徐纪念馆、蒲城林则徐纪念馆举办《云思往事，追忆先贤——纪念林则徐诞辰236周年暨民族英雄林则徐史迹展》线上联展活动，带领观众线上“云游”六地林则徐纪念馆，更加生动、全面地介绍林则徐活动足迹、历史故事和禁毒事迹，使公众跨越时空深入学习了解林则徐“生死报国，清廉为民”的爱国主义情怀；由北京市公安局禁毒总队协助指导、福州新馆与人民文博联合出品《禁毒之声》线上系列公益节目；福州新馆在每年六月份结合禁毒宣传月持续推出《禁毒小课堂》系列公益节目；福州新馆贴合五四青年节推出“重读五四精神·走近林则徐的一生”线上直播活动等。福州新馆通过多种线上活动不断扩大受众群体，增强福州新馆的社会影响力。

BJ-16 “防范新型毒品危害青少年”线上直播活动（上图）
BJ-17 禁毒宣传月推广《禁毒小课堂》节目（下图）

福州新馆开展一系列线下公益宣讲、社教活动和禁毒科普活动，主动参与到社区禁毒教育与中小学禁毒教育课程中去，如联合北京十五中、红莲小学等举办“禁毒宣传进校园”禁毒月公益宣讲活动；邀请新疆克孜勒苏柯尔克孜自治州的小朋友开展“克州少年禁毒行”主题夏令营。

BJ-18 “禁毒宣传进校园”——禁毒月公益宣讲活动（上图）
BJ-19 毒品预防普法宣传教育活动（中图）
BJ-20 “克州少年禁毒行”主题夏令营（下图）

做活传统文化特别活动

福州新馆通过不断组织各类节庆活动，兼顾开展社区文化活动，创新弘扬中华优秀传统文化，使文物保护成果更多更好地惠及人民群众。例如结合群众性节庆民俗，开展“月圆京城·情系中华”迎中秋主题活动，组织市民手工制作干花团扇，讲述古代中秋故事，使广大市民进一步了解、认同、喜爱传统节日；另外还组织了“星星点灯·放飞梦想”六一儿童节特别活动、“精彩华诞·举国同庆”迎国庆主题活动、“暖心重阳”主题活动、“走进茶文化”主题活动、“文化遗产日”专题活动、“父爱如山”父亲节特别活动等，极大丰富了福州新馆的活动内容，吸引了不同年龄层、不同社会文化背景的群体共享文物保护成果。

BJ-21 “星星点灯 · 放飞梦想”六一儿童节特别活动（上图）
BJ-22 “暖心重阳”主题活动（下左图）
BJ-23 “精彩华诞 · 举国同庆”主题活动（下中图）
BJ-24 “月圆京城 · 情系中华”迎中秋主题活动（下右图）

提要

原浙江兴业银行大楼位于天津市著名的天津劝业场大楼对面，为天津市文物保护单位，现作为咖啡店开放。原浙江兴业银行大楼从保护修缮到开放利用是一个不断探寻经营性活动与文物建筑保护之间相互平衡的过程。第一，在项目前期通过多方案比较，谨慎选择具有共同价值观的使用方；第二，采用现代技术手段降低经营使用期间可能对文物建筑造成的负面影响；第三，在经营活动中通过多种方式向公众展现和诠释文物建筑价值。使用过程让这栋拥有百年历史的建筑重新被外界了解，极大地提高了其知名度，收获了社会广泛好评。该案例也提出了大家热议的问题，文物建筑在不受过度干扰且能够有一定的展示情况下，是否可以作为经营性场所开放。

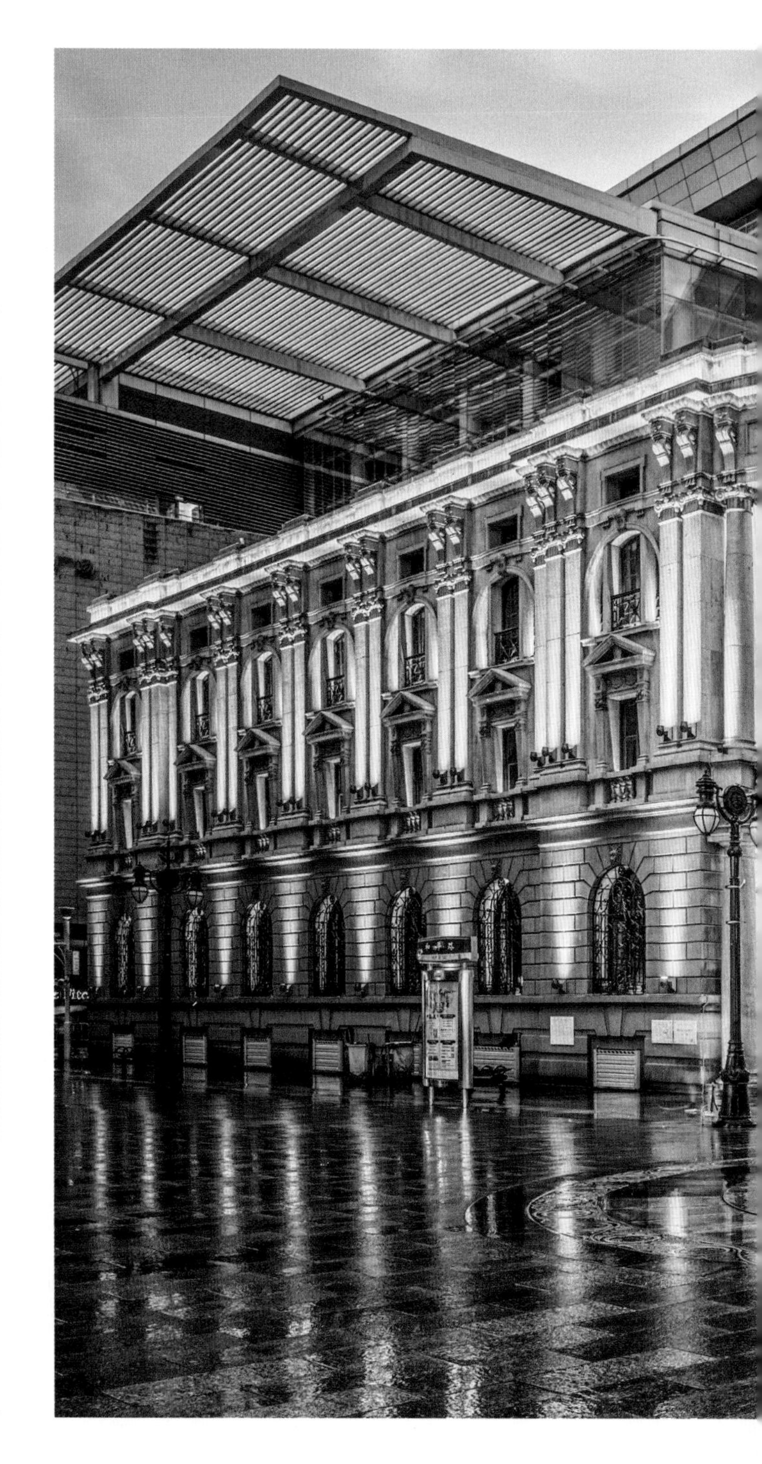

TJ-01　原浙江兴业银行大楼外观

原浙江兴业银行大楼

文物保护单位基本信息

地　　址： 天津市和平区和平路237号
年　　代： 1922年
初建功能： 银行
使用功能： 咖啡臻选体验店
保护级别： 省（自治区、直辖市）级文物保护单位

历史变迁

清光绪三十一年（1905 年），浙江全省铁路公司创立，并附设银行，取名“浙江兴业银行”，初期总行设于杭州。

1915 年，天津分行在天津市宫北大街成立；

1922 年，浙江兴业银行大楼在天津建成；

1925 年，天津分行迁址于浙江兴业银行大楼内；

1935 年，浙江兴业银行大楼附属用房扩建；

1950 年，浙江兴业银行大楼开展内部修缮；

1953 年，位于浙江兴业银行大楼的浙江兴业银行结业，大楼不再作为银行使用；

20 世纪 80 年代开始，原浙江兴业银行大楼先后被外贸兴业商场、天津市永正裁缝店实业发展有限公司等使用；

1997 年，原浙江兴业银行大楼被列为天津市文物保护单位；

2011 年，天津恒隆地产有限公司出资对原浙江兴业银行大楼进行修缮；

2013 年 11 月 25 日，天津市人民政府公布原浙江兴业银行大楼为特殊保护等级的天津市历史风貌建筑；

2018 年，原浙江兴业银行大楼进行室内装修；

2019 年，原浙江兴业银行大楼对外开放，作为咖啡臻选体验店使用。

TJ-02　1939 年，浙江兴业银行大楼（左图）

TJ-03　20 世纪 80 年代，原浙江兴业银行大楼被用作外贸兴业商场（右图）

价值阐述

原浙江兴业银行大楼与中国近代金融发展、民族工业发展联系紧密，商务印书馆、张謇的南通大生纱厂均与其有业务往来。原浙江兴业银行大楼是近代著名建筑师沈理源的早期作品，对于中国近代建筑史的发展有重要的实证价值。

原浙江兴业银行大楼细节精美，庄重大方，主入口设于转角，采用双柱式，外立面每层窗户的形状、雕饰各有不同。室内木雕精美，大厅圆形穹顶下，14 根大理石柱支撑的环形梁上雕有中国古钱币图案，独具特色。

原浙江兴业银行大楼与天津劝业场大楼、惠中饭店、交通旅馆位列于和平路与滨江道的交叉口，是此街区的重要地标，被誉为"黄金四角"。

如今，百年之后的原浙江兴业银行大楼，在和平路商圈内依然维持了重要的地标作用，承载了天津几代人的历史记忆。

1927 年，浙江兴业银行大楼的地下金库曾秘密保存过地下党名单，为抗战胜利做出了重要贡献。

TJ-04　原地下金库大门（左上图）
TJ-05　20 世纪 80 年代，原浙江兴业银行大楼被用作永正裁缝店（左下图）
TJ-06　原浙江兴业银行大楼交易大厅历史照片（右图）

文物概况

原浙江兴业银行大楼于1921年6月由华信工程公司总工程师，中国第一批留洋建筑师沈理源先生设计，1922年建成，占地面积3133平方米，总建筑面积4704平方米，钢筋混凝土结构，外观为古典主义三段式。建筑地上2层地下1层，首层原为银行交易厅和营业厅，二层为办公场所，地下为金库。首层大厅上部有圆弧形穹顶，采用半球形钢骨架支撑，下部环绕14根黑褐色大理石柱，整个大厅宽敞、明亮而又华丽。

TJ-07　原浙江兴业银行大楼交易大厅

推介点

01 多方寻求具有共同价值观的运营使用方精诚合作追溯建筑初始样貌及历史故事

多方比较，优选有共同价值观的合作方

相互配合，共同倾力展现文物建筑原貌

多方比较，优选有共同价值观的合作方

原浙江兴业银行大楼坐落于天津最繁华的商业区内，是一座享誉天津的文物建筑和代表性城市景观。作为中华民国时期鼎盛一时的银行，原浙江兴业银行大楼在天津人的心目中拥有独特的历史地位。业主单位本着对珍贵文物建筑的敬意，与多家意向企业进行深入沟通，要求意向企业尽可能提供详细的文物建筑维护和运营方案进行比选，希望能够找寻在文物建筑价值认知和保护理念方面志同道合的企业团队负责运营管理。在考察企业的过程中业主单位还多方衡量意向企业参与其他文物建筑或历史建筑的运营管理经验，以及企业文化理念等。在充分了解各企业对原浙江兴业银行大楼的价值认知和未来利用意向后，比选出一家知名咖啡企业签订租用合同，通过协商详细运营规定，明确企业在运营中关于文物保护与利用的责任与义务，业主单位在后续运营过程中定期监管运营活动，从而确保文物建筑在实现自我“造血”功能的同时，也能保障有序维护和合理利用。

TJ-08 茶室内的沙发椅及装饰墙

相互配合，共同倾力展现文物建筑原貌

业主单位与入驻企业在文物建筑修缮前期挖掘文物建筑历史价值上都做出了诸多努力，为后续的保护利用奠定下良好基础。业主单位邀请天津市多位文物专家开展研究工作，充分研究金街故事、天津近现代建筑历史，搜集原浙江兴业银行大楼原始设计图纸。入驻企业也同样投入大量时间与精力，面对文物保护与创新改造的两难挑战，怀揣现代匠心与巧思，将使用影响降到最低，努力呈现出历史与现代碰撞融合的独特空间。最终，通过各方的共同努力，原浙江兴业银行大楼得以重新展现在公众眼前。

TJ-09　原浙江兴业银行大楼外观（右图）
TJ-10　首层平面图（左下图）
TJ-11　二层平面图局部（左上图）

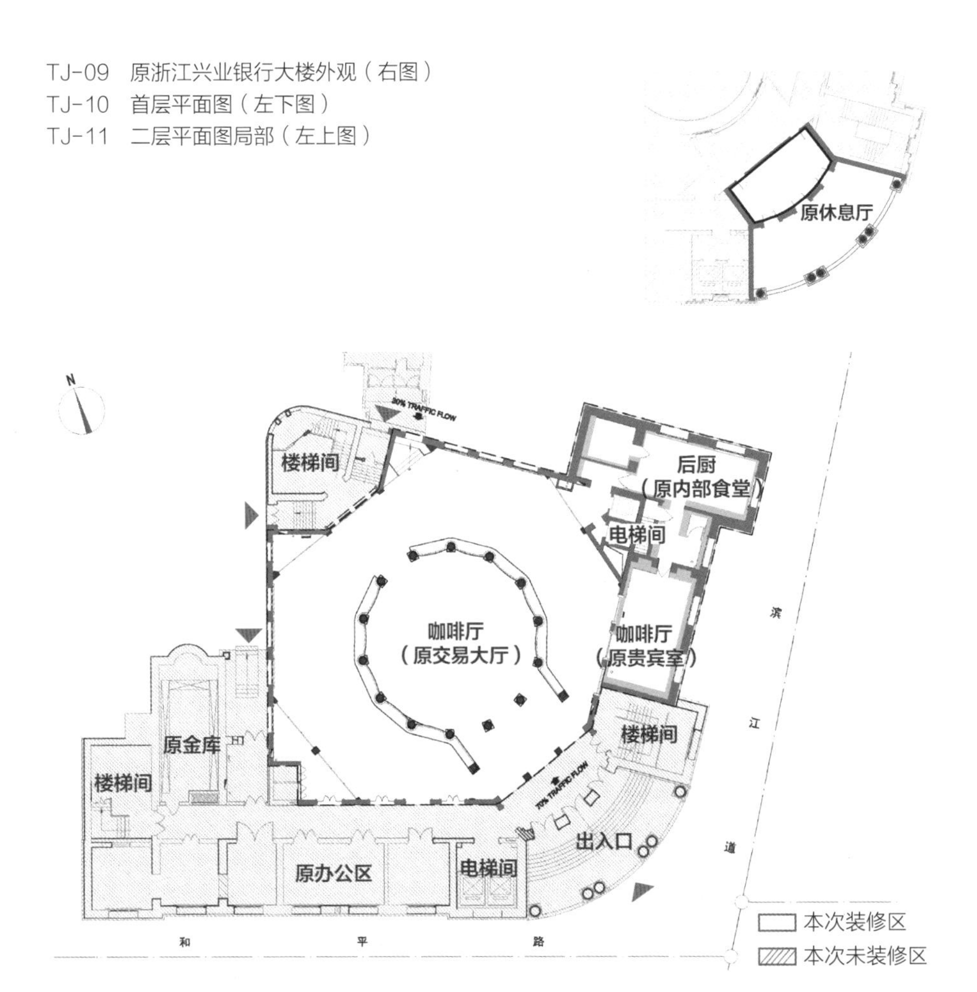

原浙江兴业银行大楼

推介点

02 可逆手段保护价值载体及历史空间氛围 消隐方法处理现代设备避文物构件损伤

可逆手段实现功能转变，满足开放要求

消隐手段加设现代设备，满足特殊需求

多种方法保护遗存信息，避免使用损伤

可逆手段实现功能转变，满足开放要求

原浙江兴业银行大楼一层大厅是整座建筑的中心，这里不仅设置了咖啡互动体验区，还融入了具有独特中国文化的茶瓦纳专区，以及迎合年轻时尚潮流的鸡尾酒区，首次将咖啡、茶和酒融合在一起，呈现出多重体验空间。然而在此之前，入驻企业为解决布置分区问题，原本提出拆掉大厅中心的大理石柜台，此诉求违背了文物保护的原则，经过协商，入驻企业最终采取将家具陈设、局部拆除门板进行异地保护和保留门道等可逆手段，在使用需求与文物保护之间，找到一个平衡点，同时，运用动线设计和桌椅样式围合或分隔各个功能区域。这种依靠家具"隔断"的方式使得建筑整体空间更加和谐自如、视野更加广阔，配合大厅中央极具欧式风情的圆弧形穹顶，整体空间视野放大到了极致，获得较好的空间体验感，契合文物建筑的开放使用需求。

TJ-12　茶瓦纳吧台

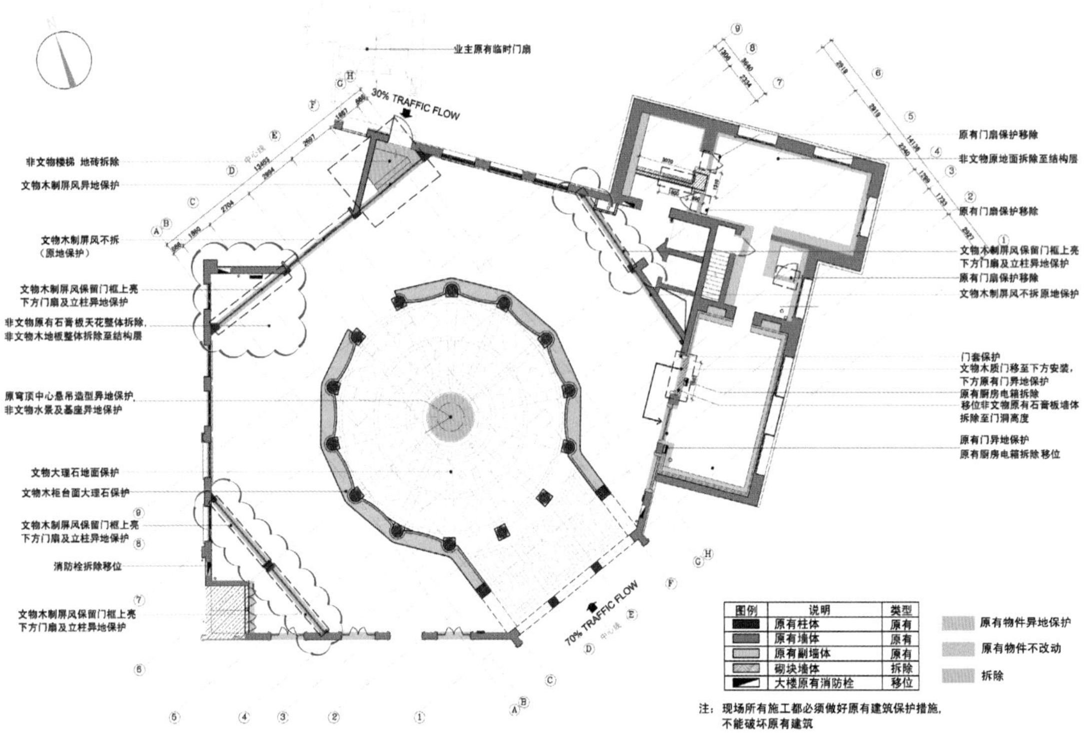

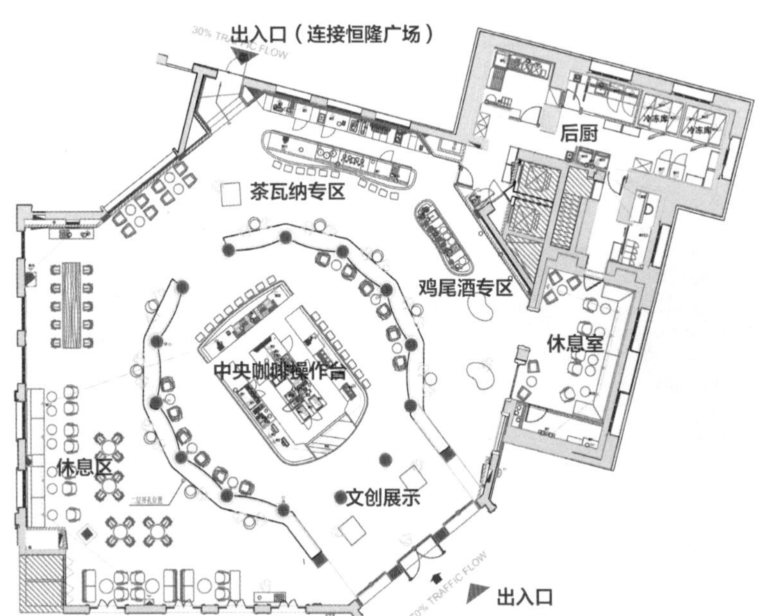

TJ-13 首层平面改动示意图（上图）
TJ-14 首层平面功能分区图（下图）

TJ-15　极具文艺复兴风格的原浙江兴业银行大楼

TJ-16　大楼中部大厅

大厅顶部充满欧式风情的圆弧形穹顶被改造成一幅手工绘制的“咖啡树荫”画作，古铜色调与大厅的西洋古典风格完美融合；底部咖啡吧台也是为了呼应天津的港口文化设计成了一个纯铜的“船形”操作台。

TJ-17 “船形”操作台（上图）
TJ-18 穹顶中央的“咖啡树荫”画作（下图）

消隐手段加设现代设备，满足特殊需求

大厅中心咖啡制作操作台根据经营需要须连接上、下水及强、弱电管线，一定程度上会破坏地面原有铺装。设计方经过多方案优选比对，最终选择垂直走管的方式，即在各柜台底部的楼板上打孔，直接将上、下水及强、弱电管线引入地下室，打孔位置精心挑选大理石地面上有过修补痕迹的位置，开孔走管，并以最小管径穿过，不破坏完整的大理石地面，此种方式不仅最大限度地避免了管道堵塞问题，也降低了施工改造对文物建筑造成的不利影响。

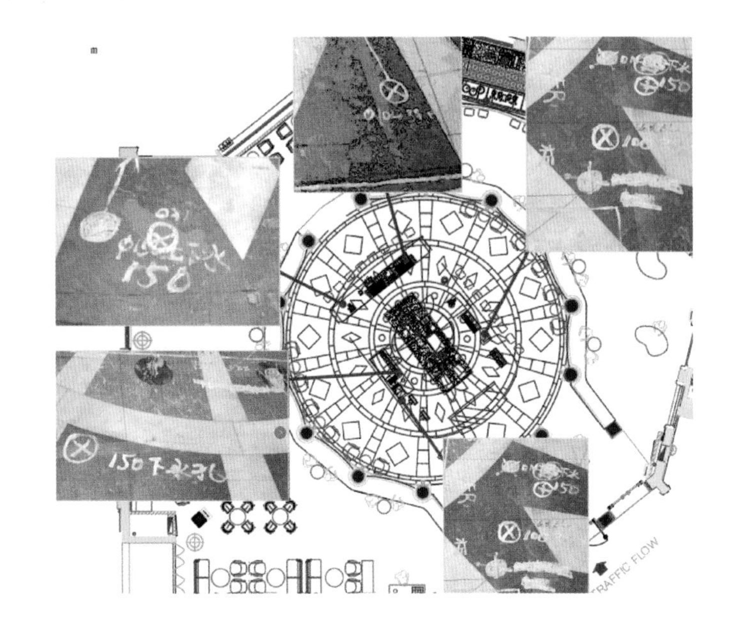

在大理石地面选择的 5 处开孔均位于石材原修补位置。

TJ-19　地面开孔位置图（上图）
TJ-20　吧台给排水立面图（下图）

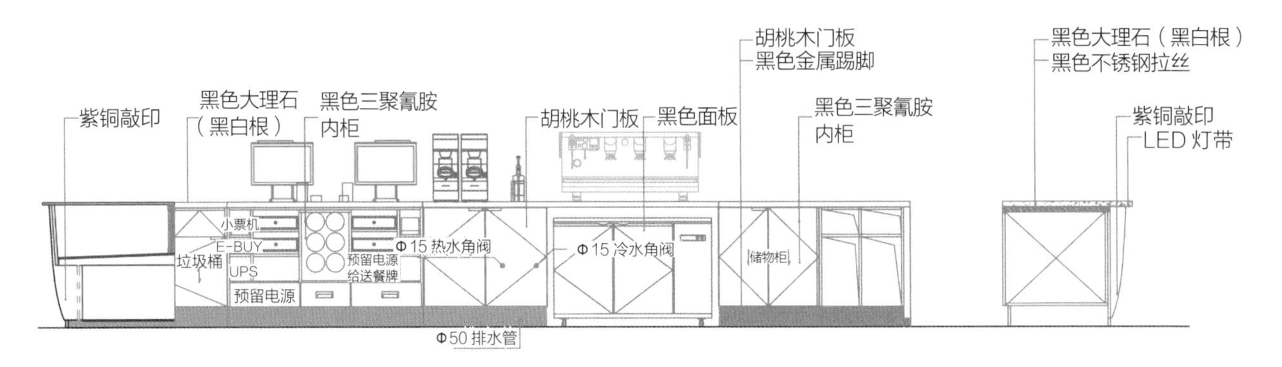

TJ-21　原浙江兴业银行大楼西立面图（右上图）
TJ-22　中央大厅通风示意图（右中图）
TJ-23　穹顶上新增龙骨吊架及检修平台剖面图（右下图）
TJ-24　穹顶上新增龙骨吊架及检修平台局部图（左图）

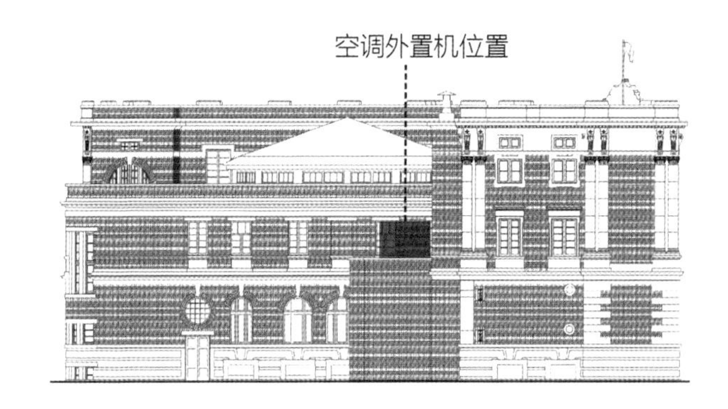

为满足现代开放使用需求，文物建筑需要配备必要的通风设备和空调设备，采用在穹顶之上设置设备层和检修层，放置空调设备与检修架，同时采取可拆装的穹顶盖板作为通风口，尽可能消隐设施外观，这样不仅便于后续检修，也能减少现代设施设备对文物建筑的影响。

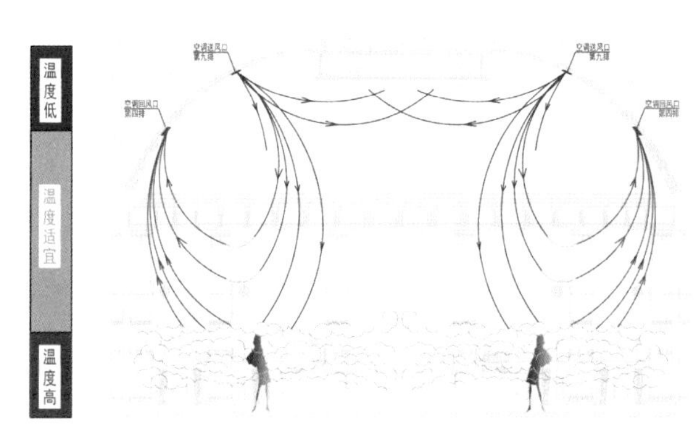

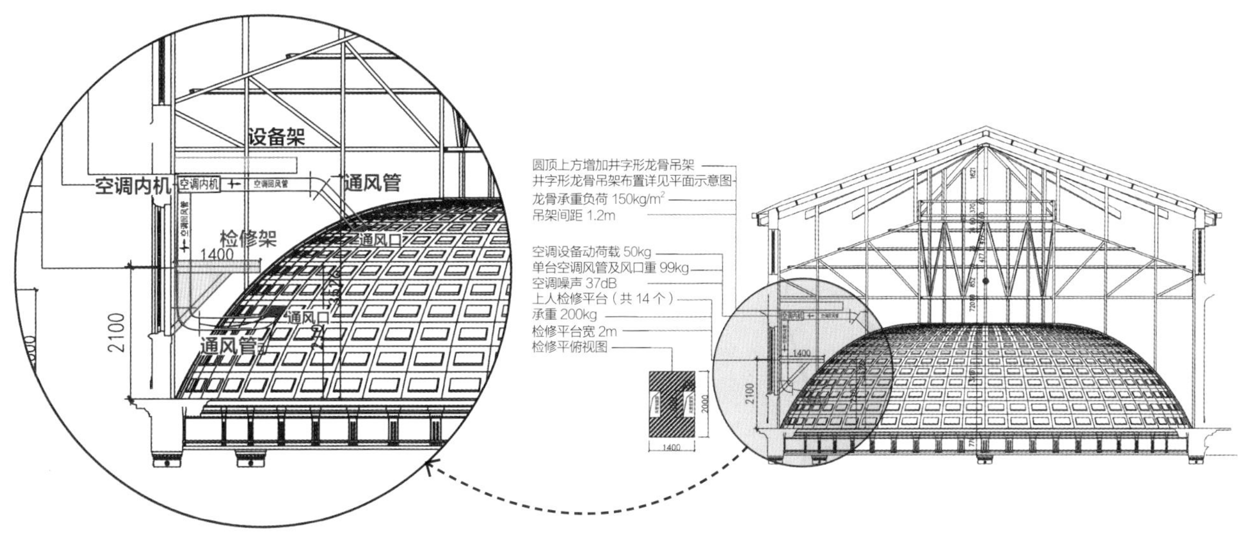

多种方法保护遗存信息，避免使用损伤

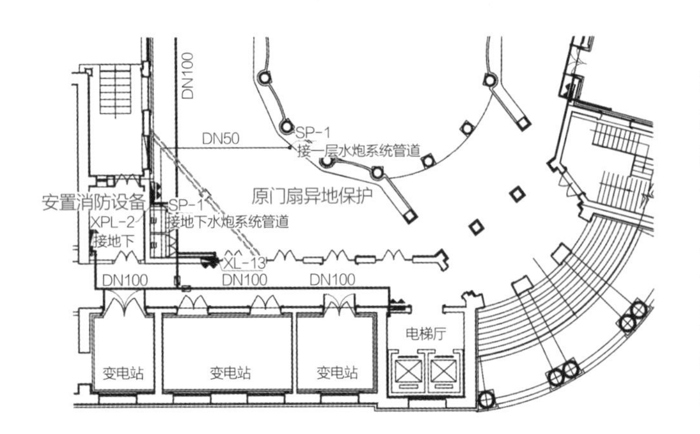

文物建筑使用功能和动线的改变使得原先配备的消防、疏散设施需要重新布设，为满足经营场所的基本安全要求，采取将部分影响使用安全的文物或非文物构件临时迁移至文物库房中统一管理。如营业大厅西侧原设有门扇，门扇内封闭的三角区域设有消火栓及配电箱各一组，根据消防设计规范，室内消火栓应设置在明显位置且易于操作的部位。该处门扇由于间距较窄，可能在后期使用中受到来往顾客或是消防演练时的碰撞，为保障多方安全，选择将该处门扇及竖槛框异地保护。

对于那些不影响安全的构件则是采取一定的保护措施后进行原址保护和展示，避免后期使用过程中可能造成的损坏。如在吧台表面贴防爆膜，为 24 组汉白玉狮子增加亚克力保护罩，均是为避免高温影响、咖啡渍渗入或是顾客磕碰等不慎损坏文物的情况发生。照明问题通过采用金属抱箍捆绑式，将灯杆无损伤附着在大理石柱上，实现文物安全与后期使用的和谐统一。

TJ-25　营业大厅西侧门扇后的消防管道示意图（上图）
TJ-26　迁移门扇后消防设备重新布置（下图）

TJ-27　大厅石柱上的灯杆（左图）
TJ-28　大厅吧台下汉白玉狮子覆罩保护（右上图）
TJ-29　大厅吧台覆膜及提示保护（右下图）

利用金属抱箍捆绑式设计，将灯杆无损伤附着在大理石柱上，既解决照明问题，又不损伤石柱。

为吧台下的 24 组汉白玉狮子增加透明保护罩。

原银行柜台现作为吧台，表面贴防爆膜，减少使用对大理石的磨损。

提要

北疆博物院旧址位于天津市河西区马场道117号天津外国语大学院内，为全国重点文物保护单位。该博物院是迄今国内唯一一座历经百年，原址、原建筑、原藏品、原展陈形式、原文献资料都完好保存，并全方位开放的博物馆，是中国近代早期博物馆的“活化石”。北疆博物院旧址是文物建筑延续初始功能并实现当代活化利用的典型案例，在修缮与利用工程中采取的研究贯通、动态协调、精细实施、全面展示的方法，为文物建筑保护利用提供了有价值的经验。通过保护利用工程，封存了半个多世纪的北疆博物院旧址重新向公众开放，恢复标本收藏、陈列展览、科学研究及科普教育的初建功能，受到公众高度好评。

北疆博物院旧址

文物保护单位基本信息

地　　址： 天津市河西区马场道117号天津外国语大学院内
年　　代： 1922—1929年
初建功能： 博物馆
使用功能： 博物馆
保护级别： 全国重点文物保护单位

TJ-30　北疆博物院旧址正立面

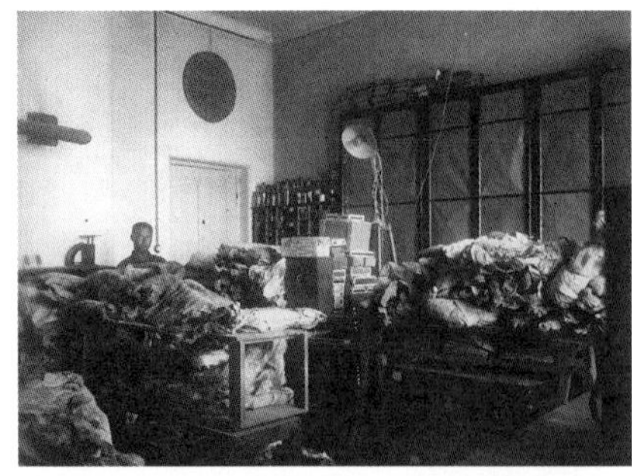

TJ-31 库房历史照片（左图）
TJ-32 实验室历史照片（右上图）
TJ-33 工作室历史照片（右下图）

1914 年，法国博物学家、天主教耶稣会神甫桑志华（Paul Émile Licent，1876—1952 年）来华创建北疆博物院（法文名：Musee HongHo PaiHo，黄河白河博物馆）；

1914 年至 1922 年，北疆博物院设在天津崇德堂，并对外接待；

1922 年，始建北疆博物院北楼，用作办公室、藏品库房、实验室、作业室；

1925 年，增建陈列室，于 1928 年对外开放；

1929 年，增建南楼，用作实验室、藏品库房和图书室；

1938 年，抗日战争全面爆发后，桑志华返回法国，北疆博物院工作受到严重阻滞；

中华人民共和国成立后，于 1951 年由天津市委宣传部接收，并在北疆博物院基础上成立天津人民科学馆，后发展成天津自然博物馆；

1991 年，北疆博物院旧址被天津市人民政府公布为“天津市文物保护单位”；

2014 年，中法建交 50 周年暨桑志华来华科学考察 100 周年之际，启动北疆博物院旧址北楼和陈列室修缮及复原陈列工程；

2015 年底，北疆博物院旧址北楼和陈列室修缮及复原陈列工程全部告竣，恢复了博物馆原有的标本收藏、科学研究、陈列展示及科普教育功能；

2016 年 1 月 22 日，北疆博物院旧址北楼和陈列室重新对公众开放；

2018 年 3 月，启动北疆博物院旧址南楼修缮及复原陈列工程；

2018 年 10 月 28 日，北疆博物院旧址南楼对公众开放，至此，北疆博物院旧址全部对公众开放；

2019 年，北疆博物院旧址被国务院公布为“第八批全国重点文物保护单位”。

北疆博物院是20世纪初以收藏地质、古生物、古人类、动物、植物等自然标本为主的自然历史博物馆，是中国最早的自然历史博物馆之一，享誉世界。它开创了中国古哺乳动物学研究和旧石器考古人类学研究的先河。

北疆博物院的建造是法国博物学家在中国活动的历史见证，记录了自然科学工作者跨越地域、人种、宗教的科学求索精神，促进了中西自然科学和历史文化的交流。

北疆博物院建筑群还体现了近代早期建筑技术的前瞻性与先进性。其建筑采用了当时最先进的钢筋混凝土结构，尤其是陈列室采用的中心牛腿柱内框架结构，体现了现代主义建筑功能与美学一致性的思想。

当今的北疆博物院旧址恢复了原有的标本收藏、陈列展示、科学研究及科普教育的功能，向公众全面地阐释了北疆博物院科学精神的传承与发展，成为天津市新的文化旅游名片，得到公众高度好评。

TJ-34　北疆博物院旧址北楼正面历史照片（上图）
TJ-35　北疆博物院旧址北楼背面历史照片（下图）

陈列室
陈列室
北楼
N
南楼

TJ-36　北疆博物院旧址鸟瞰及首层平面图

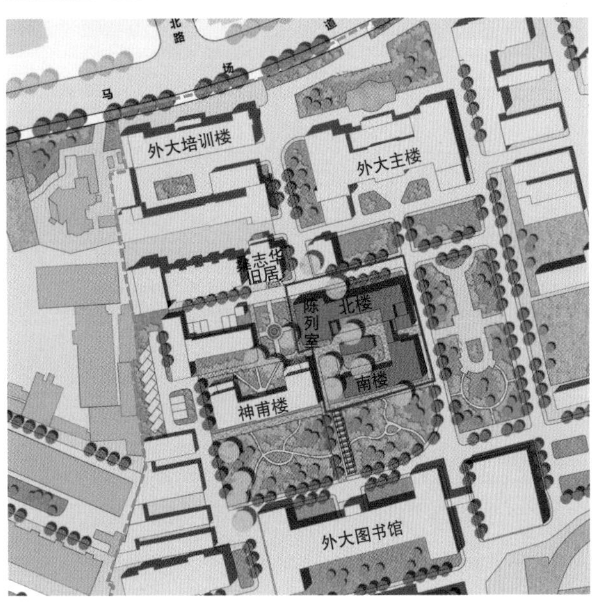

TJ-37　北疆博物院旧址外观（上图）
TJ-38　北疆博物院旧址区位图（下图）

文物概况

北疆博物院旧址包括北疆博物院主体建筑（北楼、陈列室、南楼）及两座附属建筑（桑志华旧居、工商学院 21 号楼）共五栋建筑。北疆博物院旧址主体建筑总体呈“工”字形，砖混结构，南、北楼间由二层封闭天桥连通。总占地面积约 1221.63 平方米，总建筑面积 2751.63 平方米。2016 年北楼及陈列室对外开放，2018 年南楼对外开放。桑志华旧居及工商学院 21 号楼目前尚在修缮中，工程完成后也将陆续开放。

推介点

01 延续初建功能　适应现代使用

延续初始功能，修复历史空间场景

利用闲置空间，适应现代设备安装

延续初始功能，修复历史空间场景

最低限度修复，静态使用
或
适当提高结构性能，活态利用

北疆博物院旧址经过半个多世纪的封存，面临许多未知的结构安全问题。不同的利用功能需要运用不同的修缮技术方式。在对北疆博物院旧址进行房屋安全鉴定之后，确定该文物建筑若不开放使用，仅需对其开展常规的维修工作；若要对外开放展示，就要保障参观者的基本安全，需要进行结构加固，只有介入现代技术手段才能确保文物建筑安全的承载能力。经过反复研究，考虑北疆博物馆旧址对公众开放的重要价值及意义，最终选择在尊重历史的前提下，进行适当的结构加固，使文物建筑能够更好地使用。

TJ-39 北疆博物院旧址南楼结构

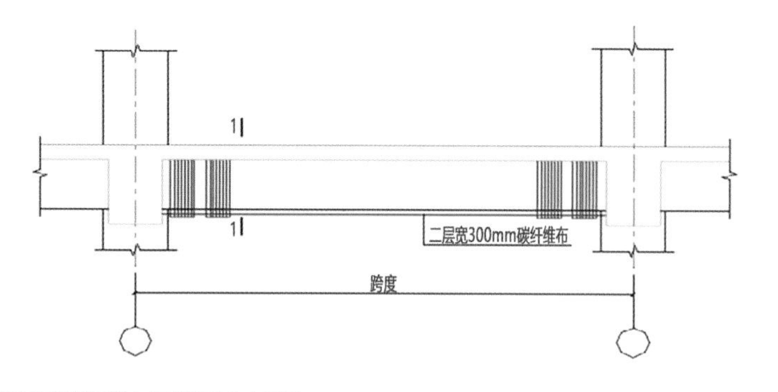

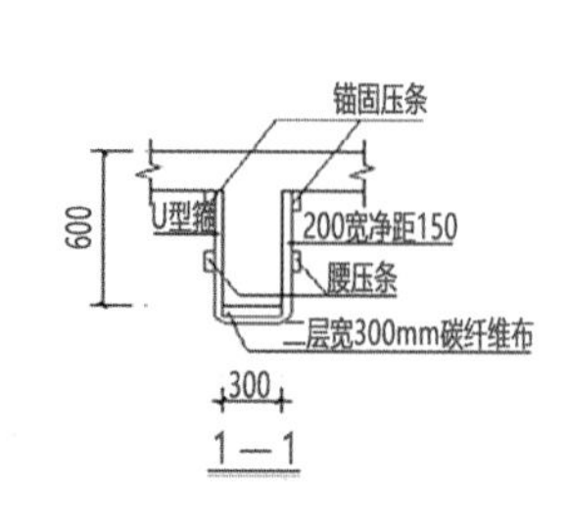

TJ-40 梁粘贴碳纤维加固详图（上图）
TJ-41 新增钢梁（中图）
TJ-42 空调设备（下图）

明确文物建筑的使用功能之后，需要考虑的是如何平衡历史原状与适应现代需求进行结构加固并引入现代设备之间的矛盾问题，这也是当前文物建筑维修工程中经常遇到的问题。为了适当提高建筑承载力，在方案设计阶段即进行了多方案比选，综合考虑历史空间面貌、承载能力、施工影响范围等多种因素后，对结构损伤较为严重的北楼二层图书室、文物展厅采用了原结构碳纤维加固、新增钢梁的加固方式，使建筑能满足后期展览陈列及人员参观的承重需求。

为了保持历史空间的真实性，加固方案需要极其注重细节，在钢梁构件尺寸、布置间距、隐藏手段等方面进行了斟酌和研究，同时仔细考虑了空调机及灯具的放置位置和方向。经过多番筛选，最终确定加固方案，并与空调管道结合布置，外表皮与墙体统一粉刷，尽可能消隐附加结构的体量，减少对历史空间风貌的影响，在满足现代使用需求和尊重历史原貌之间找到巧妙的平衡。

TJ-43　南楼新增钢梁与空调结合布置（上图）
TJ-44　北楼陈列室的无梁结构楼盖（下图）

结合原有结构尺寸，吊顶空调的选型和布置方案及新增的结构构件尊重了原有空间格局及风格，既提高了结构安全性，也兼顾了新增设施的合理和美观。

参考展柜、门窗、检修梯等部件的历史照片，对残损部件修复后原位继续使用。

TJ-45　原展柜继续使用

将原本残损的门窗及五金件逐个拆除并做好记号，做脱漆打磨防腐处理后，重新油饰，然后按记号原位安装，保证了原建筑构件的延续使用，传达历史真实性。此外，在原大门上安装现代门禁，既满足现代使用需求，又提高建筑安防水平。原有的屋面检修梯，维修后保留使用功能，并在一侧做出说明标识。修复展柜时，所有缺失的配件按照原样补配。展柜位置，包括展柜内的展品，全部按照历史照片，恢复原来的位置摆放。所做的一切，都是为了能够真实还原建筑室内和展陈布置的历史面貌，给公众一个具有真实性的历史空间场景。

TJ-46　门窗构件拆解修复（左上图）
TJ-47　维修好的大门门锁（左下图）
TJ-48　维修好的窗（右上图）
TJ-49　继续使用的屋面检修梯（右下图）

利用闲置空间，适应现代设备安装

如何将现代管线设备植入文物建筑，使文物建筑能够满足现代使用要求，也是文物建筑合理利用经常面临的问题。北疆博物院旧址在工程修缮中对文物建筑中失去使用功能的空间，合理安置现代管线设备并最大限度隐蔽处理，使闲置空间实现功能的延伸和再利用，满足现代使用需求。

在不改变文物建筑历史面貌的基础上，充分利用闲置空间，隐蔽处理现代管线设备的安置问题。

北疆博物院旧址南北楼地下室常年积水，且南楼地下室早已废弃不用。在解决地下室积水问题时，设计与施工单位找到北疆博物院旧址地下室原设计蓝图，才意外发现南北楼地下空间原为北疆博物院旧址的锅炉房（供热站），通过图纸与现场布局比对，发现地下空间因后期使用改变了格局。经过施工单位一步步谨慎破拆、清理积淤、疏通南北楼地下室，最终恢复了原有空间格局，清理出铺设的原有运煤轨道。

根据现场情况，设计与施工单位及时调整修缮方案，综合解决地下室防水、结构安全和设备用房的问题。在地下室做好整体防水之后，将南北楼的换热站统一设在北楼地下室，充分利用地下室闲置空间安放管线设备，隐蔽处理减弱了现代设备与文物历史风貌的冲突；南楼地下室作为具有展示价值的空间进行原状保留，并局部展示，通过在一层地面即地下锅炉房的正上方设置通透可视的展示窗口并设置标识进行解说，观众可以清晰地看到地下锅炉房原有运输煤炭的轨道，了解当时开挖与建造地下锅炉房的先进工程技术。

除地下室外，修缮方案中还利用了原来的管道井，解决了现代通风、电、暖、空调等管线安置问题。通过与墙面的统一粉刷，弱化了现代管线突兀感。

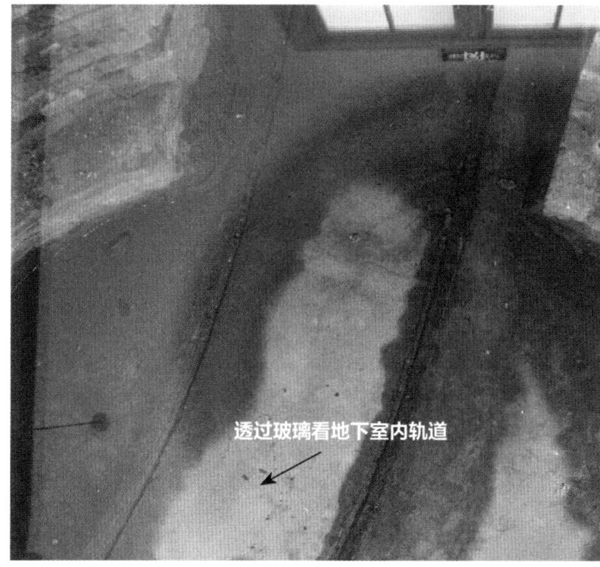

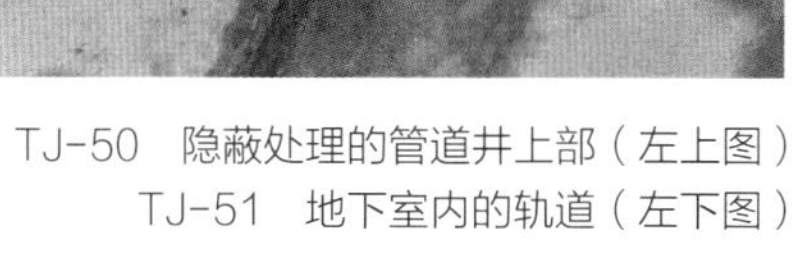

TJ-50　隐蔽处理的管道井上部（左上图）
TJ-51　地下室内的轨道（左下图）

TJ-52　隐蔽处理的管道井下部（右上图）
TJ-53　对地下局部露明展示（右下图）

推介点

02 探索保用融合一体修缮模式

尊重历史让修缮与展示高度融合

确保最利于文物保存的室内环境

尊重历史让修缮与展示高度融合

甲方、设计方及施工方三方始终站在尊重文物的基础上，基于尊重历史以及将修缮与展示高度融合的理念，开展全方位的勘察、修缮及布展工作。在工程前期，甲方及设计方整理了大量历史照片、文献，多番走访查询，梳理出清晰的文物建筑历史发展脉络，为修缮施工夯实了历史依据，也为后期展示奠定基础。

将北疆博物院旧址相关历史影像、修建档案等资料陈列展示。

TJ-54 走廊展示（左上图）
TJ-55 展墙展示（右上图）
TJ-56 标本及展柜展示（下图）

TJ-57　藏品库房复原展陈（上图）
TJ-58　藏品库房历史照片（下图）

修缮中以历史资料为佐证，清洗复原了陈列室入口处的北疆博物院旧址标志性坡顶门头及十字标志。

参考历史照片，恢复室内藏品和文物化石布置，将展柜、灯具等依据历史照片进行原位陈列。在修缮和展陈陈列的过程中，对比研究及运用了大量的历史档案资料、历史照片、文献记录，保证历史场景复原的真实性，增加了空间的文化氛围和历史厚重感。

TJ-59　陈列室大门现状照片（上图）
TJ-60　陈列室大门历史照片（下图）

以历史图像为依据，还原陈列室坡顶门头、十字标志，以及室内展陈。

TJ-61　原地下暖气管道位置标示

在修缮工程中，设计及施工方采用循序渐进的方式剖析、认识、修缮、解读文物建筑本体，注重细节的考证，抽丝剥茧，找到它历史的痕迹。设计单位介绍，刚接触这栋建筑时，大家对它都知之甚少，从一开始的不了解，到一点一点地挖掘和整理，逐步梳理清晰这栋建筑蕴藏的故事和历史背景，以及它为什么会这样，原因是什么，然后在修的时候应该从哪个角度去入手，重点要解决什么问题、阐释什么价值。带着这些疑问去认识整个建筑，弄明白各方面、各部件的建筑技术和历史使用功能，将隐藏在现状表面下的历史信息一点点解密，重新按照原来的样子去帮它恢复，以这样一个循序渐进的方式边学习、边设计、边施工。

例如，在勘察过程中发现建筑隐藏的地下暖气管道、排气管道等功能空间，虽已不再具备现代使用功能，但在历史上为标本的保存提供了良好条件，也间接说明了北疆博物院当时领先的建造水平，因此在经过一系列研究与商讨后，最终决定将这些空间再次展现给公众。实现修缮和展示完美结合，不仅能丰富文物建筑的展示内容，也能增强文物建筑阐释的完整性。

TJ-62　地下暖气管道局部展示（上图）
TJ-63　排气管道标识牌（左下图）
TJ-64　排气管道展示（右下图）

TJ-65　原室外运输物品的吊装滑轮展示（左图）
TJ-66　原室内运输物品的吊装滑轮展示（右上图）
TJ-67　原室内运输物品的吊筐展示（右下图）

修复室内外吊装滑轮后，按原位置模拟展示。

确保最利于文物保存的室内环境

由于北疆博物院旧址存放了大量的标本，对室内的温度和湿度都有严格的要求，因此确定修缮工程方案时，对室内温度和湿度等条件方面都进行了仔细调研和多方案比选，最终确定合适的工程措施。除室内温度和湿度外，工程中对灯光的色温、明度以及安装方式也都进行了仔细的筛选和讨论，最终北疆博物院旧址的修缮与展示效果均达到了文物建筑保护与阐释的要求。

TJ-68　修复好的标本柜陈列展示（左图）
TJ-69　标本柜细节（右上图）
TJ-70　修复好的标本箱陈列展示（右下图）

标本柜修复后，复原陈列展示

推介点

03 追求修复工作精细化与艺术化

修复中的精细化艺术化追求

TJ-71　灯具款式（上图）
TJ-72　灯具开关（中图）
TJ-73　楼梯扶手（下图）

灯具、插销、楼梯扶手等构件、配件复原后，继续使用并展示。

修复中的精细化艺术化追求

施工单位对建筑的外立面材质、油漆装饰等都进行了仔细考证和实验，并在实施过程中实时调整。例如不断调整墙面油漆颜色：由于建筑外立面曾被多次粉刷，历史色彩被覆盖，修缮时便将墙面油漆一层一层剥开，寻找原始颜色，再进行配色和油饰。在调配北楼外立面的砂浆时，通过调整砂浆的含沙量，反复试验砂浆配比，直到试验颜色与原来大体一致。北楼修缮完成时，发现修缮后效果与原色彩仍略有区别，于是再次调整方案，在南楼修缮时进一步调整了砂浆配比，力求修缮后的墙面与原墙面色彩接近一致。

需要补配的插座、窗、灯、楼梯等构件，则努力寻找同时期、同地域、同风格、同类设计公司所设计的建筑内构件，进行对比和还原，保证各个细节部位的历史真实性。如对周边同为 20 世纪 30 年代建造的德式风格建筑进行调查；寻找收购同时期、同风格的旧家具旧构件，补配缺失的构件。

修缮中最困难的是找到当时风格的玻璃构件，工程单位不惜在全国范围内寻找补配特有的印花、毛边玻璃，还原历史的玻璃窗风格。

因南楼与北楼不是同时建造，外观颜色略有不同。外墙维修开始，并未注意到色彩微差，修成了一样的颜色，之后依据历史资料分析，对外观颜色进行了调整，保留了颜色的微差。

TJ-74　北疆博物院旧址南楼侧外观

北疆博物院旧址

业主单位本着尊重文物的精神，在修缮之初便对设计和施工单位提出高标准和高要求。设计单位以过硬的专业技术水平和高度负责的态度，对设计精细把握。施工单位高度配合设计单位，尊重历史，以匠人之心施工，不惜耗时耗工。监理单位认真负责，随时纠偏沟通。在参与工程的多方共同努力下，达到了修缮与展示工程的最佳效果。

TJ-75　印花玻璃窗（上图）
TJ-76　窗修复过程（下图）

补配玻璃、构件等，严谨复原门窗装饰风格。

TJ-77　修缮后的入口

提 要

“大上海计划”公共建筑群为上海市文物保护单位，其中旧上海市图书馆位于上海市杨浦区中部。该建筑为中华民国时期实施“大上海计划”建设的公共建筑之一，是20世纪30年代中国古典复兴建筑的典范。建筑曾短暂地作为图书馆使用，后几经他用。为满足当代图书馆使用需求，实现从“文献收藏中心”向“学习支持中心”转型，设计团队在对文物建筑修缮的同时，对初建时期董大西先生设计图纸中未建设的两翼建筑进行了分析推敲，提供方案比选，实现两翼的扩建。修缮过程中针对不同使用功能部位的不同需求提出了详细的保护方案，并采用消隐手法对现代设备进行了隐蔽处理，同时还采用数字科技手段，对建筑的历史、修缮过程、现实状态进行了全面展示。

SH-01　旧上海市图书馆整体鸟瞰

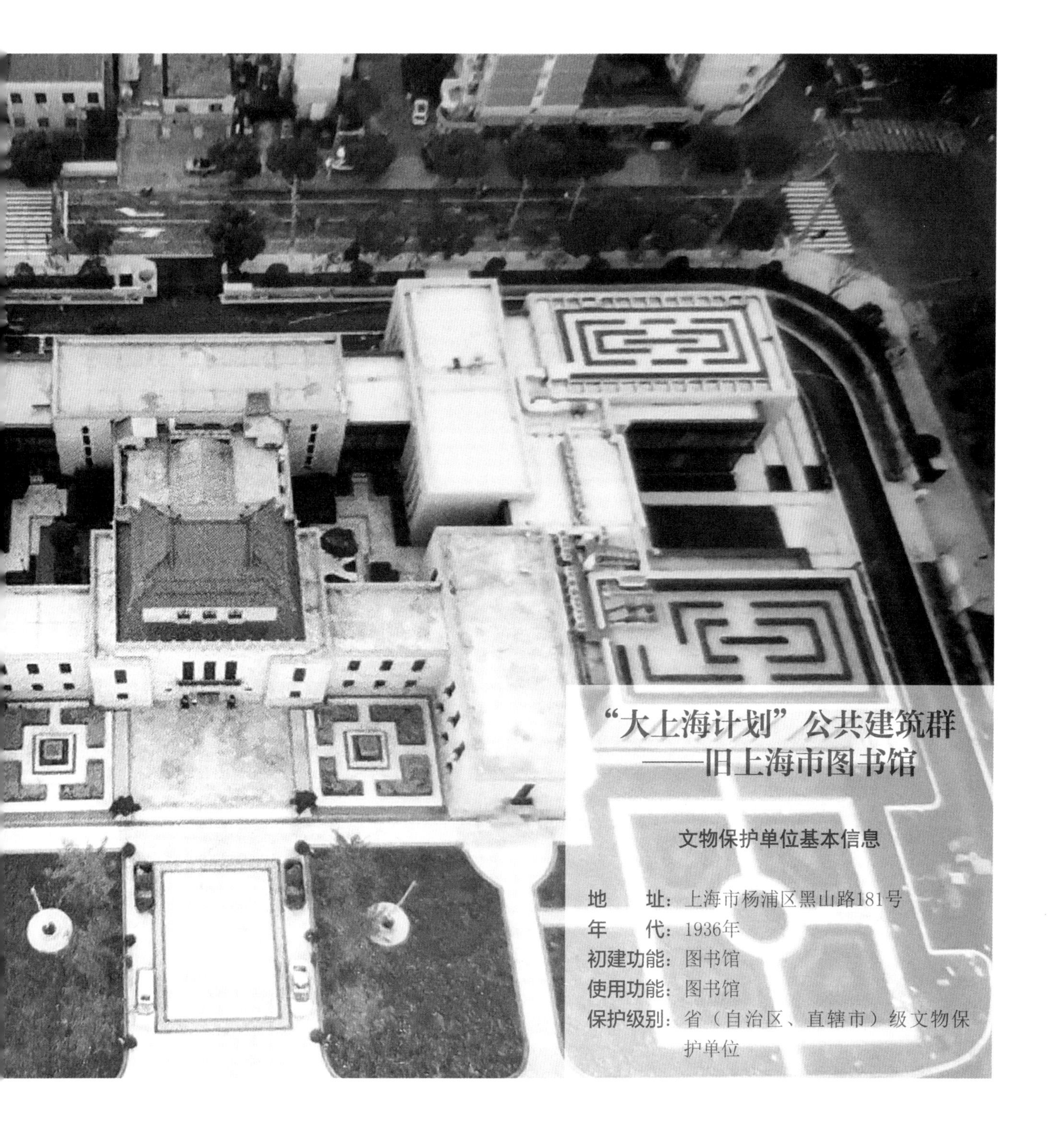

“大上海计划”公共建筑群——旧上海市图书馆

文物保护单位基本信息

地　　址： 上海市杨浦区黑山路181号
年　　代： 1936年
初建功能： 图书馆
使用功能： 图书馆
保护级别： 省（自治区、直辖市）级文物保护单位

历史变迁

1929 年 7 月，上海特别市政府颁布“大上海计划”；

1933 年 9 月，开始图书馆设计；

1934 年 9 月，图书馆建设工程开工，1935 年 9 月正式完工；

1936 年 9 月，图书馆试开放；

1937 年 8 月，“八一三”淞沪会战使江湾沦为战场，图书馆被迫停办；

1937 年 9 月，旧上海市图书馆遭日军占领，一度成为日本人的养马场；

1938 年，日伪督办上海市政公署占用图书馆；

1945 年 8 月，上海解放后图书馆被闲置；

1946 年 6 月，图书馆交由同济大学所有，作为同济大学的新生部，即新生学习德语处，由同济附中管理；

1950 年 6 月，同济附中更名为上海市同济中学，图书馆兼作学校图书馆、教师办公室和男女生宿舍使用；

1994 年 2 月 15 日，由上海市人民政府公布为上海市第二批优秀历史建筑，编号为 SH-B-004；

2004 年 2 月 25 日，由上海市杨浦区人民政府核定公布为杨浦区文物保护单位；

2014 年 4 月 4 日，归并入现有省（自治区、直辖市）级文物保护单位“大上海计划”公共建筑群；

2015 年 4 月，同济中学图书馆暨杨浦区图书馆（旧上海市图书馆）修缮扩建项目开工建设；

2018 年 10 月，旧上海市图书馆正式对外开放。

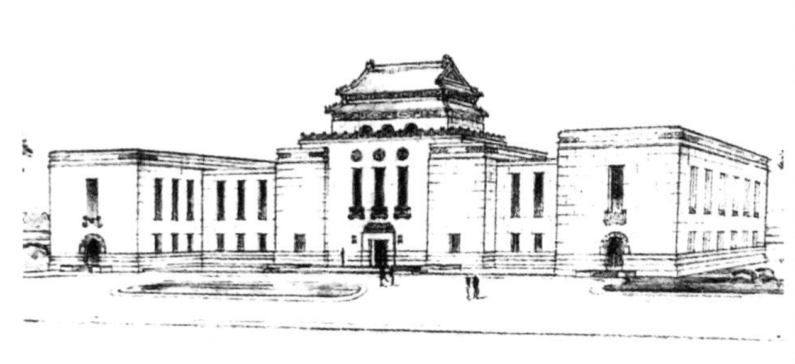

SH-02　旧上海市图书馆初期设计手稿（左图）
SH-03　抗战时期的旧上海市图书馆（右图）

价值阐述

“大上海计划”是上海历史上第一次全面的、大规模的、综合性的城市发展总体规划，是近代城市规划和城市建设的一个缩影，是现代城市规划学科在上海确立的标志，也是上海现代规划实践的早期样本，具有开创性的意义，对后来上海乃至国内一些其他城市的建设产生了巨大影响。

“大上海计划”的制定与实施在一定程度上带动了新市区经济的繁荣，改善了城市居住和交通现状，凸显了城市规划的必要性与有效性，对后来上海市的一些城市规划活动也产生了深远的影响，为此后上海卫星城的建设与发展奠定了良好基础。

旧上海市图书馆已成为集学习、研讨、创意、展示为一体的多功能综合性活动空间。

SH-04　上海市行政区历史鸟瞰图

“大上海计划”是20世纪早期中国文化、艺术、建筑以及城市发展水平的重要物证之一。

旧上海市图书馆是20世纪30年代中国古典复兴式建筑的典范，代表着中华民族的文化自信和文化自醒。

今天的杨浦区图书馆新馆是立足当代的第三代图书馆，是上海市杨浦区的文化新地标。由原有的“文献收藏中心”向当代“学习支持中心”转型，倡导全民阅读，成为开展公共交流和活动的场所。

SH-05　旧上海市图书馆东侧外观

文物概况

旧上海市图书馆占地面积1620平方米，建筑面积3470平方米，平面呈“工”字形，主体建筑2层，中部3层为图书馆的门楼，仿北京城钟楼设计，歇山顶、黄色琉璃瓦。该建筑由著名建筑师董大西设计，与当年建成的行政大楼、博物馆等一系列公共建筑堪称20世纪30年代中国古典复兴式建筑的典范。董大西在原设计中创新地预留了充分的扩建余地，可沿既有轴线加建前、后翼及辅楼，使整体平面呈“井”字形布局，扩建后的效果以手稿的形式被完整记录下来。

推介点

01 延续初始功能　推敲设计原稿 保护与扩建结合

恢复初始功能，实现当代使用转型

研究原稿意向，谨慎扩建两翼建筑

恢复初始功能，实现当代使用转型

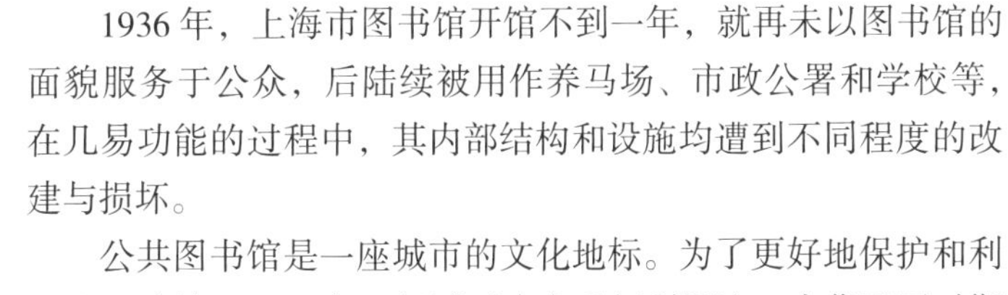

1936 年，上海市图书馆开馆不到一年，就再未以图书馆的面貌服务于公众，后陆续被用作养马场、市政公署和学校等，在几易功能的过程中，其内部结构和设施均遭到不同程度的改建与损坏。

公共图书馆是一座城市的文化地标。为了更好地保护和利用这一建筑，2012 年，杨浦区决定重新利用这一中华民国时期的图书馆建筑，作为杨浦区图书馆新馆，恢复其原始功能。

SH-06　旧上海市图书馆修缮后入口（左上图）
SH-07　旧上海市图书馆修缮后外墙面（左中图）
SH-08　旧上海市图书馆修缮前外观（左下图）
SH-09　旧上海市图书馆修缮前外墙、屋面及室内楼梯（右图）

对荒废破败的文物建筑保护再利用，恢复建筑原始功能，展现建筑原始风貌。

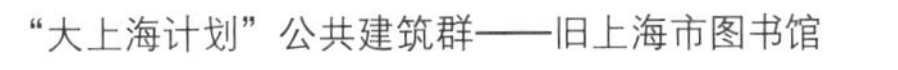

新馆建设秉承杨浦“三个百年”[1]主题特色，向以“知识、学习、交流”三大中心为特征的第三代图书馆发展，从空间设计、文化内涵、功能布局等方面进行再造，创建示范杨浦品质生活的公共文化服务品牌，打造“创新杨浦”的文化新地标。

旧上海市图书馆从基于图书、注重“藏”与“用”的第一代、第二代图书馆，迈向基于知识、注重“交流”与“共享”的第三代图书馆。

SH-10　旧上海市图书馆二层大厅历史照片（左上图）
SH-11　旧上海市图书馆二层大厅修缮后照片（左下图）
SH-12　修缮后向社会开放的旧上海市图书馆（右图）

① “三个百年”指“百年工业、百年大学、百年市政”。

研究原稿意向，谨慎扩建两翼建筑

在参考董大西先生设计初稿的基础上，本着“协调”与“可识别”两大原则，在老馆两侧扩建，实现了董大西先生最初的设计构想。扩建工程完成后，扩建建筑面积 10 192 平方米，图书馆建筑总面积达到 14 152 平方米。扩建部分在建筑立面和形体关系上与老建筑保持协调，延续老建筑的形式、高度、比例，而新旧部分可通过外立面的材质、门窗、细部识别。

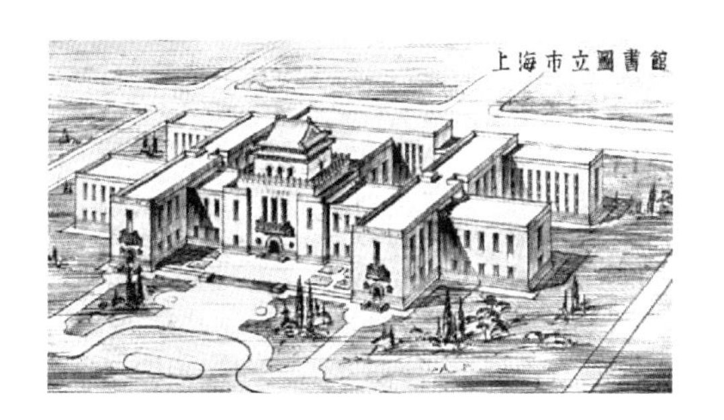

SH-13　修缮、扩建部分示意图（左图）
SH-14　董大西手稿（右上图）
SH-15　新老建筑立面材质区分（右中图）
SH-16　新老建筑交接处（右下图）

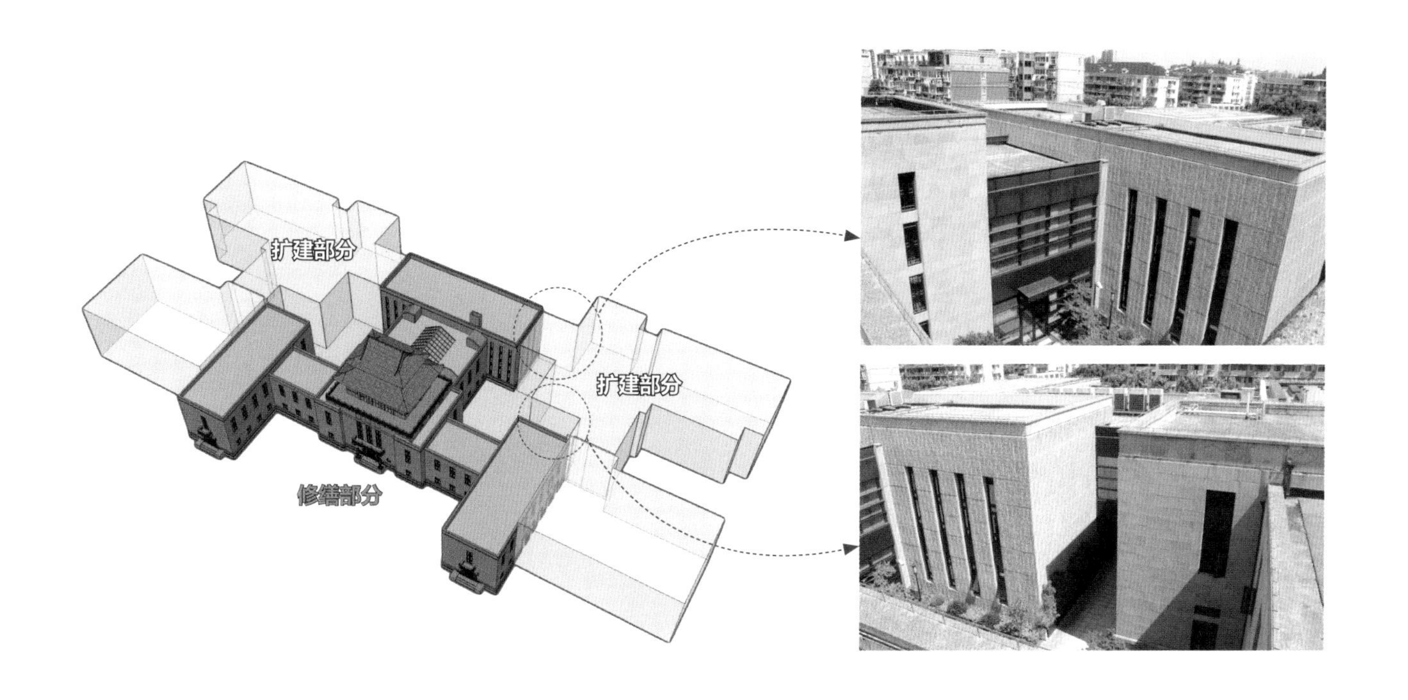

推介点

02 巧妙消隐设备　消除外观影响 保护与提升并举

满足现代使用需求，调整功能布局

巧妙布设现代设施，消隐外观影响

满足现代使用需求，调整功能布局

如今图书馆已从基于图书、注重“藏”与“用”的第一代、第二代图书馆，迈向基于知识、注重“交流”与“共享”的第三代图书馆。随着图书馆职能的演化，原有的空间布局也发生了改变。旧上海市图书馆在建筑的保护方案中体现了“多功能服务实践，多维度信息供给”的当代理念，将建筑空间划分为文献借阅、数字服务、展览展示、主题活动 4 个功能区，并按具体业务需求为每个功能区设置供阅读体验、学习讨论、学术交流、专业会议、演讲报告的多元服务空间。根据新老建筑的特点安排适宜的功能。

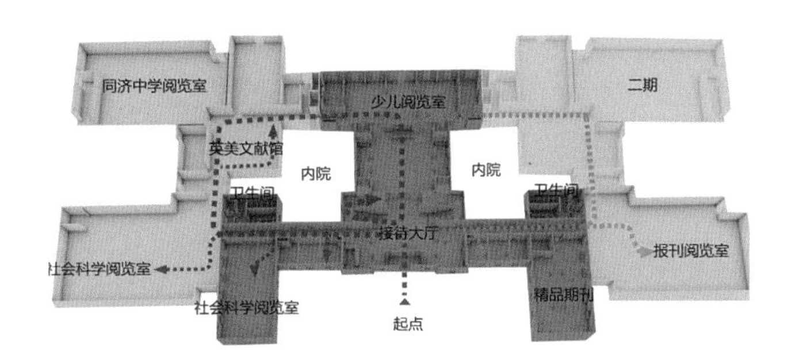

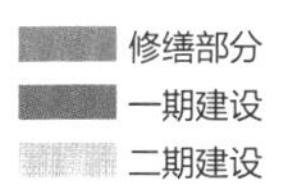

提前考虑图书馆新的功能分区和平面布局，针对不同位置功能需求编制特定保护方案。

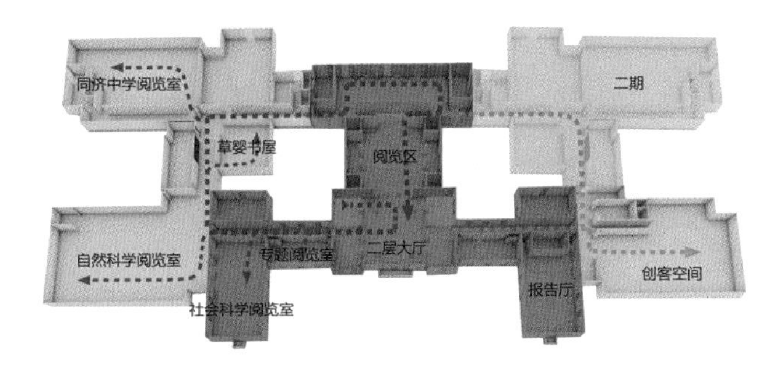

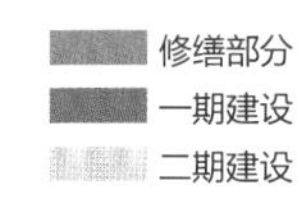

SH-17　旧上海市图书馆一层功能分布图（左上图）
SH-18　旧上海市图书馆二层功能分布图（左下图）
SH-19　旧上海市图书馆阅览厅（右图）

巧妙布设现代设施，消隐外观影响

利用技术手段巧妙布设现代设施，尽可能消隐设施外观，使之与文物建筑的室内风格相协调。空调系统、给水排水等管道主要采用地下管沟的形式，通过对原有地沟的改造升级，在合理使用的基础上适当增加地沟布局，避免对顶棚彩画造成破坏。空调设备外包中式风格的外形柜与室内风格相协调。所有管线的走线均沿室内圆柱边缘，并在管线外再覆盖红柱木表皮成为“假柱子”，这种隐藏的处理方式使管线在外观上难以察觉。

SH-20　空调外形柜（上图）
SH-21　一层入口大厅（下图）

对功能性设施的外观和安置方式进行处理，与环境风格相匹配，使现代设施隐藏在文物建筑中，在外观上难以察觉。

30 厚水磨石
20 厚 1 ：2 水泥砂浆
50 厚预制板（680×500）
20 厚 1 ：2 水泥砂浆
二度防水层
80 厚钢筋混凝土

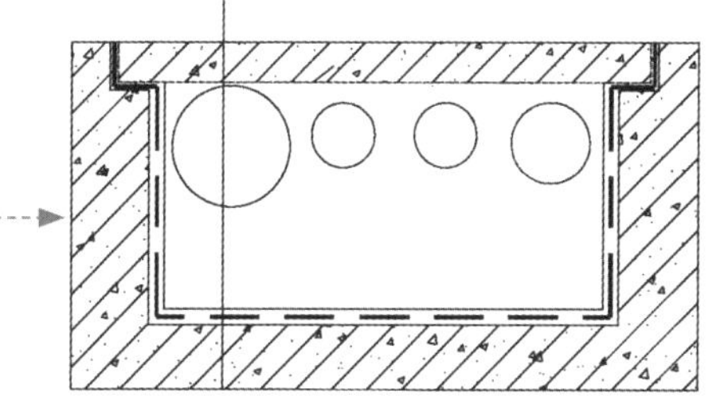

空调系统、给水排水等管道，利用原有地下管沟敷设。

SH-22　新做“假柱子”隐藏管线设施（上图）
SH-23　地下管沟详图（下图）

推介点

03 阐释方式多元　紧扣价值主题
阅读与展示融合

图片展示与数字化结合再现修缮全过程

展陈与阅读紧扣“上海近代市政”主题

图片展示与数字化结合再现修缮全过程

将数字化手段与展墙相结合展示文物建筑修缮过程，使公众深入了解、认识古建筑修复的传统工艺，向公众讲述图书馆历史及相关故事。

SH-24　琉璃瓦修缮前（左上图）
SH-25　门楼立面图（右上图）
SH-26　修缮记录展示（下图）

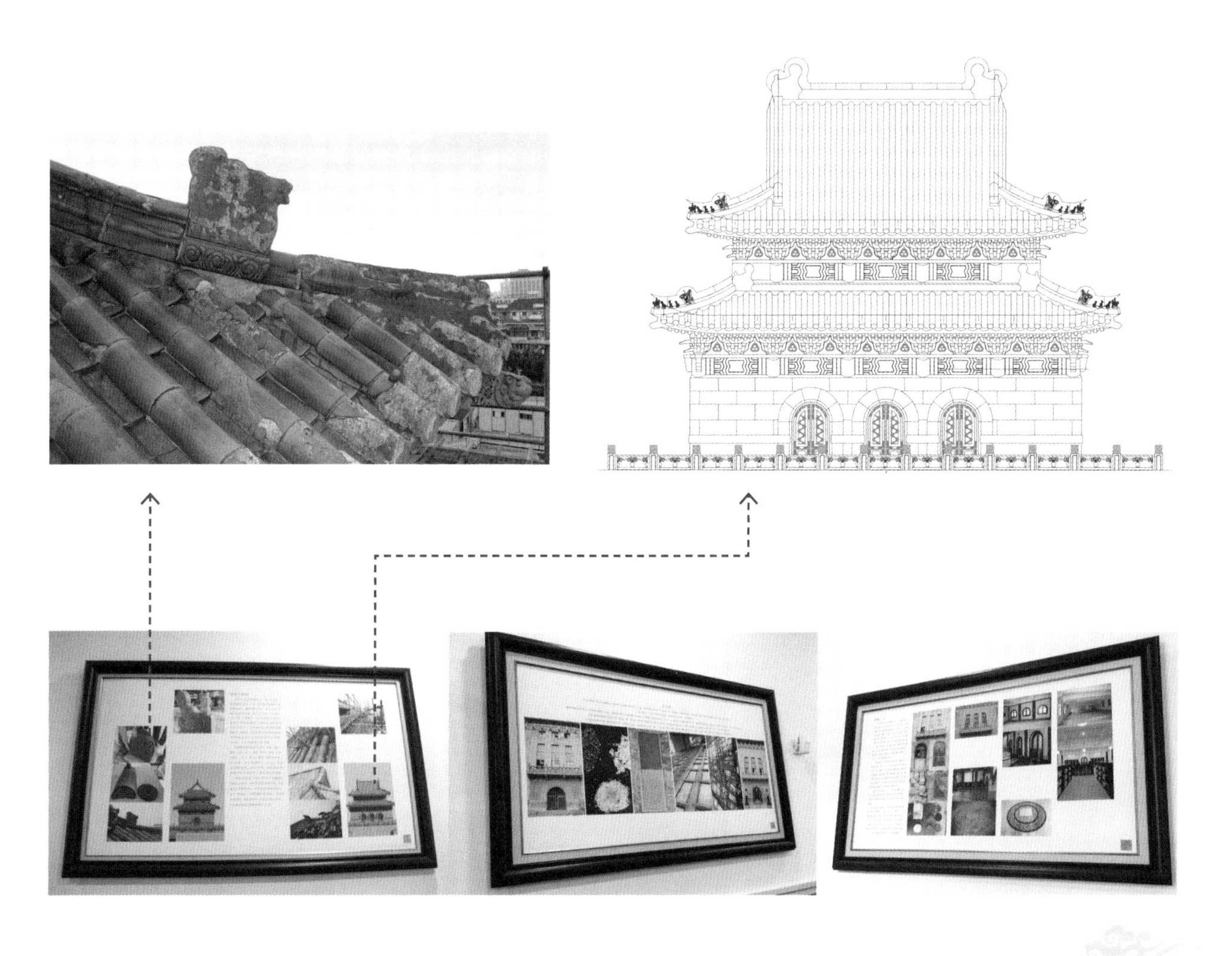

SH-27　一层 AR 扫描点位布局图（左图）
SH-28　吊顶、屋檐彩画（右上图）
SH-29　扫描二维码手机浏览图书馆（右下图）

AR 互动扫描通过识别图书馆特定地标及图片，以 3D 动画动态效果将文物建筑的历史及修缮前后全过程展现。

为了使公众更方便、快捷地了解旧上海市图书馆的历史，杨浦区图书馆研发了 AR 智能互动导航系统。

AR 智能互动导航系统拥有 AR 导航和 AR 互动两大功能。AR 导航以室内场景自动导览和用户实时地理位置信息为基准点，融合 AR 实景导览导航、图书馆信息 AR 全景扫描获取等应用功能，实现整个图书馆场景化的实时导览；AR 互动则通过识别图书馆特定地标和图片，以 3D 动画动态效果，将文物建筑修缮前后的全过程展现出来，使参观者可以立体式感受旧上海市图书馆的历史变迁。

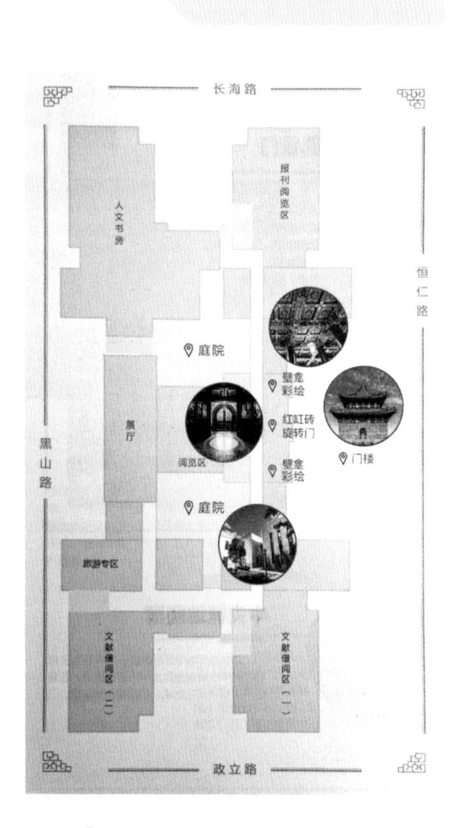

展陈与阅读紧扣“上海近代市政”主题

以近代城市规划和发展为主线，向公众讲述上海近代城市建设的历史。

杨浦区图书馆以近代城市规划和发展为主线，重点挖掘“大上海计划”在上海城市规划史上的文化价值，用现代技术揭示杨浦区发展的轨迹，再现当代“知识杨浦”“创新型城区”的发展目标。兼顾文物建筑保护和展示利用的双重要求，在扩建的部分专门辟出一块区域用作上海近代市政文献主题馆，向公众讲述上海近代城市建设的历史。如今旧上海市图书馆已成为杨浦区“最有故事”的阅读服务新地标。

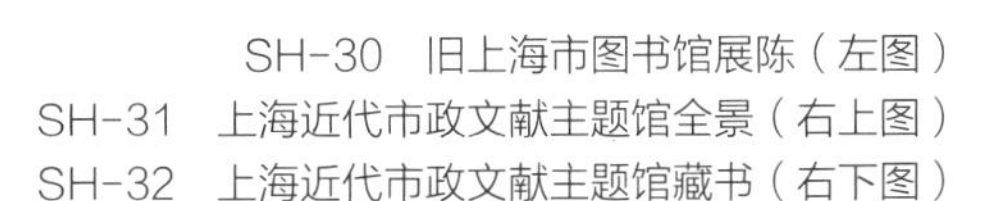

SH-30　旧上海市图书馆展陈（左图）
SH-31　上海近代市政文献主题馆全景（右上图）
SH-32　上海近代市政文献主题馆藏书（右下图）

提要

跑马总会旧址位于上海市中心城区人民广场区域的西端，为上海市文物保护单位，现作为上海市历史博物馆对外开放。跑马总会旧址是近代西方文化传入上海留下的印记，1949年后陆续作为上海市博物馆、上海市图书馆、上海市美术馆使用，承载了几代上海人的城市记忆。在推进上海国际文化大都市建设的背景下，上海市将跑马总会旧址东楼、西楼两栋分属不同业主，不同功能的文物建筑整体作为上海市历史博物馆使用。保护利用工程涵盖了文物修缮、室内展陈、环境整治、景观提升等诸多方面，通过一体化的设计与实施，对不同年代历史留存进行了审慎选择，同时将传统技艺与现代技术有机结合，很好地解决了功能布局改变、展示流线变更、文物建筑空间制约等一系列问题。

SH-33　跑马总会旧址（现上海市历史博物馆）夜景

跑马总会旧址

文物保护单位基本信息

地　　址：上海市黄浦区南京西路325号
年　　代：中华民国
初建功能：跑马场
使用功能：博物馆
保护级别：省（自治区、直辖市）级文物保护单位

历史变迁

1843年，上海开埠，由在沪英侨创立跑马总会，始建跑马场。
后跑马场迁址两次，本次项目涉及的东、西楼为1862年第二次迁址后所建；
1928年，跑马总会行政办公楼（西楼）建成；
1933年，跑马场东部钟楼落成；
1934年，跑马总会大厦（东楼）建成；
1952年，东楼作为上海图书馆和上海博物馆正式开馆；
1989年，跑马总会旧址（东楼、西楼）被列为上海市文物保护单位、第一批上海市优秀历史建筑；
1999年，西楼作为上海大剧院画廊使用；
2000年，东楼改为上海美术馆正式开馆；
2015年，经市政府决策，将东楼、西楼一并修缮后作为上海市历史博物馆使用；
2018年，上海市历史博物馆（上海革命历史博物馆）正式开馆。

SH-34　跑马总会旧址历史全景图

价值阐述

跑马总会旧址，这一特殊的近代公共建筑是西方文化对近代上海造成影响的产物，具有不可替代的独特性和稀缺性。同时，其建筑本体在城市空间中的身份转变，见证了城市发展的历史变迁，是上海在高速发展的同时传承历史的典型案例，留存至今难能可贵。

现如今，昔日的跑马场早已变成人民广场和人民公园，只剩下东楼和西楼，使用功能也在不断变化，然而一直不变的是它们在上海人民心中作为地标一样的存在。

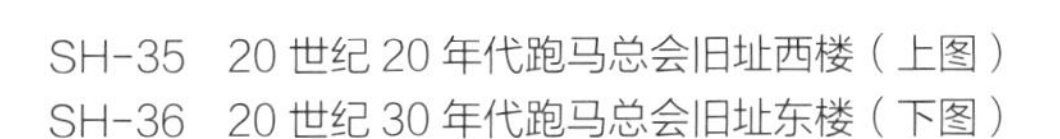

SH-35　20 世纪 20 年代跑马总会旧址西楼（上图）
SH-36　20 世纪 30 年代跑马总会旧址东楼（下图）

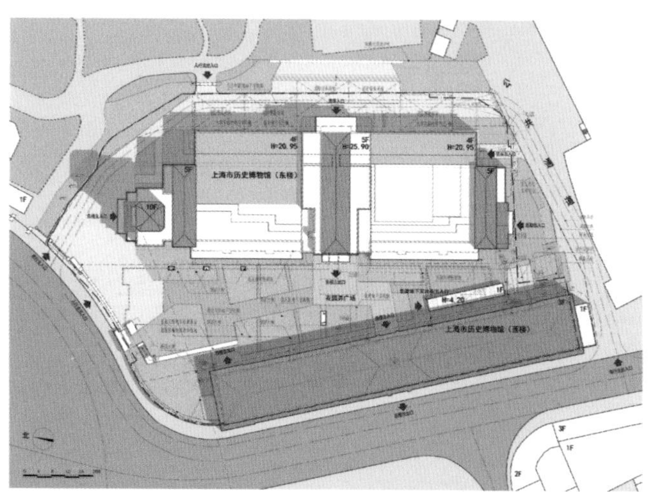

SH-37 跑马总会旧址整体鸟瞰（上图）
SH-38 跑马总会旧址总平面图（下图）

文物概况

跑马总会旧址由东楼、西楼及两者间的内庭院组成。总用地面积 10 330 平方米，总建筑面积 23 046 平方米。东楼原为上海跑马总会大厦（GRAND STAND），由新马海洋行设计，于 1934 年建成，为 4 层（局部 5 层）钢混框架结构建筑，在北侧设有高 10 层的钟楼，东楼建成后作为跑马场的看台、赌马场所及会员俱乐部使用，1949 年后陆续改作为上海博物馆、上海图书馆、上海美术馆；西楼原为上海跑马总会行政办公楼，由思九生洋行设计，1928 年建成，为 3 层钢混框架与木屋架混合结构建筑，后作为上海大剧院画廊及内部办公使用。两栋建筑均为新古典主义风格，建筑外部立面由褐色面砖和石块组成，底部砌有花岗石，建筑整体形态比例和谐，庄重简洁。

推介点

01 实现文物建筑与环境景观的整合

保护修缮审慎对待各历史时期信息
整合流线满足现代博物馆使用需求
整体推进保护修缮展陈与景观提升

跑马总会新屋富丽舒适之餐室（会员咖啡室）
来源：《建筑月刊》1934（第2卷 第1期）：37.

新建跑马总会售票间领彩处之壮观景象
来源：《建筑月刊》1934（第2卷 第1期）：36.

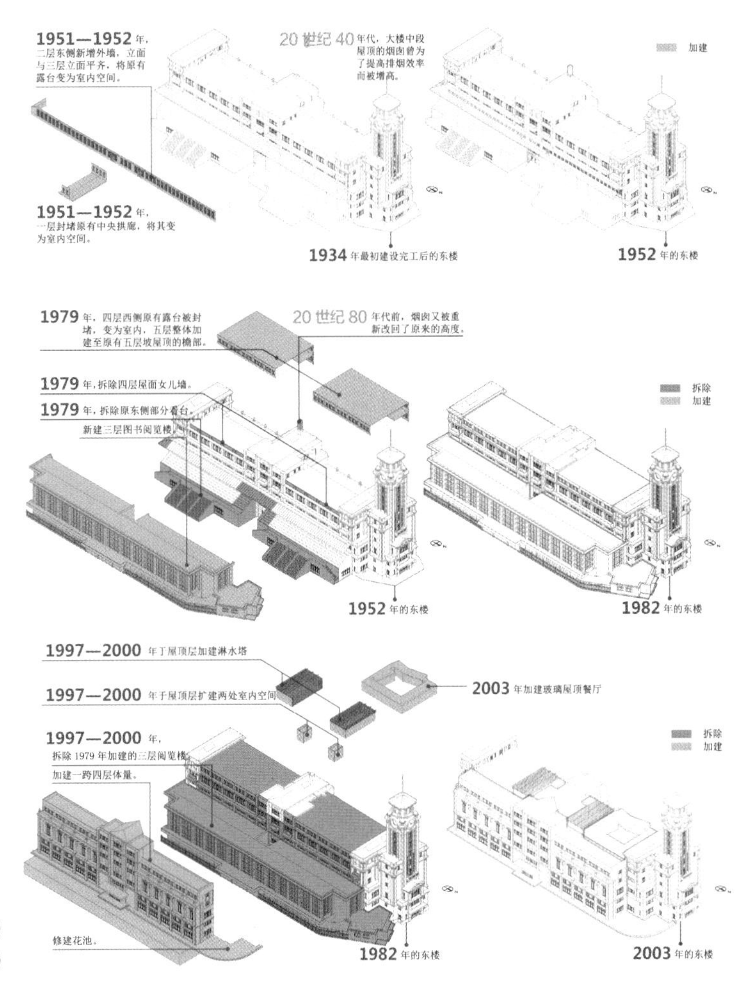

SH-39　跑马总会旧址东楼历史演化示意图（右图）
SH-40　跑马总会旧址内部历史场景（左图）

跑马总会旧址历史上经历过多次改造和功能改变，这组建筑群是中国近代最具代表性的公共娱乐建筑之一，中华人民共和国成立之后陆续作为上海图书馆、博物馆、美术馆使用，承载着几代上海人的城市记忆。本次设计通过大量的历史研究，梳理清晰该文物建筑在 20 世纪 50、70、90 年代经历的 3 次审慎而精彩的改扩建，在尊重各时期有价值的历史信息基础上，充分考虑新功能的使用需求，保留东楼东侧 1999 年扩建部分，保留西楼南侧后期改建的门房，慎重确定保护、保留、恢复的建筑。

整合流线满足现代博物馆使用需求

设计针对跑马总会旧址未来作为博物馆甚至是达到一级博物馆水平的功能需求，特别注重建立建筑群内部的交通流线串联，以及外部与城市之间的"联系"。

1. 建筑群与城市之间的联系

拆除原围墙与转角处二层商业建筑，使得南京西路直接与内庭院联通，主要出入口由东侧移到北侧面向南京西路，在黄陂北路设置次要出入口，从南侧大剧院也可直接进入内庭院，使得整个公共空间更加开放可达。

2. 建筑群内单体建筑之间的联系

连接东楼和西楼等各个单体建筑，地面庭院设计引导人流从东楼中部通往西楼临展入口，这也是原跑马总会中赛马进出赛场的流线关系的重现。

3. 建筑内部的流线串联

梳理各类使用流线、重塑博物馆各项功能；梳理参观流线，丰富空间层次，满足现代博物馆观展节奏需要；增加博物馆前导辅助空间如取票、安检、寄包、讲解等，再到序厅和中央大厅；合理划分不同人群的流线和各个主题展区，增加公共空间和配套服务空间。

作为博物馆功能转换后，重新梳理和串联建筑单体之间及建筑内部交通流线。

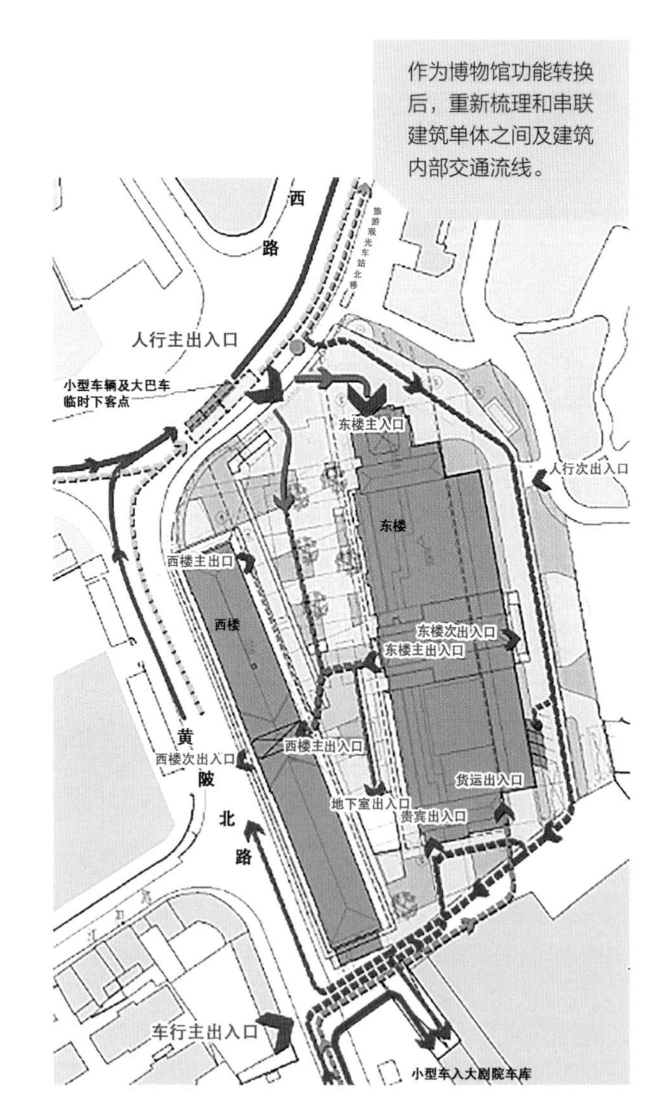

SH-41　功能流线平面组织图

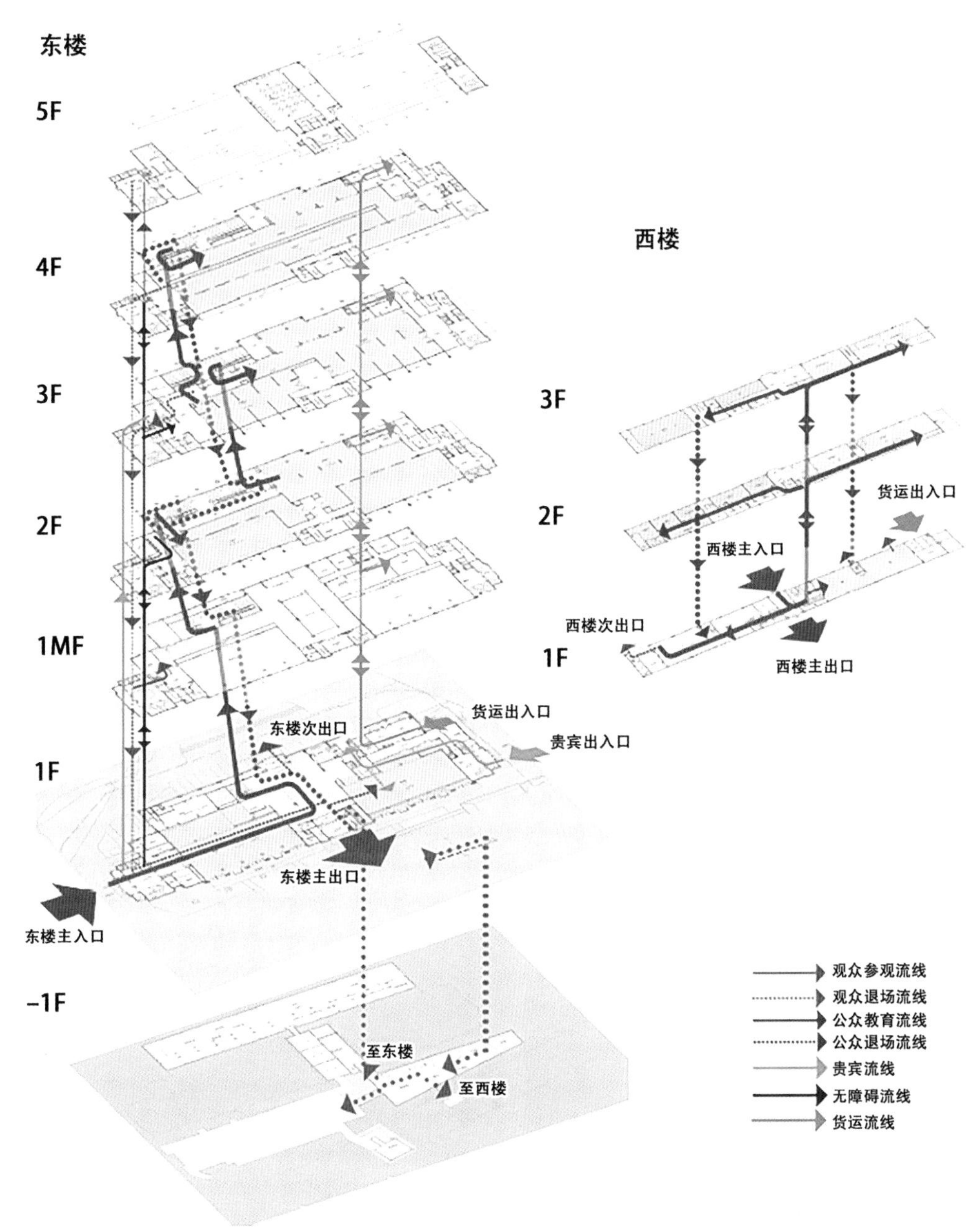

SH-42 功能流线竖向组织图

整体推进保护修缮展陈与景观提升

为了更好地统一展示风格、展示理念，方便管理实施过程，跑马总会旧址在最初就确定了保护修缮、环境景观整治、展览展陈设计由同一家单位统一进行。保证了博物馆从最开始的保护修缮、未来功能的确定以及这些功能对文物建筑空间上的要求、景观环境上的要求等各个环节，可以做到统筹规划、无缝对接，避免二次施工，最终达到较好的实施效果。

例如，在文物建筑修缮方案中首先根据历史研究确定一系列重点空间，其次结合流线设计确定展示节点，最后根据不同现实情况有的做原样保护修缮与原状展示，有的做历史信息叠加展示，有的在保护基础上以可识别和可逆手段增加新的设计元素，这样在修缮方案设计前期就确定了未来的展示方式和展示内容，修缮工程和展示工程同步进行，一次完工。

SH-43　经典红厅展陈设计（左图）
SH-44　经典白厅展陈设计（右图）

SH-45　西楼、东楼及两楼之间的庭院

跑马总会旧址东楼和西楼两栋建筑之间的庭院原先因缺少绿化管理，且庭院环境与文物建筑立面及功能不匹配，暂未向公众开放。本次修缮重点对建筑间的庭院进行了整饬，恢复了庭院的公共开放属性。拆除南京西路与黄陂北路转角的后期加建建筑，将文物建筑与城市空间更加紧密地连接在一起。庭院内将树龄较长的大型乔木进行保留，清理杂茂的低矮灌木，将地面空间留给观众，形成公共休憩空间。景观中融入文化特色，提升空间品质，采取小尺度、精致化、文化性、保留原乔木的环境景观设计方法，与文物建筑环境和谐相融。

推介点

02 兼顾文物保护与现代功能的融合

推动地方文物消防规范化

探索设备管线处理隐蔽化

BIM 助力设备管线布置集约化

推动地方文物消防规范化

众所周知，在文物建筑开放利用过程中，消防问题是最难解决的一环，想要在文物建筑中注入现代使用功能，必须满足现代功能对使用空间和消防的要求。近现代建筑中有一部分建筑是有可能勉强达到现代建筑标准的，但对古建筑来说几乎不可能。这也就导致很多文物建筑因为消防问题一直无法得到有效使用。

跑马总会旧址要作为上海市历史博物馆对外开放，会面临非常严格的消防疏散要求，为了更好地满足这种现代公共建筑的使用需求，设计单位全面完善建筑内部消防系统、梳理消防疏散流线、优化消防救援设施、升级消防报警灭火设施等。通过各种手段，在有限的空间中创造条件使其符合现代建筑规范要求。同时，设计单位通过大量实践积累，摸索出一套符合上海地方特点的设计方法，并积极参与地方规范的制定。

难道因为文物建筑的限制因素多，我们就要消极对待消防问题了吗？通过对规范的精细化调整，有没有可能帮助一部分自身条件较好的文物建筑改善这个问题？

SH-46　消防设计重点位置示意图

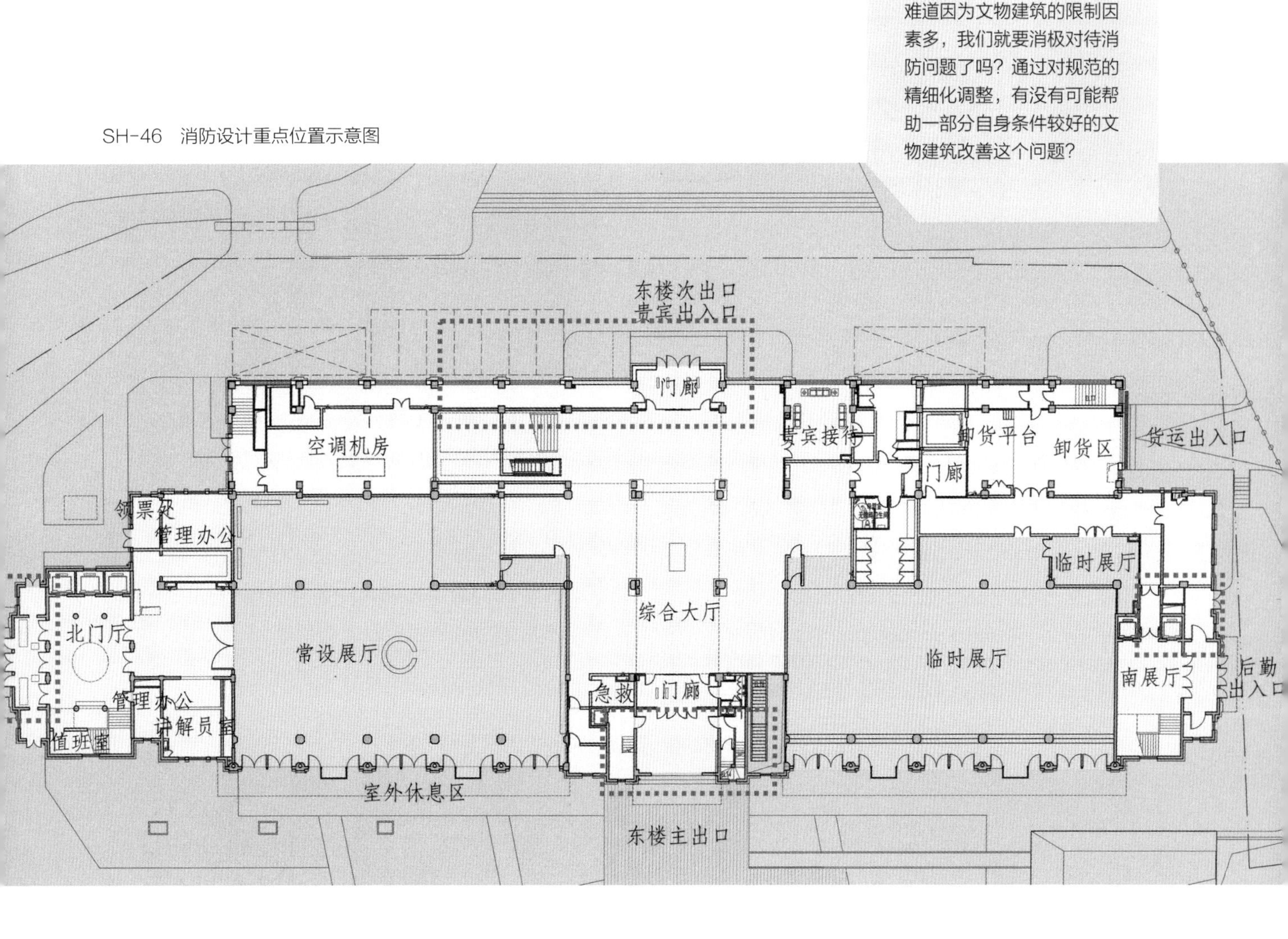

SH-47　消防前室（左图）
SH-48　消防卷帘（右图）

设计单位针对文物建筑现状条件与现行规范相矛盾的地方开展专项设计。例如，为满足消防要求，需要在通道处安装防火门，如果将原有雕花精美的门换成现代防火门会对文物建筑的整体价值有所破坏，为了解决这一问题，设计单位经过多方案研究比对，最终在空间有限的情况下成功挤压出一个消防前室，并且安装了颜色、风格与原有雕花门协调统一的现代防火门。

右图是东楼走廊部分，十分开敞，现作为展陈空间面积过大，需要通过在楼梯间与展厅之间设置消防卷帘对空间进行分隔才能满足消防规范要求。为了不影响整体空间的协调性，将防火卷帘隐藏在木质门框的凹槽里，若不注意很难被发现。这种做法既满足了功能又照顾了文物原貌。

探索设备管线处理隐蔽化

错综复杂的管线和大型设备外露都会严重影响文物建筑的美观，降低本体展示的效果，甚至会破坏文物建筑的艺术价值，比如雕饰精美的屋顶顶棚，十分完整，如果为了满足照明、消防等必要功能，在顶棚上打孔安置管线，会极大地破坏顶棚的整体性，而通过与室内家具设计结合或是与室内装修结合，巧妙隐蔽处理这些管线设备，不得不说是一种有益的尝试。

SH-49　走线保证顶棚的完整（上图）
SH-50　隐蔽空调（下图）

文物建筑在保护修缮中建立 BIM 模型能解决什么问题呢?

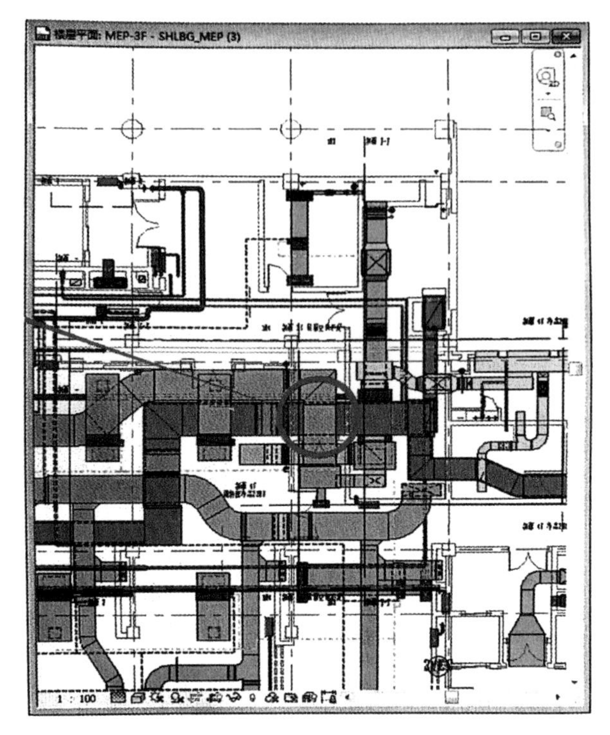

SH-51　BIM 碰撞检查

BIM 助力设备管线布置集约化

BIM 全称为建筑信息模型（Building Information Modeling），是以建筑工程项目的各项相关信息数据作为模型基础，进行建筑模型建立，通过数字信息仿真模拟建筑物所具有的真实信息。它具有信息完备性、信息关联性、信息一致性、可视化、协调性、模拟性、优化性和可出图性八大特点。

很多人会有疑问，现在对一些现代建筑才会建立 BIM，建立 BIM 的过程又相对比较复杂，对文物建筑也需要吗，有什么用处呢？在跑马总会旧址的修缮方案设计过程中，设计单位建立了完整的 BIM 模型，重点是要解决管线的排布问题，各专业设备管道可以通过 BIM 模拟建造，避开文物建筑重点保护空间的同时，最大程度减少施工现场的错漏碰缺，同时在极为有限的竖向空间内精确布置管线，将管道空间利用率做到最大。例如，序厅部分充分利用建筑已有夹层解决管线布置问题，但是由于这一部分空间在标高上有所限制，既不能改变本层总高度，也不能影响下面人流通过，就需要将新风管道、电力电信管线等进行极限布置，而 BIM 建立之后可以利用软件做碰撞检查，保证方案在现实中能够成功实现。

SH-52　设备夹层位置示意（上图）
SH-53　设备层现状（下图）

推介点

03 探索传统工艺与现代技术的结合

坚持试验比对“样板”引路的修缮理念

探索传统工艺融入现代技术的施工做法

注重施工过程中新发现构件的保护展示

坚持试验比对“样板”引路的修缮理念

在文物建筑修缮中，小样的制作与确认是修缮效果及质量的基本保证。本项目外墙后期曾涂刷涂料，本次进行清理，在外墙整体修缮前，对水刷石、泰山砖及清水墙等制作了脱漆清洗小样，以及修补小样，施工单位邀请文物局及相关专家、设计人员到现场进行讨论，最终确定外墙清洗、修缮的样板，也以此作为外墙整体修缮的参考依据。

西楼墙裙的斩假石现状全部被涂料覆盖，采取多种方法清洗后仍难以完全脱离，而且清洗过程仍对斩假石面层造成一定的损害。最初采取的方式是直接在水泥浆面层上用钨钢斩斧斩出斩假石肌理，希望机器能清理掉表面水泥浆，恢复斩假石面层，但最终未能达到理想效果。因此采取了水泥浆面层上重做斩假石面层，将原有斩假石面层仍保留在内部，不做过多干预，并对原始斩假石的分格块大小、灰缝形式、粗细进行了考证，新作斩假石面层以此为依据进行施工。

SH-54　清水墙和泰山砖的小样制作比对
（a）水刷石脱漆确认小样；
（b）泰山砖脱漆确认小样；
（c）花岗石脱漆确认小样；
（d）清水墙脱漆确认小样；
（e）水刷石修复确认小样；
（f）泰山砖修复确认小样

探索传统工艺融入现代技术的施工做法

考虑到屋面的美观，根据设计要求将屋面避雷带暗装，即隐藏在瓦片底部，但考虑到雷击会导致瓦片破碎掉落，故采取了在瓦片背面黏结耐碱玻璃纤维网格布，使其即使破碎还能够黏牢在一起。

考虑到原屋面檐口处的几片瓦有一定缓坡，使整个屋面效果更加美观，本次的屋面修缮先进行了檐口瓦多种坡度的小样铺设，并与设计单位进行现场确认，确认好铺设坡度后开始大面积铺瓦。

SH-55　瓦片手工钻孔（左图）
SH-56　波形沥青防水板及挂瓦条施工（右上图）
SH-57　瓦片背面黏贴耐碱玻璃纤维网格布（右下图）

注重施工过程中新发现构件的保护展示

西楼新增电梯基坑开挖时，在现有的装饰地坪下发现了原有红缸砖地面。为此，在整个一层地坪施工期间，先将原有的装饰地面进行小心凿除，然后在发现存有原始红缸砖地坪的区域采取保护性掏挖，尽可能减少对红缸砖的损伤，并对掏挖出的红缸砖进行整理与存放。由于收集到的红缸砖数量有限，与设计单位协商后，将其镶嵌在了一层敞廊、门厅的新地坪内，既起到了有效的保护，又可作为一种历史痕迹向公众展示。

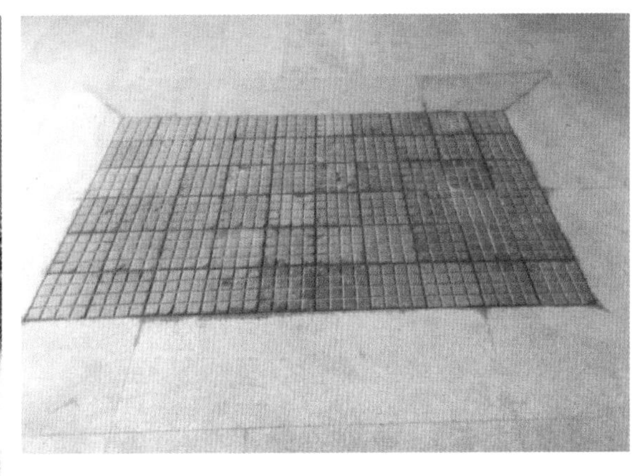

SH-58　原有红缸砖（左下图）
SH-59　红缸砖原物集中地面展示位置（上图）
SH-60　红缸砖原物集中地面展示（右下图）

提要

潘祖荫故居位于江苏省苏州古城平江历史街区内，为尚未核定公布为文物保护单位的不可移动文物，同时列入苏州市控制保护建筑名录，现作为文旅会客厅和文化精品酒店对外开放。潘祖荫故居等一批古宅的保护利用工程推动苏州市人民政府出台了关于产权复杂的古建老宅维修工程实施政策，为解决多年来困扰古宅保护利用问题打开了新思路。通过保护修缮、环境整治、室内装修、展览展陈一体化工程实施，以及公益性展示和商业化运营的结合，实现了文物建筑利用与现代生活的结合。特别是借助于修缮工程对香山帮传统营造技艺的挖掘与研习，吸纳了中外学者共同参与，为地方传统建造技艺传承做出了样板。

JS-01　潘祖荫故居中路一进楼厅

潘祖荫故居

文物保护单位基本信息

地　　址： 江苏省苏州市姑苏区平江路南石子街5—10号

年　　代： 清

初建功能： 居住

使用功能： 书店、酒店、会务

保护级别： 尚未核定公布为文物保护单位的不可移动文物

历史变迁

1834 年，潘祖荫故居始建，潘祖荫祖父潘世恩得到御赐圆明园宅第的恩赏，为谢皇恩，潘世恩次子潘曾莹将南石子街老宅，特仿北京圆明园赐第的格局，改建成坐北朝南，三路五进，由四座四合院组合而成的古宅；

1959 年，用作苏州床单厂招待所，以及 50 余户居民公房，格局及使用功能多有变化；

2011 年，列入苏州市古建老宅保护修缮工程首批试点项目和苏州市人民政府重点工程；

2013 年，完成一期保护工程，修缮东路及中路后两进院落，作为苏州文旅花间堂 · 探花府文化精品酒店对外开放；

2014 年，完成二期保护工程，修缮西路后五进院落，作为苏州文旅花间堂 · 探花府文化精品酒店对外开放；

2019 年，完成三期保护工程，修缮中路及西路前两进院落，作为苏州文旅会客厅·探花书房对外开放；

2020 年，启动四期保护工程，修缮西路第三进院落，作为劳模创新工作室及书店配套用房使用。

JS-02　潘祖荫故居庭院

价值阐述

潘祖荫，清代官员、书法家、藏书家。光绪间官至工部尚书。虽身居高位，却勤于政务、为人谦恭。潘祖荫故居为三路五进格局，中路各进皆用楼屋，以厢廊联通为走马楼，用料考究，细部雕刻夔龙、蝙蝠、蔓草等精美图案，是融合南北风格的建筑典范，既有江南民居特色的走马楼，也有传统规整的北方四合院格局。

潘祖荫晚年退居苏州，曾住于此。潘祖荫故居为研究晚清苏州的社会生活提供了大量的历史信息，也在一定程度上反映了当时文人名士的生活环境。

潘祖荫故居整体布局形制及单体建筑风格融会北京和苏州两地特色，对研究苏州的宅院建筑具有较高的实证参考价值。

JS-03　潘祖荫故居鸟瞰效果图

文物概况

潘祖荫故居院落占地面积4000平方米，建筑面积4570平方米，坐北朝南，三路五进格局。中路由前楼厅、茶厅、正厅、内厅（攀古楼）和后厅（走马楼）共五进组成，各进皆用楼屋，两侧以厢房走廊连通为走马楼式，其间庭院宽敞，呈正方形。东路前部有花园、水池、曲桥、假山，现西路第五进书房前天井院墙上留有题嘉庆年款的“媚玉辉珠”砖额一方。

JS-04　中路后厅走马楼

推介点

01 政策保障与功能策划先行 保护设计与利用设想统筹

推动上位新政策出台，保障项目推进

公益与商业功能结合，实现自我“造血”

保护与利用设计同步，实施多位一体

推动上位新政策出台，保障项目推进

复杂的产权关系引发的各类矛盾往往是桎梏文物建筑修缮实施的初始原因，理顺实施主体与产权主体等相关方的关系是文物保护和利用的先决条件。潘祖荫故居启动修缮前也遇到了同样的难题。

项目实施单位于2011年底向苏州市委市政府提交专题报告，希望尽快明确老宅修缮利用工作中产权置换等方面的政策和具体办法，呼吁政府出台新政策，理顺产权关系，为工程推进破冰。2012年2月，苏州市人民政府制定的《苏州市区古建老宅保护修缮工程实施意见》（苏府〔2012〕27号）正式颁布，该实施意见对产权关系的理顺和相关核心政策的明确，不仅为潘祖荫故居的保护利用工程推进提供了支撑，也从根本上解决了一直以来困扰苏州古建筑保护和利用的诸多瓶颈问题。

《苏州市区古建老宅保护修缮工程实施意见》（苏府〔2012〕27号）指出，苏州是一座具有2500余年建城史的历史文化名城，仅城区内控保建筑和文保建筑近400处，其中70%以上都是直管公房。实施古建老宅保护修缮工程既要更好地维护历史文化名城风貌和传承优秀历史文化遗产，也要注重改善百姓居住条件和提高百姓生活品质。实施原则是"两个统一"，即政府统一组织、主导和管理，统一修缮设计和使用功能定位；"两个多元"，即在符合条件的前提下，允许产权多元化，允许使用模式多元化；"两个注重"，即注重运作市场化，注重审批规范化。政府为了加大对古建老宅保护修缮工程的支持力度，意见中还提出了七条保障政策。

JS-05　东路一进修复后的花园

公益与商业功能结合，实现自我“造血”

潘祖荫故居历经四期保护修缮工程，三路五进院落基本实现全部对外开放。现院落整体利用的功能布局分为前后两个部分，前部空间以文化展示功能为主，后部空间以餐饮住宿为主，配置配套服务区。

功能设定主要考虑潘祖荫故居地处苏州历史文化名城及平江历史街区的特定地理区位，应尽可能向公众开放，充分展示潘祖荫故居的历史文化及苏州人文历史。前部的文化展示区定位为苏州版“茑屋”，作为平江历史街区的文旅会客厅。依托潘祖荫故居历史文化的展览展示，搭建文旅融合的文化社群基地，打造复合型主题书店和人文工坊，提供特色文创品类、策展空间、主题展览和跨界场所。同时向线上拓展，构建门店和移动终端全方位产业渠道。依托历史文化场所，策划研学旅行线路，以及有影响力的活动和会议。2020 年开业以来承办过多次作家读书交流会等文化研学活动，成为苏州历史文化名城的“网红”打卡地。

功能的决策首先考虑文物建筑的原始功能和保护需求，同时也需要开展周边街区的市场调研，最终确定文化精品酒店的功能定位。酒店功能设定考虑古建筑从“宅院”的原始功能到“客房”现代功能的同质性功能置换，对文物建筑的扰动影响也较少。潘祖荫的人文历史、古建的建筑价值特色与街区的历史文化等都成为酒店的特色文化主题，也是人们乐于体验其中的看点。

潘祖荫故居先期功能决策将公益性为主的文旅会客厅功能和商业性为主的文化精品酒店功能相结合，既兼顾了社会效益和经济效益的互补，又通过深耕潘祖荫历史文化特色主题，促进展览展示和沉浸体验的交互联动，真正实现文物建筑的自我“造血”可持续发展。同时也带动了平江历史街区由“线”向“面”的文旅融合联动发展。

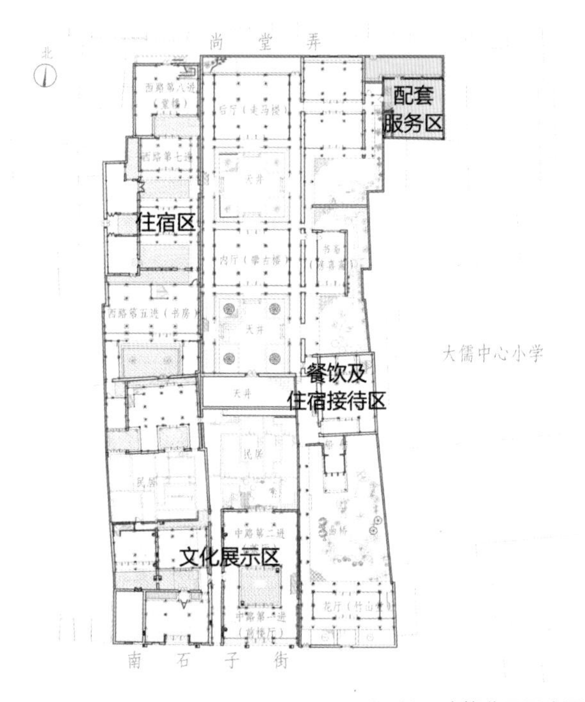

JS-06　功能分区示意图

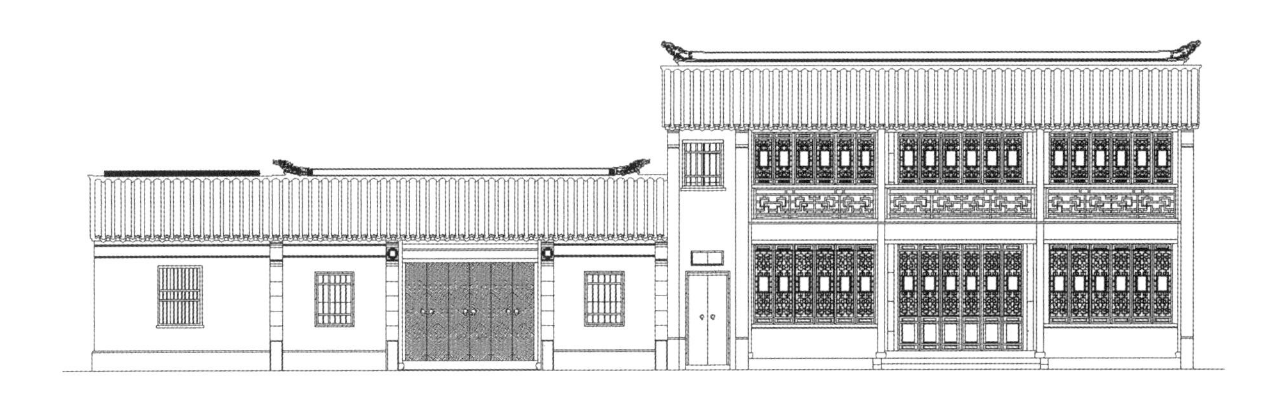

JS-07　南立面修缮图（上图）
JS-08　南立面效果图（下图）

整体功能决策中充分考虑潘祖荫故居对于平江历史街区的文化意义和文旅作用，充分挖掘和展示其文化内涵，采取活态保护利用模式。

保护与利用设计同步，实施多位一体

潘祖荫故居在修缮实施之前已明确后期利用的功能定位，确定为集主题书房、文化精品酒店、文化交流等为一体的文旅复合体。首先明确院落整体的功能空间布局，采取分区分期实施保护和利用工程，各期工程设计均采取保护和利用同步进行的工作模式。

保护工程方案设计遵循价值为先原则，充分保护文物建筑的价值内涵和历史信息，同时也充分考虑后期利用的切实需求。根据各片区院落和建筑的历史研究、价值评估、现状勘察和评估等确定修缮措施，同时针对使用功能所需的给水排水管道、强电弱电管道、空调、热水和地暖管道及设施等予以提前考虑，科学处理文物建筑保护要求和所必需的管线管道线位及设备空间需求之间的关系。保护工程设计方案中均在修缮设计图纸中予以明确基础设施的点位和线路等预设信息，并在具体施工中与文物建筑本体的修缮同步展开或预埋。保护修缮、景观修复、室内装修等多位一体，避免了后期利用工程对文物建筑及其景观环境的再度扰动，在设计和施工层面均保证了前期修缮和后期利用的紧密结合。

将保护和利用工程在设计之初就一体考虑，通过技术创新和巧妙处理，尽可能协调保护要求和利用需求之间的关系；并在后期实施中也注重多位一体，尽可能统筹多项工程的一体施工，避免文物建筑的重复扰动。

JS-09　修缮后的厢廊门窗（上图）
JS-10　修缮后的书房阁楼（下图）

保护工程设计主要考虑既能满足文物保护的要求，又能保障现代功能需求的消防安全要求。潘祖荫故居按照文物保护标准和消防安全规范植入现代消防系统，设计了消防给水、消火栓、自动喷淋、火灾自动报警、手提灭火器等五大消防系统。各类消防设施遵循最小干预和可逆原则设置，室内消防的喷淋支管隐蔽在屋架梁架中，顺桁条铺设，支管外露部分与梁架涂刷成同一种颜色，两者很好地融为一体。室外结合院落景观，水池兼作消防水池，池边设栏杆，消防取水口设过滤器，保证用水水质。尽可能通过调整技术手段来满足文物建筑对外开放使用的消防安全验收标准，保护文物建筑的同时，提升消防安全防范能力。

保护工程设计阶段就对文物建筑的节能进行了详细研究，业主单位先后组织了苏州市文物局、苏州市住房和城乡建设局节能办、苏州市审图中心、多家节能材料厂家、建筑节能专家进行讨论和分析，提出一系列的建议方案。结合文物建筑的结构、荷载、空间、材料、工艺特点、文物法规要求，分别在地面上设计运用了防潮材料，在屋面上设计运用无机骨料保温砂浆和防水卷材相结合的屋面防水保温两用体系，在窗扇上设计运用双层中空玻璃、加大窗扇用料规格，墙体上设计和运用新型反辐射隔热保温涂料，内部隔断上设计和运用保温隔音材料。这些措施的集中运用，解决了诸如小青瓦屋面容易漏水、内部空间保温差、地面容易潮湿阴冷、隔声效果不好等问题，大幅度提升了文物建筑的保温、节能和舒适性。

JS-11　景观式消防水池（左图）
JS-12　中路第五进楼厅屋面修复（右图）

利用院落景观水塘设置消防水池，能保障消防给水系统的正常补给。同时，建筑山墙采用防火墙，有效隔绝火势蔓延。

保护修缮和室内装修工程一体设计，并引入新材料和新节能技术，大幅度提高古建筑的隔声效果、保温节能性能和舒适性。

推介点

02 研究深度与实施精度并重 修缮过程与历程展示并举

深挖历史资料，提供保护修缮依据

深化实施管理，确保保护工程质量

创新宣教形式，鼓励公众参与修缮

深挖历史资料，提供保护修缮依据

在保护工程设计之初的现场踏勘中发现，因历史原因，潘祖荫故居的面貌已经发生了很大变化，历史空间格局有较大改变，传统构建技艺有所缺失。因此寻找收集历史档案的信息，成为必要的保护设计技术手段。

通过走访潘祖荫后代和故居内的老居民，以及组织专家讨论，挖掘出大量历史资料。同济大学著名古建筑专家陈从周先生 1958 年整理出版的《苏州旧住宅参考图录》，是苏州古建保护档案史上的珍贵资料，书中存有大量照片和详细的一层、二层平面图。这些历史档案翔实地记录了潘祖荫故居的原貌，这为项目的顺利开展奠定了坚实基础。

保护修缮设计严格遵照 1958 年陈从周先生对潘祖荫故居的测绘图纸和所拍照片为设计蓝本，对保存完好的建筑、梁架结构、砖细抛枋、木地板等仅做修缮，对已经损毁破坏的东路第一进竹山堂、东路花园、旱船舫，以及所有门窗、挂落进行修复设计。翔实的历史档案不仅对文物建筑的修缮设计具有查考凭据的作用，在传播古建筑文化、宣传文物建筑保护中也发挥了重要的作用。

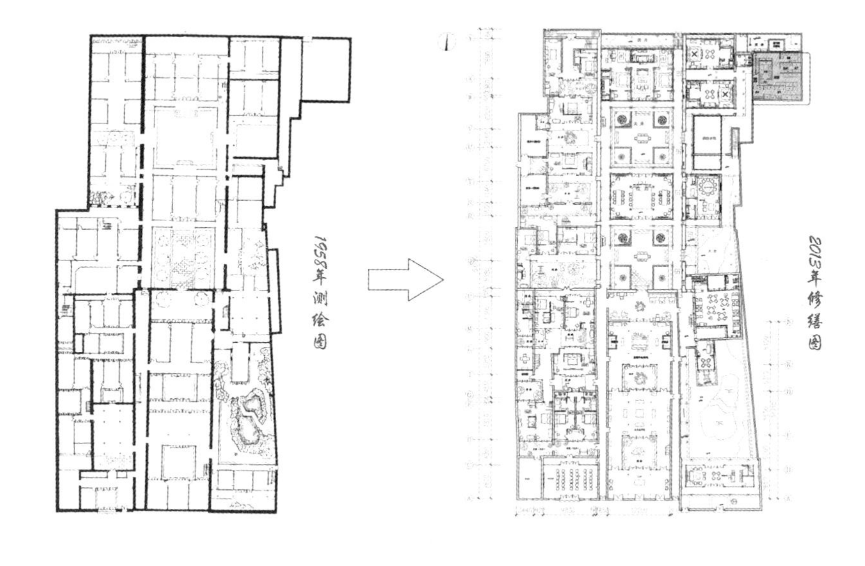

保护修缮设计严格遵照 1958 年著名古建筑专家陈从周先生对潘祖荫故居的测绘图纸和所拍照片为设计蓝本，以及口述史等历史资料为依据。

JS-13　潘祖荫故居平面图《苏州旧住宅参考图录》，陈从周，1958 年（左图）
JS-14　潘祖荫故居设计平面图（右图）

JS-15　潘祖荫故居剖面图(《苏州旧住宅参考图录》，陈从周，1958 年)

在文物建筑保护和修复过程中以保护为主，清除后期无价值的加建，尽可能延续原工艺与原材料，真实呈现院落整体格局。

JS-16　修缮前招待所入口(左上图)
JS-17　修缮后东路入口园林(右上图)
JS-18　修缮前四方天井(左中图)
JS-19　修缮后四方天井(右中图)
JS-20　修缮前厢廊(左下图)
JS-21　修缮后厢廊(右下图)

深化实施管理，确保保护工程质量

保护和利用工程特别注重细节问题的优化设计和施工，创造性地解决了诸多现代设施植入问题。利用文物建筑的顶棚内空间，将给水排水主管道隐藏在内，最终做到主要管道、支管、喷淋头隐蔽于文物建筑结构内部，减小现代设施对文物建筑风貌的影响；通过设置管道沟以解决地源热泵的管道、强电弱电的管道埋设；采取树根桩的基坑挖掘技术来稳固地基并实时监控，确保水池的施工不影响地面沉降，保证周边建筑安然无恙。

保护工程实施按照苏州香山帮传统营造技艺，以传统匠人、传统材料贯穿木作、瓦作、石作、漆艺、园林营建等十余项工种，最大限度地保护真实历史信息，修复整体格局风貌，确保修复品质。

项目启动后，构建了六位一体的项目管理体系，以业主领导和项目经理为龙头，在项目经理负责制的框架下，整合文物建筑专家组、设计单位、甲方项目组、施工单位、监理单位、造价审计单位六方面的力量，从各自的职责参与项目实施。

在建筑改造过程中以保护为主，去伪存真，真正地做到原工艺与原材料的延续，使潘祖荫故居的历史原貌真实地展现在大众面前。

JS-22　按照香山帮传统营造技艺恢复东花园铺地（左图）
JS-23　项目小组现场研究门窗油漆工艺（右图）

创新宣教形式，鼓励公众参与修缮

潘祖荫故居保护工程实施过程中迎来了一批特殊的“工作者”——十余位中国和法国文化遗产保护志愿者，跟随苏州的古建师傅从事砖雕、木匠、石匠、砌墙等工作十余天，专家、学者、匠人共同工作、交流，进一步研讨遗产保护方面的经验。志愿者们在尊重不同文化的背景下，体验文物保护与修复的过程，完成了文化遗产保护的“实战之旅”。

修缮过程中吸纳中外学者共同参与，旨在使公众切实理解文物保护理念和体验保护实施的艰辛过程，以呼吁更多人加入到保护和传承古建筑的队伍中来，促进文物保护理念的推广和普及。

“我们保护的不仅是房子，更多保护的是一段重要的历史故事。平江路不是为了发展旅游而保护，而是为了留住这个历史样板，留给后人一段重要的历史记忆。”志愿者阮一家道出了平江路历史文化遗产保护工作的初衷。

阮仪三教授：“我就是苏州平江人，长在钮家巷，这里有风景、有文化、有居民、但没有过多的人工装饰，十多年来，这里的人民用他们的双手把它保护得很好。”

JS-24　中法志愿者参与保护修缮工程（左图）
JS-25　中法志愿者现场学习传统施工工艺（右图）

潘祖荫故居在修缮后的利用过程中十分注重潘祖荫历史文化和修缮历程的展示及解说。文化展示区内设置潘祖荫故居历史沿革和修缮历程的展览，书房内的书目遴选也注重突出潘祖荫历史文化主题，以此发挥文旅会客厅的宣教作用，向公众阐释和展示文物建筑历史信息和价值内涵。餐饮住宿区的厢廊内也随处可见潘祖荫故居文物建筑价值阐释和修缮历程展览、文物建筑构件的原物展示和解读展览。潘祖荫故居主体空间的保护修缮和展示利用工程虽已基本完成实施，但其重要的宣教意义仍在持续发挥作用。

潘祖荫故居四期保护工程在完成前三期保护利用的基础上，总结保护和利用相关工程经验，以持续完善和提升保护利用工程品质。四期保护修缮后的院落空间作为苏州市建筑遗产保护劳模创新工作室及书店配套工作间等功能，以用于苏州古建筑保护研究及展示，继续助力苏州历史文化名城的文化遗产宣教和文旅发展。

JS-26　历史沿革展示（左图）
JS-27　修缮过程展示（右上图）
JS-28　建筑构件展示（右中图）
JS-29　建筑形制展示（右下图）

提要

松阳三庙（文庙、城隍庙）位于浙江省丽水市松阳县西屏镇，为浙江省文物保护单位。片区化的保护与更新项目探索了政府决策引导，高水平专业团队全过程谋划实施，以及文物建筑与城市历史元素、公共空间共同活化利用的新模式。项目采取了从前期策划、设计、投资，到中期建造实施，再到后期运维管理环环相扣，一家运维单位全程跟进的方式。采用“街区化”整合视角、“泥鳅钻豆腐”设计手法，对不同保护类型、级别历史遗存进行细致评估与留存，保留松阳老城不同时代记忆，使其历史公共空间成为社区居民喜爱的当代文化休闲空间，以“文物建筑有限使用,其他建筑造血反哺”的有效方法，通过文物建筑公益性项目与周边建筑经营性业态结合，保证文物建筑具有持续活力。

ZJ-01　松阳三庙（文庙、城隍庙）片区俯视图

松阳三庙（文庙、城隍庙）

文物保护单位基本信息

地　　址： 浙江省丽水市松阳县西屏镇大井路2号

年　　代： 清

初建功能： 寺观庙宇

使用功能： 综合功能

保护级别： 省（自治区、直辖市）级文物保护单位

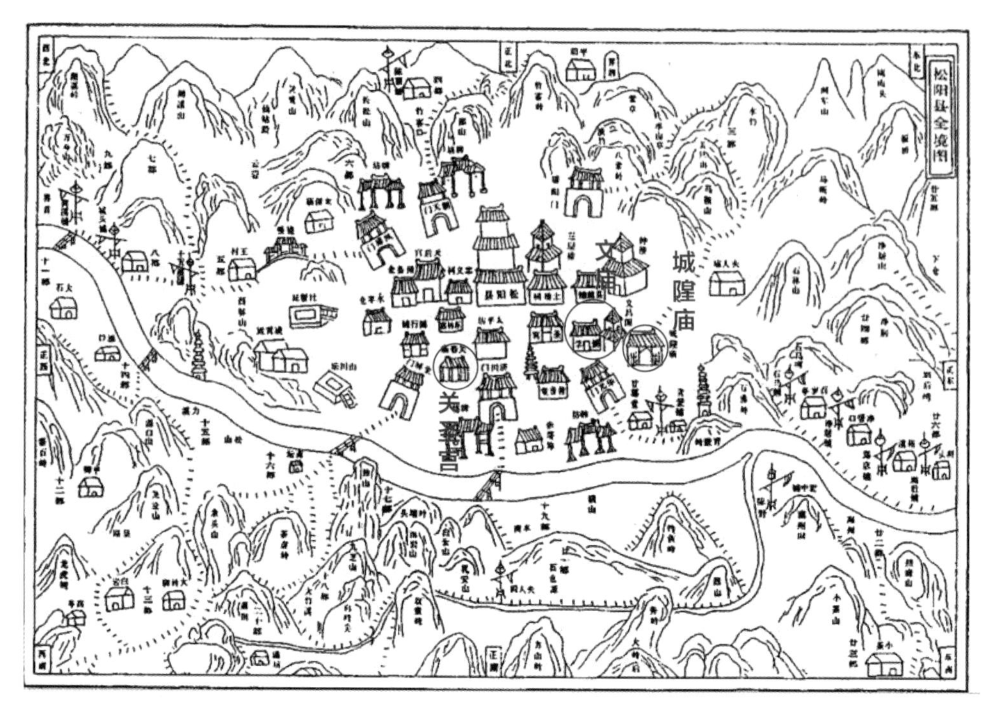

ZJ-02　清乾隆三十四年（1769 年）松阳县全境图

唐武德四年（621 年），松阳县学始创；

唐贞元年（801 年），城隍庙始建于此；

北宋宣和三年（1121 年），县学学宫被毁；

南宋建炎年间（1127—1130 年），知县徐彭年重建文庙；

明万历二十四年（1596 年），知县周宗邠重建城隍庙；

明万历三十一年（1603 年），知县刘干正将文庙复迁旧址；

明崇祯十六年（1643 年），知县张建高重建城隍庙；

清乾隆二十五年（1760 年），知县吴凤章以青云路之东空地建社仓；

清嘉庆十年（1805 年），知县傅秀漳重建城隍庙，现存大殿与后殿为该时期修建；

清末民初，文庙建筑群屡遭破坏，现存戟门、大成殿及两庑为该时期修建；

中华民国七年（1918 年），文庙内开办县立公共图书馆；

中华民国二十八年（1939 年），县民众教育馆在城隍庙开设民众剧场；

中华民国三十年（1941 年），城隍庙作为幼稚园（儿童乐园）使用；

1949 年，文庙成为松阳县人民政府驻地；

1985 年，城隍庙后殿原貌修缮并扩建为县公立图书馆；

2011 年，“松阳三庙”被公布为浙江省文物保护单位；

2019 年，文里 · 松阳三庙文化交流中心落成。

松阳县是留存完整的中国古代县域样板，现代化的城市扩张对松阳老城营造肌理少有破坏，老城整体格局保存完整，历史街巷纵横交错、文物古迹星罗棋布，至今还完整保留着松阳三庙，即城隍庙、文庙、武庙（关圣宫）三座“官庙”，以及大量传统的民居建筑。

松阳三庙（文庙、城隍庙）在中华人民共和国成立前即为松阳县的文教场所、宗教场所和文艺活动场所。1949 年后，松阳三庙（文庙、城隍庙）又作为政府机关及相关部门驻地，是松阳县城市发展的历史见证，也是松阳老城公共活动场所与精神中心，凝聚着深厚感情与集体记忆。如今松阳三庙（文庙、城隍庙）片区的活化利用又为老城重新注入活力，为当地居民带来了高品质的公共文化休闲空间。

ZJ-03　城隍庙前休憩的社区居民

文物概况

松阳三庙（文庙、城隍庙）片区占地面积约9800平方米，建筑面积约4400平方米。文庙为二进合院式，仅存戟门、大成殿和两庑；城隍庙为二进合院式，自南而北依次有大殿、后寝、厢房、后楼。

ZJ-04 城隍庙

推介点

01 探索文物保护利用 打造整体片区

街区视角，整体保护、提升、利用

政府指导，专业化团队全流程实施

街区视角，整体保护、提升、利用

作为中国历史文化名城，松阳县依托丰富的文物及历史建筑、传统民居，始终展现出深厚的农耕文化和历史人文底蕴。松阳三庙作为松阳人一直以来的公共活动场所与精神中心，周边保留有明清、中华民国、中华人民共和国成立初期、改革开放后等多个历史时期的老建筑，同时还有数十棵古树生长其间，历史信息丰富，历史断面清晰。

为了在保护利用文庙、城隍庙的同时，最大限度保存周边历史元素，实现文物建筑及其历史环境的共同保护和可持续利用，县政府与专业团队将文庙、城隍庙及周边历史元素共同纳入文物建筑保护和利用的整体格局中，以“街区化”视角，统筹谋划松阳三庙（文庙、城隍庙）片区整体的保护、提升、利用。

ZJ-05　松阳三庙（文庙、城隍庙）片区整体鸟瞰

政府指导，专业化团队全流程实施

松阳三庙（文庙、城隍庙）片区保护利用项目没有简单地分为修缮、整治提升、利用工程，松阳县人民政府采取委托专业团队全流程参与的项目总承包方式，探索专业团队全过程执行项目“策划、设计、投资、建造、运维”模式，使这五个关键环节环环相扣，从而使得松阳文庙、城隍庙及片区的文化社会属性和多方位价值、经济效益充分发挥出来；避免出现项目前期定位不明、修缮完成度不高甚至造成破坏、阐释内容与文物保护单位身份不符、投资和建造完成后无人运营或者运营水平不高、重要环节缺失等不利情况。

为了避免文物保护单位在修缮后无人使用、无人运营且在短期内再次衰败而造成社会财富的浪费，松阳县人民政府探索的这种由政府顶层把控，专业团队全过程参与，建立适应文物保护单位特点的新型保护利用模式，保证了文物保护单位的真正活化、有效保护以及可持续利用。

ZJ-06　松阳三庙（文庙、城隍庙）片区保护提升前（左图）
ZJ-07　松阳三庙（文庙、城隍庙）片区设计平面图（中图）
ZJ-08　松阳三庙（文庙、城隍庙）片区保护提升后（右图）

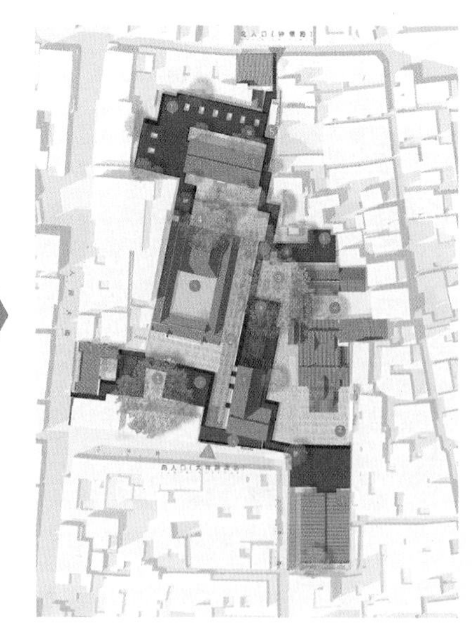

ZJ-09　在文庙内举行全民阅读节活动（上图）
ZJ-10　城隍庙开展高腔非遗演出（下图）

利用文庙、城隍庙开展文化活动及社会活动，充分发挥其社会价值。

推介点

02 重塑精神文化中心 焕发老城活力

尊重当下，分级谋划

新旧并置，空间串联

尊重当下，分级谋划

因松阳三庙（文庙、城隍庙）片区场地环境极具复杂性，设计团队根据历史研究逐一梳理出片区内全部具有历史及文化价值的遗存，包括文庙、城隍庙、原区委办公楼、粮仓等，拆除违建及危房。通过对不同保护级别的现存建筑进行细致评估，将各个历史时期的丰富遗存都作为可利用的资源，并且按照各自的保存状态及管控要求，进行分级谋划。

ZJ-11　对片区内的建筑进行梳理

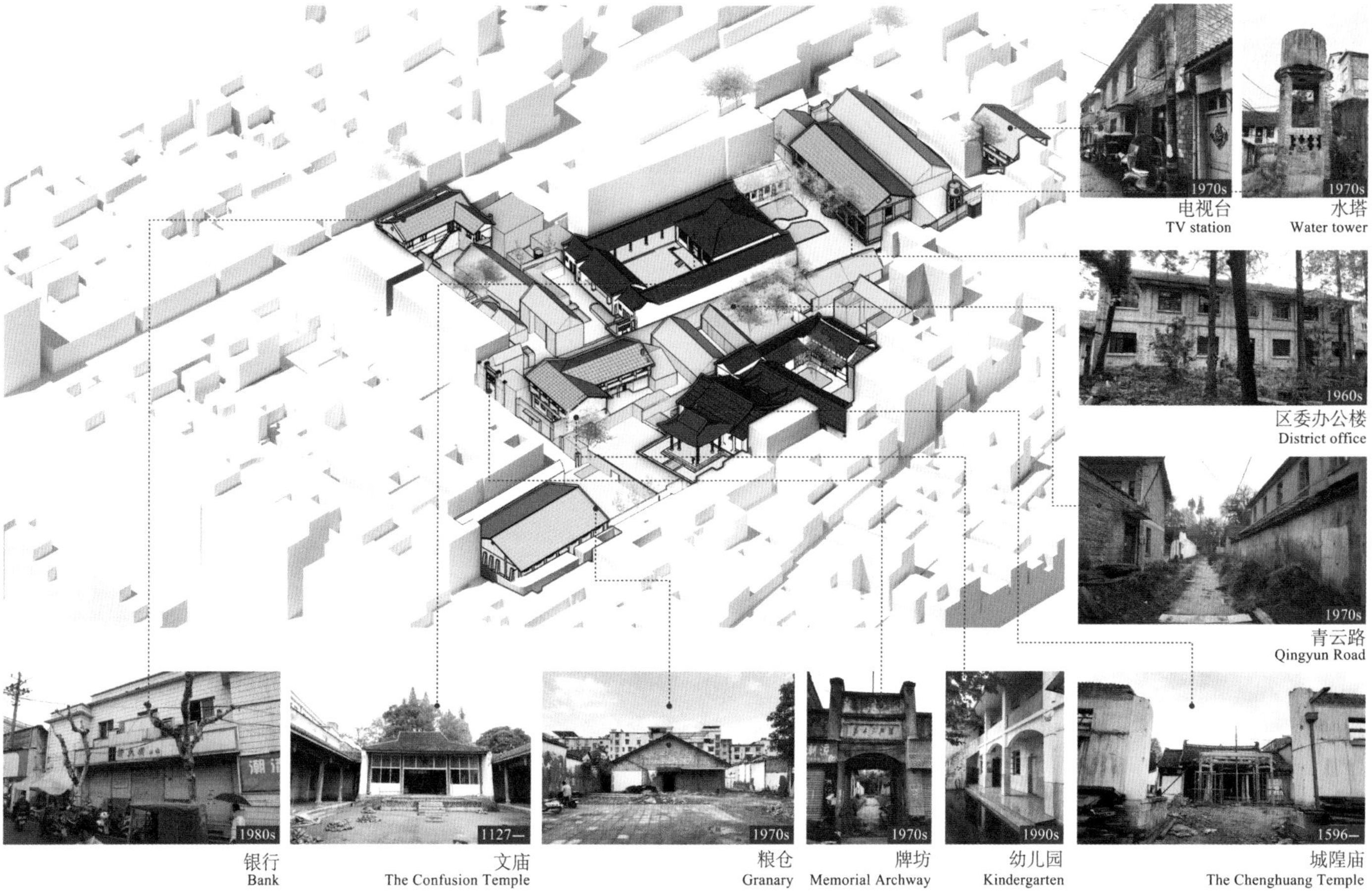

1970s 电视台 TV station
1970s 水塔 Water tower
1960s 区委办公楼 District office
1970s 青云路 Qingyun Road
1980s 银行 Bank
1127— 文庙 The Confusion Temple
1970s 粮仓 Granary
1970s 牌坊 Memorial Archway
1990s 幼儿园 Kindergarten
1596— 城隍庙 The Chenghuang Temple

松阳三庙（文庙、城隍庙）文物本体因为是省级文物保护单位，其开放使用功能具有较严格的法规约束和控制，因此主要从其原始功能的拓展方向着手，将文庙作为松阳文博论坛及松阳非遗学院等文化活动空间使用，城隍庙作为松阳非遗剧场等社区公共活动空间使用。

ZJ-12　修缮前的城隍庙（左上图）
ZJ-13　修缮后的城隍庙（右上图）
ZJ-14　修缮前的文庙（左下图）
ZJ-15　修缮后的文庙（右下图）

原区委办公楼为尚未核定公布为文物保护单位的不可移动文物，考虑其内部是一间间办公室，为了留存历史元素，修缮时尊重原结构特点，保留原始的空间分隔方式，转换为精品酒店使用。粮仓由于内部空间宽敞，则作为美术馆展览以及公共活动的创客艺术空间，充分发挥原有空间的特点。

ZJ-16　修缮前的原区委办公楼（左上图）
ZJ-17　修缮后的原区委办公楼（右上图）
ZJ-18　修缮前的粮仓（左下图）
ZJ-19　修缮后的粮仓（右下图）

新旧并置，空间串联

如何在保留片区内各类历史要素的同时，将各要素凝聚在一起，使其既能符合时代性，又能体现本真面貌呢？设计团队采用“泥鳅钻豆腐”方法，在片区内植入现代开放式廊道系统，重构了一个与传统呼应的公共空间体系，开放给社区市民。同时以一条风雨景观廊道系统串联所有保留的遗存以及梳理出来的公共空间，使社区居民能够方便地“用”，能够遮风挡雨、闲谈小坐，体验文化。

ZJ-20　风雨景观廊道设计结构（左上图）
ZJ-21　植入现代开放式廊道系统（右上图）
ZJ-22　沿青云路剖面示意（下图）

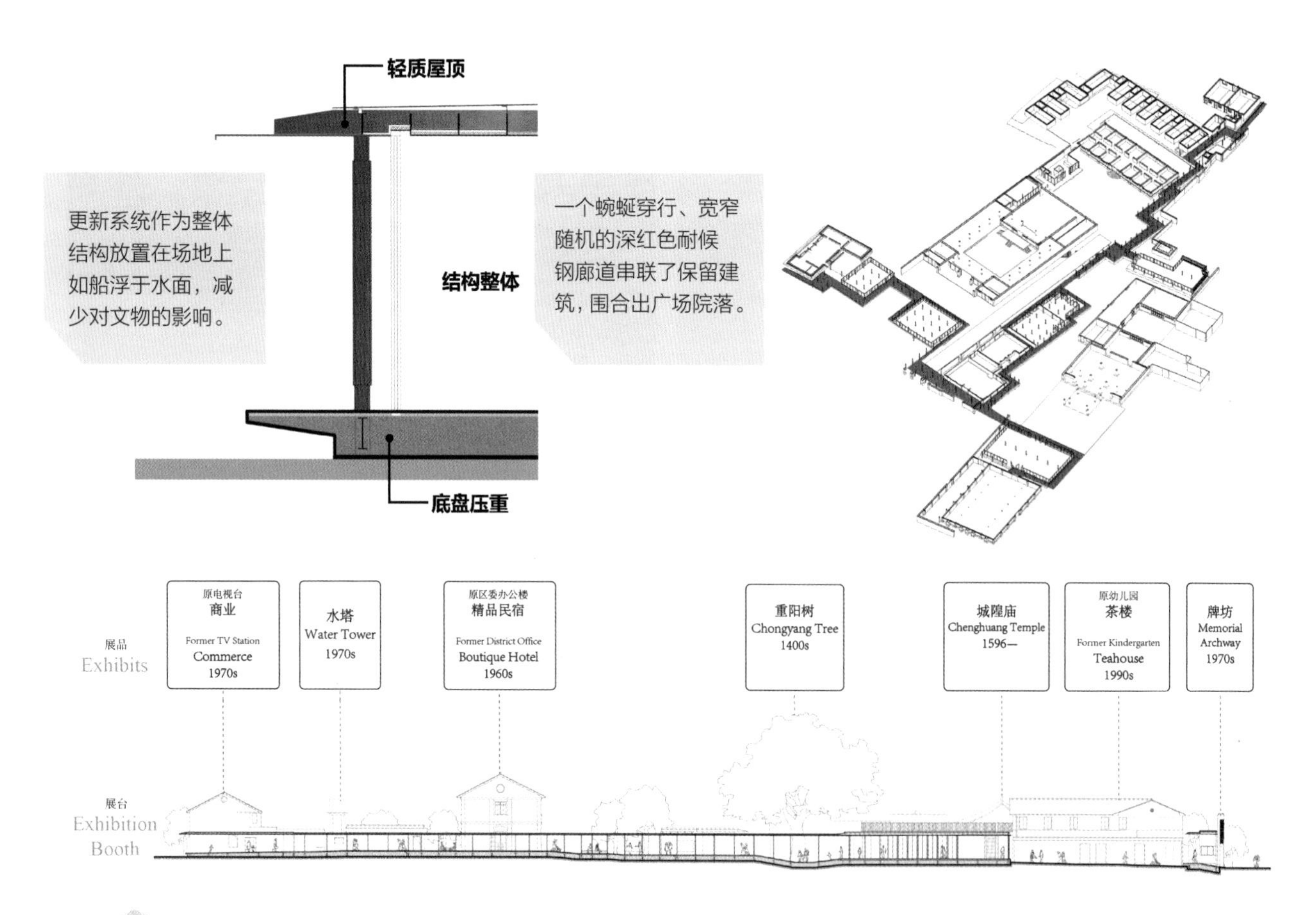

精品酒店是在利用原区委办公楼及周边建筑的基础上，重新划分功能空间，从而满足酒店接待区、客房区、会议区和餐厅等酒店综合功能。

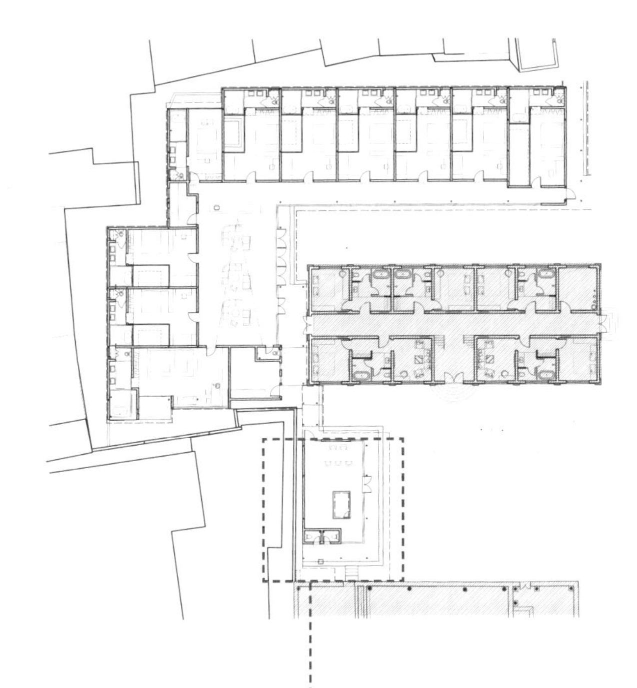

ZJ-23　修缮后的原区委办公楼平面图（上图）
ZJ-24　修缮后的原区委办公楼及杂树院（下图）

底部建筑为梳理后保留的建筑，顶部廊道为植入的更新系统，围合了空间，也串联了整体。

保留文庙广场、城隍庙广场空间，拓展香樟树院、重阳树院、老区委杂树院以及水塔树院空间，实现新旧空间并置。

融合文庙、城隍庙历史功能，重构地区社会文化功能，注入美食文化、地方物产、非遗文化、茶文化、精品商业、文化体验、乡村创新、交往空间功能，实现新旧功能并置。

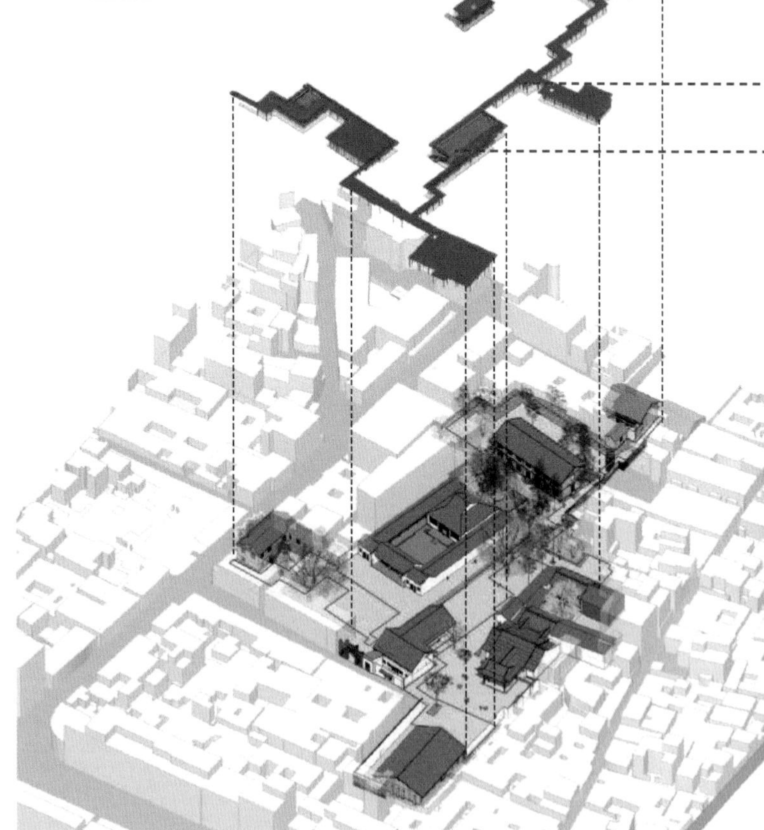

ZJ-25　原区委办公楼北侧与植入的廊道（上图）
ZJ-26　廊道系统串联片区（下图）

ZJ-27　游廊（上图）
ZJ-28　咖啡厅（下图）

推介点

03 融合文教体商旅憩
实现文化传承

借力文化主题，复兴老城发展

植入文化文旅，实现文化传承

借力文化主题，复兴老城发展

修缮后的文物建筑不能仅仅依靠财政投入，否则会缺乏持续力。对于约束条件严格的文物建筑，因为使用功能和空间受到限定，将其作为文化活动和公共活动空间等公益功能使用，在片区内其他非文物建筑选择性地融入了精品酒店、精品咖啡、特色书店等商业业态，将文化遗产作为创意元素，衍生文创产品，并举办创意集市等。这种模式不仅能有效地保护文物建筑本身，还能通过片区内其他建筑产生经济效益，这些收益用以维持运营和文物日常养护，实现自我"造血"功能，并反哺到文物建筑本身，从而达到文物建筑的持续保护与利用。

ZJ-29　原银行（松阳家宴）（左上图）
ZJ-30　原粮仓（美术馆）（左下图）
ZJ-31　南门开展文里集市（右上图）
ZJ-32　原幼儿园（文曲童书馆）（右下图）

植入文化文旅，实现文化传承

松阳三庙（文庙、城隍庙）片区通过为公众提供文化和文旅空间，传承和传播松阳文化。

将文庙广场、城隍庙广场、青云路、香樟树院和重阳树院等作为公共空间完全开放给社区，社区居民可以利用场地组织各类文化活动，比如太极拳、晨读、晨练，以及节庆活动等；以公共空间为基础为社区提供公共服务，例如，与县委宣传部合作在城隍庙广场举行每周一次的“文里露天影院”，利用香樟树院为大家提供“大树下的讲堂”，以及与三联书店合作，利用文庙作为城市公共书房等。

ZJ-33　汉仪松阳体——汉仪字库（左下图）
ZJ-34　青少年参加香樟书苑大树下讲堂（右上图）
ZJ-35　居民在文里咖啡屋顶进行太极晨练（右下图）

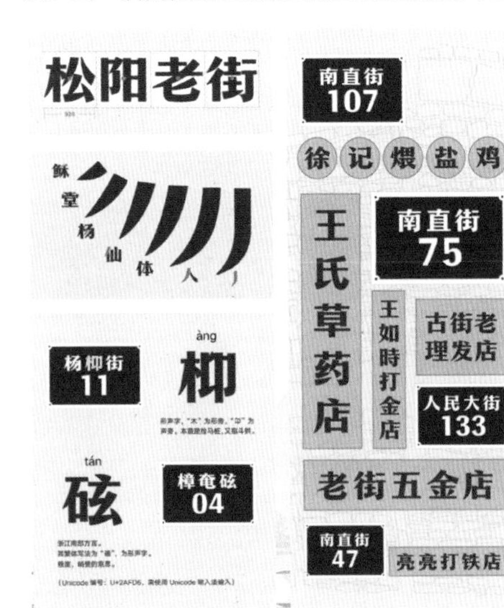

在保护文物建筑的同时，松阳三庙（文庙、城隍庙）片区也为保护传承非物质文化遗提供空间，营造传承中华优秀传统文化的浓厚氛围。2021 年文化和自然遗产日，在松阳县的文里 · 松阳三庙文化交流中心举行了以“人民的非遗·人民共享”为主题的“松阳好非遗”活动，此外也有国家级非遗高腔演出、传统非遗木偶剧演出和一些传统活动举办，把松阳的景、松阳的味以及松阳的记忆用艺术的方式表达出来并传播出去。

ZJ-36 “秘境江南 · 古韵茶乡”雅集活动现场（上图）
ZJ-37 社区居民参加“松阳好非遗”系列活动（下图）

提要

四连碓造纸作坊位于浙江省温州市瓯海区泽雅镇，为全国重点文物保护单位。泽雅屏纸制作技艺列入国家级非物质文化遗产名录，现在仍有几十个村落延续古法造纸生产,并作为景区向公众开放。原位置、原工具、原工法、原生环境的四连碓造纸作坊是难能可贵的活态文化遗产。受生态环境、建筑材料以及手工作坊建造方式的制约，建立常年性的巡查、维护、维修制度，明确针对性的立项、招标、维修、验收流程，地方文物管理部门探索了一套特定环境条件下乡间手工作坊类文物建筑保养维护的经验。为延续古法造纸生产和传统工艺，地方政府除面向青少年开展科普教育外，还帮助当地村民结合现代需求，沿用传统造纸工艺生产文创产品，探索了一条物质与非物质文化遗产共同保护传承的途径。

ZJ-38　四连碓一号—三号水碓

四连碓造纸作坊

文物保护单位基本信息

地　　址：浙江省温州市瓯海区泽雅镇
年　　代：明
初建功能：造纸作坊
使用功能：造纸作坊
保护级别：全国重点文物保护单位

历史变迁

元末明初，泽雅地区即开始竹纸生产。因泽雅先民系福建南屏一带人，为避元末之乱迁居于此。定居后发现泽雅一带多水茂竹，适合造纸，于是重操旧业，建水碓、纸槽，进行竹纸生产，故当地人又称此种纸品为“屏纸”。

明朝初年，四连碓造纸作坊始建；

明清时期，泽雅和瑞安湖岭一带形成100多平方千米的“纸山”，泽雅地区手工造纸迅速发展；

20世纪30年代，泽雅手工造纸达到高峰期，泽雅纸农有将近10万余人，约占当地总人口的80%，成为当地的经济支柱；

1995年以后，屏纸逐渐被现代纸取代，加之当地居民大量外迁，屏纸生产走向萧条；

2001年，四连碓造纸作坊被列入第五批全国重点文物保护单位；

2007年，泽雅屏纸制作技艺被列入第二批浙江省非物质文化遗产名录；

2010年，“泽雅造纸”被列入国家“指南针计划”项目；

2014年，泽雅屏纸制作技艺入选第四批国家级非物质文化遗产名录。

ZJ-39　关于建造水碓的清代碑刻

在泽雅镇唐宅村的一座水碓里，有一座清代石碑，石碑的上端刻着7个人的名字：“子玉、子任、茂九、子光、子金、茂金、茂同”，是水碓的7个股东。正文主要内容约定两条章程：一、股份不许随便转让；二、如有人捣米，捣“刷”的人要立即将“刷”拔起，让捣米的人先捣。

有专家认为水碓的这种合造轮用的形式是现代股份制经济的雏形。

价值阐述

造纸术是我国古代一项重要发明创造，泽雅屏纸制作技艺完整保留和记录了这一古代造纸技术手段。四连碓造纸作坊是泽雅屏纸制作技艺的实物载体，是浙江温州地区屏纸制作历史的直接见证，有力印证了历史文献所记载的中国造纸术，具有极高的史料价值，堪称“中国造纸术的活化石”。

四连碓造纸作坊建筑的选址、布局等反映了古代浙江温州地区劳动人民充分利用水力资源开展规模化生产的高超技术水平和聪明才智。水碓、作坊等建筑，造型古朴自然、简洁大方，充分利用当地自然材料，略加修整，展现了一种具有山川灵气的古拙美感。

ZJ-40　泽雅传统造纸生态博物馆体验园区

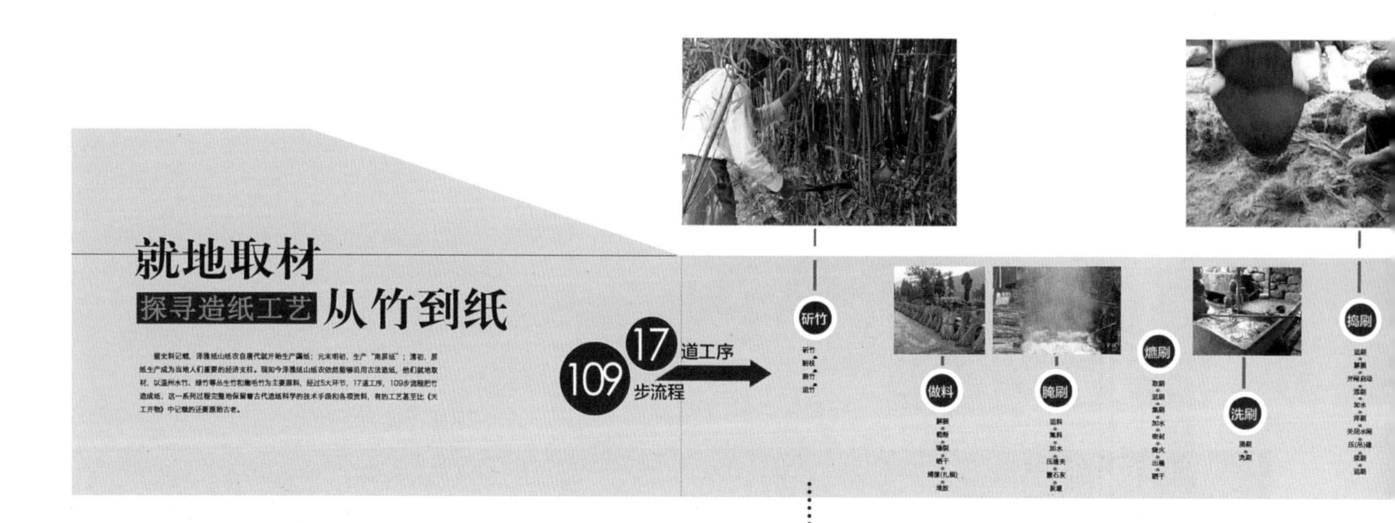

泽雅屏纸制作技艺发展

明代科学家宋应星在《天工开物》中对造纸技艺进行过详细的记载，主要工序有“斩竹漂塘”“煮楻足火”“落料入帘”“覆帘压纸”“透火焙干”等。

泽雅屏纸制作技艺流程与之基本吻合：现代泽雅的竹纸生产需要经过竹、料、刷、浆、纸等五个环节，主要生产流程包括“斫竹”“做料”“腌刷”“捣刷”“捞纸”“压纸”“分纸”“晒纸”等步骤，基本保留了纸的原始质量和工艺流程。这是中国目前保留最原始、最完整的古法造纸术之一。

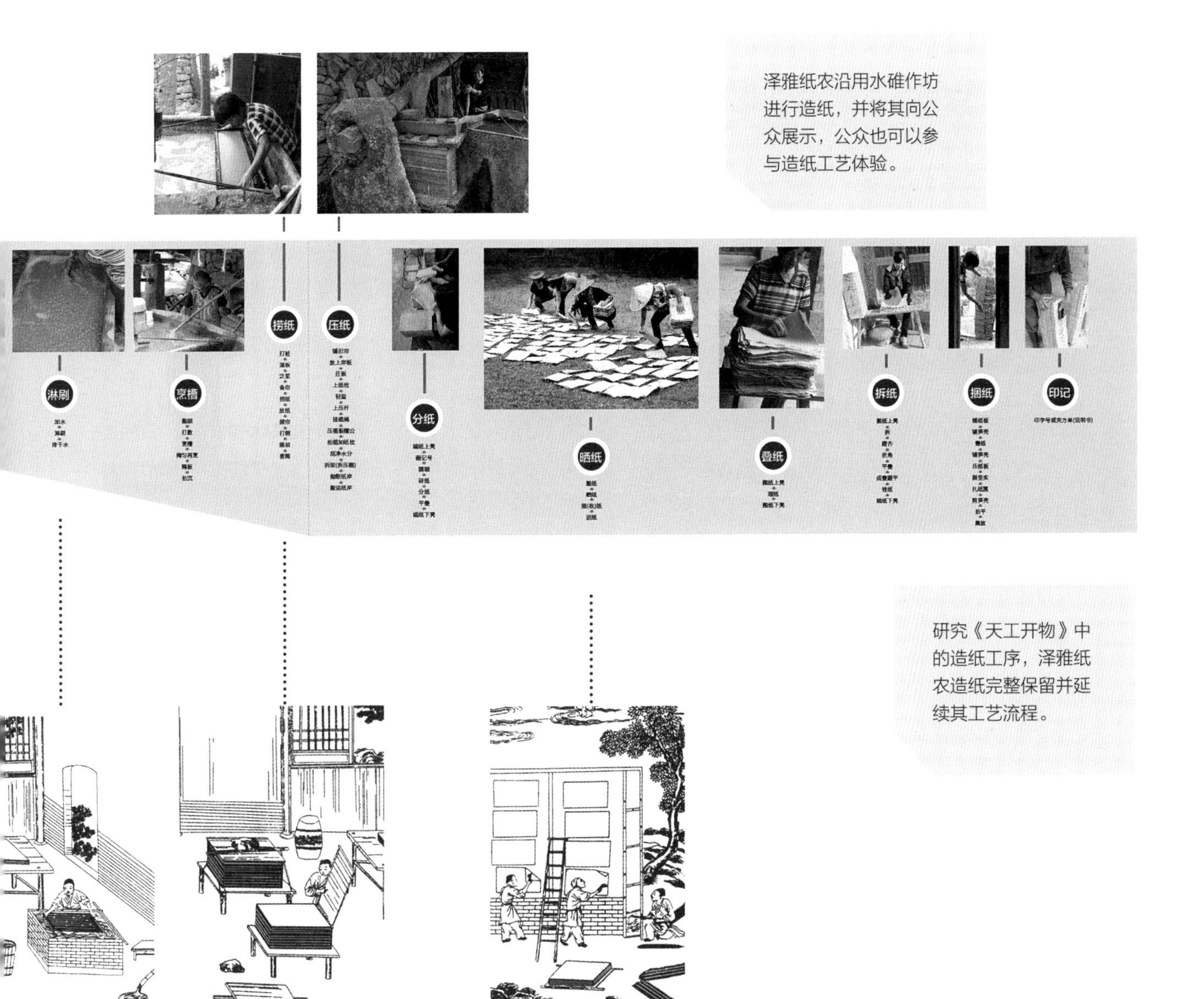

ZJ-41 泽雅屏纸制作技艺流程（上图）
ZJ-42 从左至右依次为砍竹漂塘、煮楻足火、荡料入帘、覆帘压纸、透火焙干（下图）

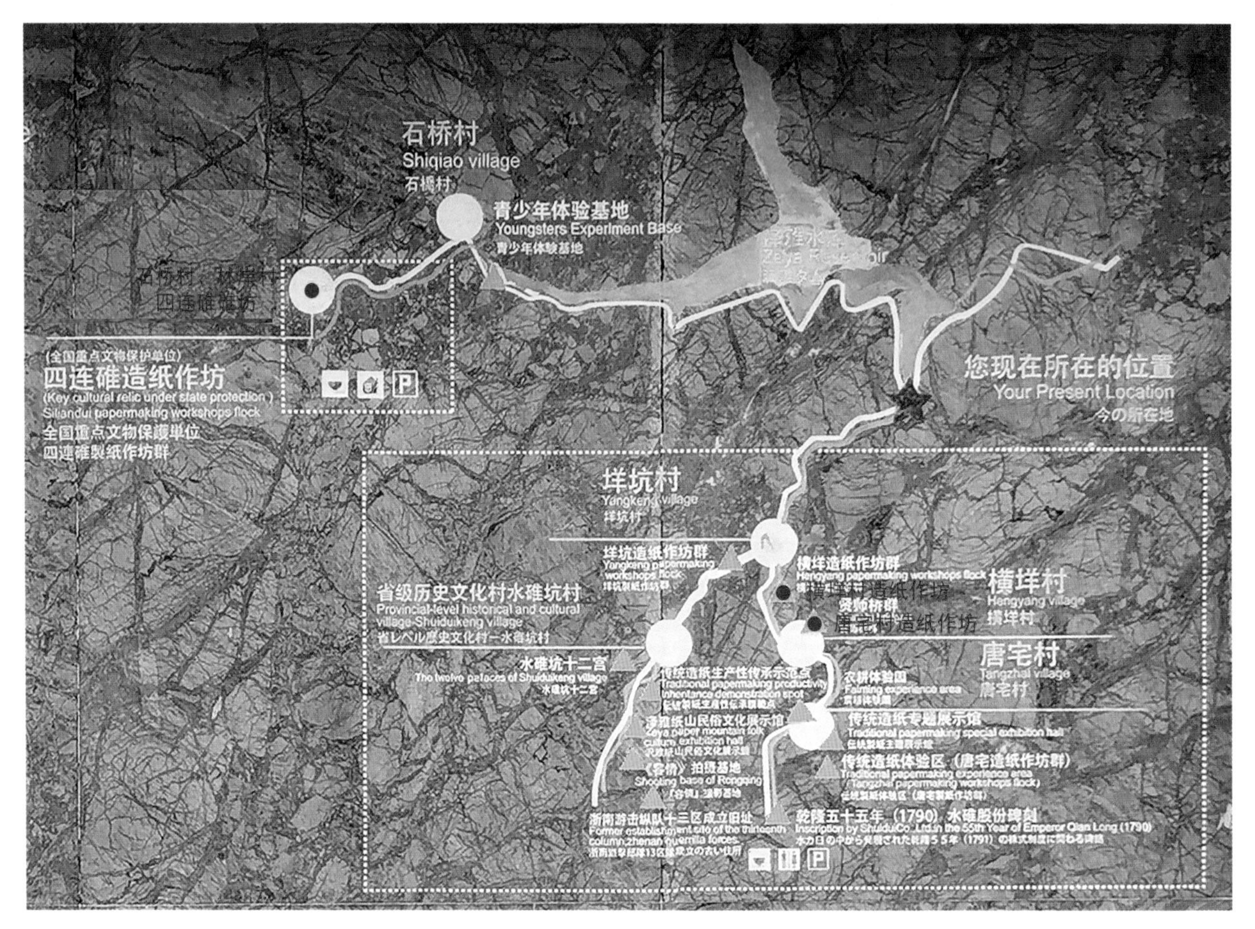

ZJ-43　泽雅传统造纸生态博物馆导览图

文物概况

四连碓造纸作坊的核心保护区有三个，分别是石桥和林岸村四连碓保护区、唐宅村保护区和横垟村保护区。四连碓保护区内，泽雅纸农根据地势顺流分级建设的四座水碓极具代表性，故名“四连碓”。四连碓碓坊背靠南斗山，北临龙溪，在地势开阔、落差较大处拦坝引水，以此循环利用水利资源。四连碓造纸作坊是活态文化遗产的承载对象，目前泽雅地区仍有水碓坑村、唐宅村等十几个村落沿用造纸作坊进行古法造纸。

推介点

01 持续规范开展日常保养工程

及时开展保护，建立日常保养与岁修制度

及时开展保护，建立日常保养与岁修制度

由于年代久远，四连碓的建筑本身存在残损情况，包括部分坍塌，木料霉烂。加之温州地区多台风、多雨水，作坊紧邻溪流等多种原因，水碓作坊受潮，需要进行常年的维护与修缮。

为保证四连碓作坊的文物安全，同时保障文物建筑的合理使用和公众展示功能，温州市瓯海区文物保护管理所每年对四连碓造纸作坊的保护对象进行现场踏勘并评估现状情况，按照保护工程标准及程序开展文物的日常保养维护工程，完成各项工作，进行资金申报、招标投标等流程，细致整理每年保护工程项目档案并动态更新。

表 ZJ-01　近年修缮工程项目表

项目一	四连碓修缮工程一期
项目二	四连碓修缮工程二期
项目三	四连碓修缮工程三期
项目四	四连碓造纸作坊（唐宅保护区）抢险加固工程
项目五	四连碓造纸作坊修缮工程
项目六	四连碓造纸作坊（林岸石桥村）抢险加固工程
项目七	泽雅传统造纸展示设计制作
项目八	泽雅传统专题展示馆等三处改造提升工程

ZJ-44　腌塘（左图）
ZJ-45　水碓作坊（右图）

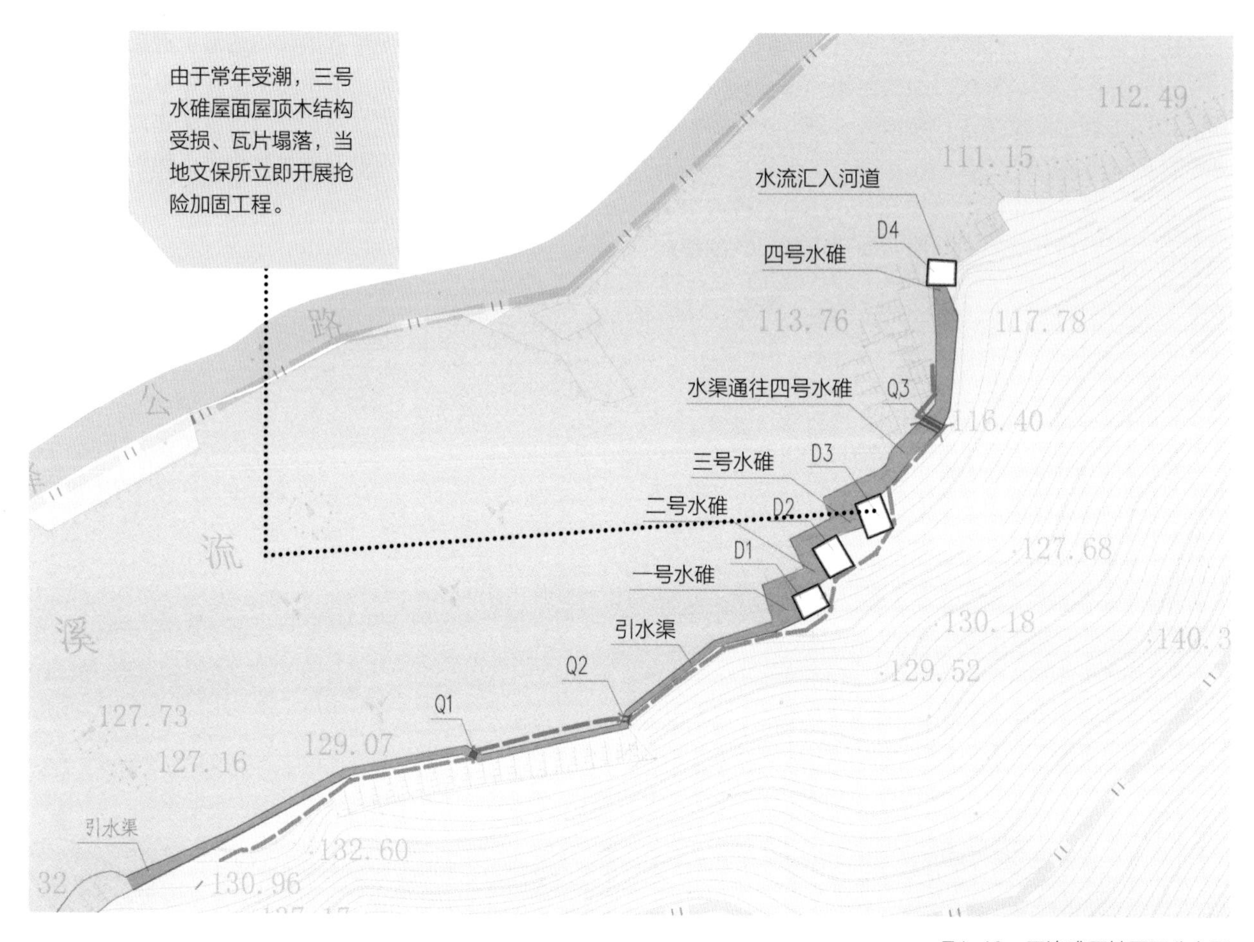

ZJ-46 四连碓原址平面分布图

以“四连碓”碓房为例，因碓房内部的生产设施及生产工具多为木制构件，且其靠近溪流，当地多雨水，水碓作坊常年受潮，使用率也不及当年，木构件极易糟朽。针对碓房文物本体情况，当地文物管理部门坚持预防性保护，将日常保养维护和岁修工作作为一项重要职责建立工作制度，及时发现、记录、汇报和妥善处理碓房病害，避免小病拖成大病、小修拖成大修，及时开展保护工程。

对三号水碓进行屋面修补，更换房椽等措施进行加固，保证其能正常开展生产工作。

ZJ-47　修缮前的三号水碓（左上图）
ZJ-48　修缮后的三号水碓（右上图）
ZJ-49　三号水碓屋顶平面图（左下图）
ZJ-50　三号水碓东立面图（右下图）

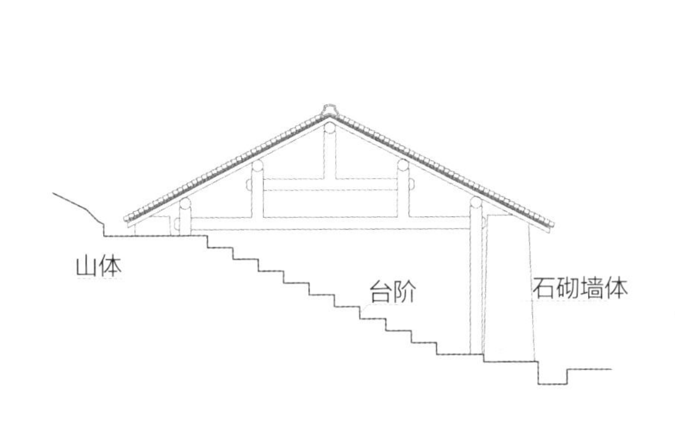

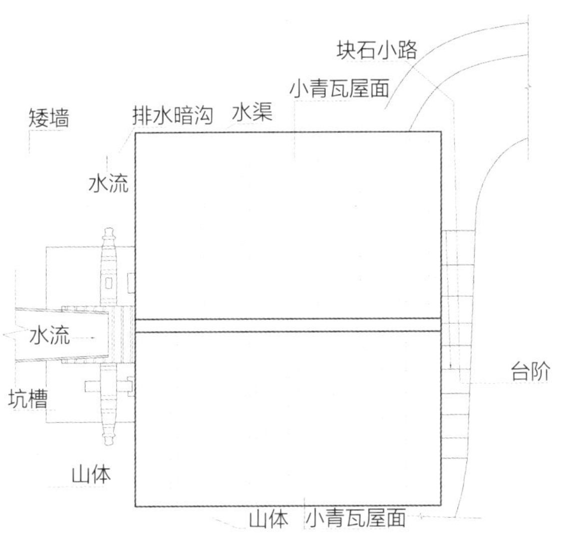

历年来对文保单位开展了本体保护，以及环境整治、展示和安防工程，全面保障了文物建筑的安全，提升了文物建筑的价值。

推介点

02 原址原位活态传承文化遗产

活态呈现非遗，提升文物建筑价值与活力

活态呈现非遗，提升文物建筑价值与活力

“四连碓造纸作坊”作为“活态”承载中国古代造纸技术的全国重点文物保护单位，保存了完整的造纸工艺体系和生产设施、生产工具及纸农生产生活环境。特别难能可贵的是这些造纸作坊仍为传统造纸并沿用至今，甚至仍有村民以此为生。但随着社会发展，泽雅传统手工造纸的技艺日益衰弱，传承这门造纸技术迫在眉睫，为此温州市瓯海区风景旅游管理区开始摸索发展泽雅旅游和传统造纸作坊及造纸工艺传承相结合的道路。

在唐宅村传统造纸体验区，不仅可以看到腌塘及水碓作坊仍被用作腌刷、捣刷、烹槽、捞纸等步骤的真实场景，同时也可以在利用旧房改造的传统造纸专题展示馆内了解泽雅屏纸造纸技艺。

ZJ-51　传统造纸体验区（唐宅造纸作坊群）

今日纸农仍利用水碓作坊进行屏纸生产，“活态传承”和展示泽雅屏纸造纸技艺。

“山水泽雅，千年纸山”。2010年，温州市瓯海区“泽雅造纸”被列入国家重点项目“指南针计划”专项——中国传统造纸技术传承与展示示范基地。依托国家“指南针计划”项目，对泽雅纸山文化进行了资源整合，利用唐宅村文化礼堂作为泽雅传统造纸生态博物馆，并把传统造纸作坊建设成为造纸体验区，呈现造纸原工艺原流程。同时利用当地资源与环境，创造独特的“溪—水碓—纸槽—民居—山”山地村落空间，形成和谐的村落文化景观。

前来参观的游客可以在此地充分了解传统造纸历史、观看和体验造纸过程。将非物质文化遗产与文物建筑相结合，拓展了文物建筑的展示途径。

ZJ-52　历史照片反映传统造纸工艺捣刷、踏刷等工序（上图从左至右）
ZJ-53　传统造纸工艺做料、洗刷、捣刷、捞纸、捆纸展示（下图从左至右）

打造“非遗＋研学”新课堂，让青少年深切感受传统文化魅力，体验与传承造纸技艺。

ZJ-54　研学实践体验“捞纸”

为延续生产和传承工艺，目前泽雅村民也开始结合现代需求，沿用造纸作坊制作一些礼品纸、明信片等。

ZJ-55　展示研学“捣刷”（上图）
ZJ-56　屏纸画体验（左下图）
ZJ-57　屏纸展示（右下图）

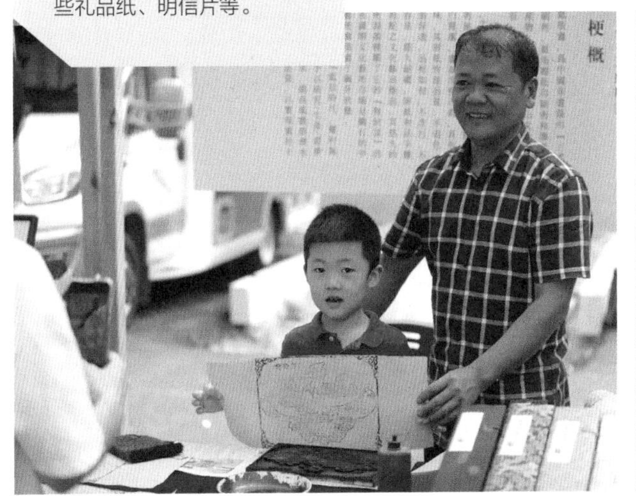

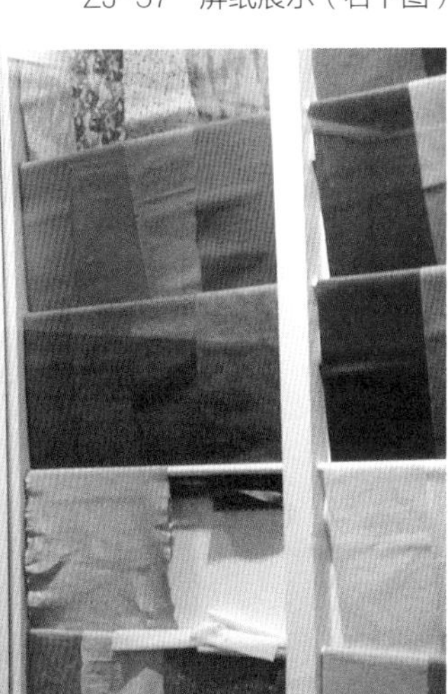

提要

泉州府文庙位于福建省泉州市鲤城区，为全国重点文物保护单位，为“泉州：宋元中国的世界海洋商贸中心”世界文化遗产核心遗产构成要素，为泉州国家历史文化名城的重要构成要素。泉州府文庙保护利用坚持以规划为引领，扎实落实文物保护规划提出的保护修缮、环境整治、展览展示等多项工作，在对周边建筑进行整饬、降层、拆除后，文庙建筑群恢宏气势得以展现。在保护工程中引入了现代科学技术，通过高光谱成像技术、端元分解法摸清大成殿的彩画年代变化，采用可逆性与和谐性兼容的方法实施了彩绘保护。文庙管理部门不忘责任担当，在国学传播、学术研究、阐释宣传、日常维护等诸多方面主动开展工作，延续学习传统文化氛围，充分展现出中国古代文庙在地方城市中的聚气作用。

FJ-01　泉州府文庙鸟瞰

泉州府文庙

文物保护单位基本信息

地　　址：福建省泉州市鲤城区中山中路

年　　代：宋—清

初建功能：文庙

使用功能：展示馆

保护级别：全国重点文物保护单位

历史变迁

唐开元末年（739—741 年），泉州府文庙始建，址在州衙城右（今泉州市中山公园一带）；

北宋太平兴国初年（976 年），郡守乔维岳始迁庙于崇阳门外的三教铺（即今文庙址）；

南宋绍兴七年（1137 年），泉州府文庙重建，左学右庙，规制完整；

清乾隆二十六年（1761 年），泉州府文庙进行了全面修葺，现存格局即为此次全面修缮而保留下来的完整形制；

1961 年，泉州府文庙被列为泉州市第一批文物保护单位；

1985 年，泉州府文庙被列为福建省第二批文物保护单位，大成殿修缮后作为历史博物馆；

2001 年，泉州府文庙被公布为全国重点文物保护单位；

2002 年，正式成立泉州府文庙文物保护管理处；

2004 年，历史博物馆迁往新馆，文物管理处正式接管泉州府文庙；

2014—2015 年，实施大成殿维修工程与东西两庑及东厢房维修工程；

2017—2019 年，大成殿和东西庑重新布展。

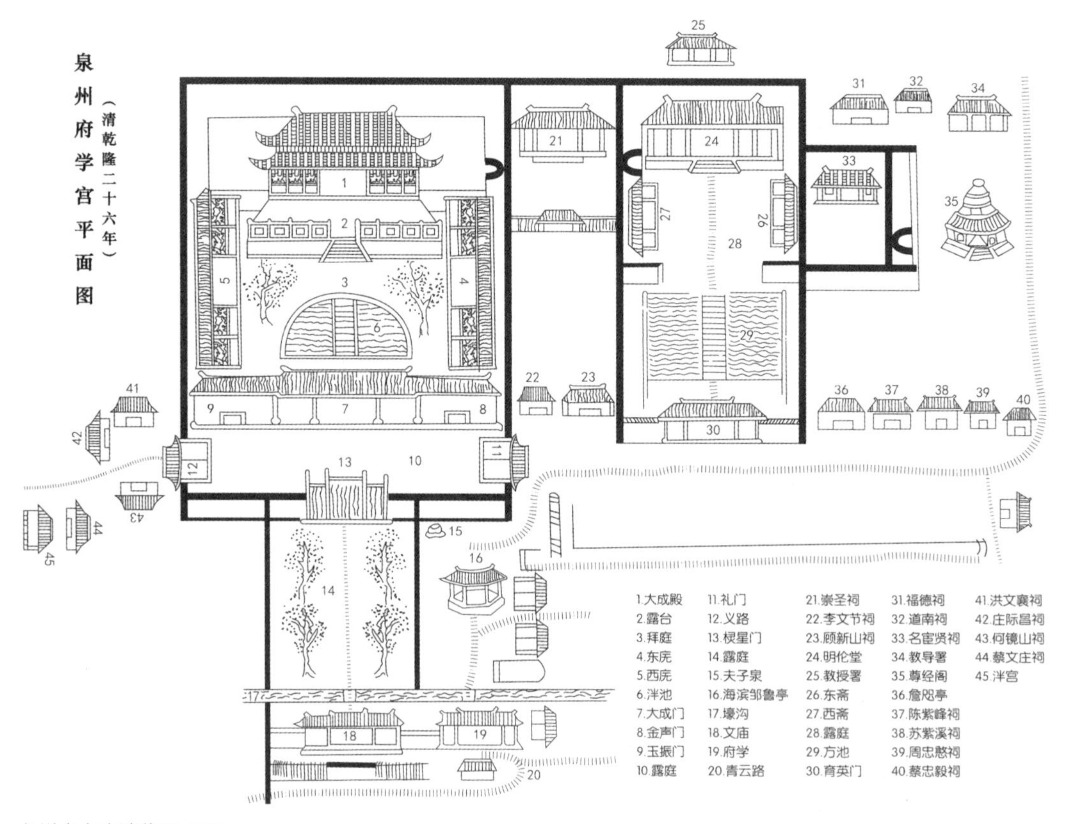

FJ-02　泉州府文庙清代平面图

泉州府文庙严格按照中国特有的"庙学合一"制度进行建设，基本形制为"左学右庙"的院落空间格局。庙址坐北朝南，现占地面积40余亩，建筑面积5000多平方米，总体布局由两条轴线组成。现存主轴线上主要建筑由南而北依次布置有：文庙牌坊、棂星门遗址、大成门、泮池、大成殿。次轴线上主要建筑由南而北依次为：育英门、方池、明伦堂。各组群建筑数量众多、体制宏伟、主从有序，共同组成中轴对称、以大成殿为核心的庙和学两组建筑群，见证了泉州千百年来文人学子尊崇儒学、人才辈出之事实，成为"海滨邹鲁"泉州的象征。

以史料为依据，保护规划为先，环境整治和文物建筑修缮为抓手，各方共同努力，泉州府文庙的整体形制格局和传统文化氛围不断恢复提升。

FJ-03　泉州府文庙全景鸟瞰图①

① 图中标注的编号是按照保护规划认定的保护对象进行标注。

FJ-04　大成殿正立面

文物概况

泉州府文庙位于泉州市鲤城区海滨街道办事处涂门社区，中山中路泮宫内兰桥巷7号。它是我国东南现存规模最大的包含宋、元、明、清四代建筑形式的孔庙建筑群，目前较好地保存了宋代的建筑风格，具有重要的文物和社会文化价值。

文庙建筑由孔庙、府学、祠堂三部分组成，现存古建筑18座，分别是：泮宫门（圣贤门）、大成门、金声门、玉振门、泮池、东庑、西庑、大成殿、洙泗桥、育英门、学池、东书斋、西书斋、明伦堂、蔡清祠、庄际昌祠、李文节祠、崇圣祠；遗址2处，分别是：棂星门（先师门）、夫子泉。

推介点

01 规划引领　全面统筹各项工程 和谐互动　融入城市公共空间

规划统筹引领保护和利用全面推进

文物环境整治与城市风貌提升并举

文物建筑展览展陈融入城市文脉

在保护规划的保障力和申遗的助推力下，文物本体和环境都得到了提升，并更深度地融入了城市公共文化空间，彰显城市文脉的作用。

规划统筹引领保护和利用全面推进

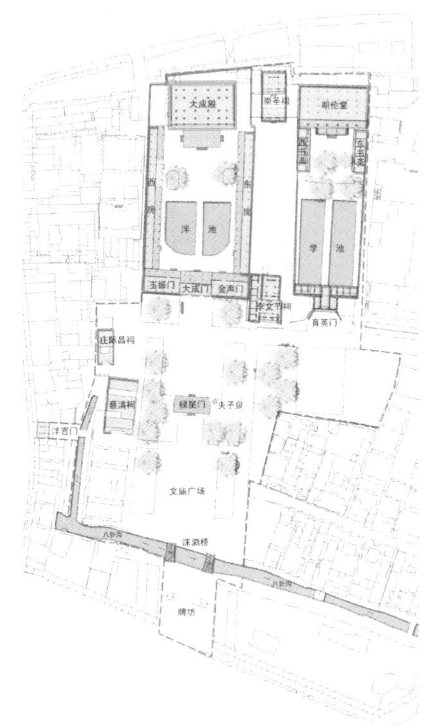

2002年泉州府文庙文物保护管理处成立，作为泉州府文庙的保护管理机构。2005年启动《全国重点文物保护单位——泉州府文庙保护规划》（以下简称“保护规划”）编制，历经8年，持续协调文物保护与城市发展的关系，“保护规划”数易其稿终定稿获批，于2013年正式颁布实施。“保护规划”为泉州府文庙的有效保护管理与合理有序利用提供了科学依据与法律保障。

依据“保护规划”，泉州府文庙文物保护管理处全面开展了保护修缮、环境整治、展览展示等多项设计。近10年来开展的5次文物建筑保护修缮工程，含盖大成殿、东西两庑、东厢房、大成门、大成门、金声门、玉振门、明伦堂露庭、东书斋、泮宫等文物建筑。2017年国家文物局初步确定古泉州（刺桐）史迹为中国正式申报世界文化遗产项目。同年，完成了综合性环境整治工程，提升了泉州府文庙的环境品质；近年来还在文庙完成了斯文圣境历史文化展、泉州教育史话展、刺桐风物泉州市情展等展陈工程，延续了泉州府文庙作为泉州历史文化名城及城市文化复兴的重要地标作用。

FJ-05　泉州府文庙文物分布图（上图）
FJ-06　泉州府文庙中轴线西侧面（下图）

FJ-07　百姓书房正房阅览区（庄际昌祠）1（左上图）
FJ-08　百姓书房庭院阅览区（庄际昌祠）2（右上图）
FJ-09　百姓书房正立面（庄际昌祠）（下图）

"庙学祠"三合一格局中，庄际昌状元祠和蔡清祠两座祠堂现用于百姓书房和展览场所等城市公共空间，文庙仍然发挥着文化传播和育人功能。

FJ-10　室内展览区（正音书院）（上图）
FJ-11　纪念建党百年展览（正音书院）（下图）

泉州府文庙还有四座专祠，现在也全部修缮后对外开放展示。其中蔡清祠开辟为《泉州文库》整理编纂出版委员会办公室，利用其收藏、出版的古籍文献常年举办儒家典籍展。庄际昌祠结合泉州市“百姓书房—15 分钟阅读圈”公共文化服务项目设立“百姓书房”，提供的传统文化阅读氛围在上百家百姓书房中十分耀眼。在庭院空间加装钢构玻璃采光屋顶，利用四根独立支柱支撑，庭院变身“阳光房”，增加了室内阅读空间。崇圣祠适时举办小型临时展览。李文节祠为“泉州府文庙南音乐府”,坚持举办非遗活态展示。四座专祠的展示利用，与泉州府文庙整体建筑的规制与功能互相呼应，充分发挥府文庙作为儒学遗产的社会服务和公众教育功能，展示泉州地方文化。

文物环境整治与城市风貌提升并举

西庑房后的一排多层住宅全部拆除后保持绿地，尽可能恢复历史格局和景观视廊。但东侧华侨大厦因承载公众记忆，计划待建筑寿命到期后整治。

依据“保护规划”和环境整治工程设计方案，将泉州府文庙周边风貌不协调建筑列入整治名单。结合泉州申遗工作和城市风貌提升行动，拆除了文庙西侧四栋建筑，用地不再建设并进行覆绿；文庙北侧沿打锡街的三栋商住楼屋顶临时搭盖也被拆除，部分建筑还进行了降层处理。原来居民设置的凸窗统一改造成平窗台。百源路、府学路沿街也进行了立面整治。文庙周边城市环境整治提升文物景观视廊通畅。穿过大成门，站在泮桥上，大成殿及东西庑房前后恢复了古树蓝天的景观图景，大成殿的恢宏气势得以延续，文庙幽静古朴的历史氛围依然犹存。

华侨大厦是本次环境整治工程中唯一未被拆除的风貌不协调建筑。由于其承载了侨民们和泉州市民们的城市公众记忆，几经论证研讨和征求意见，确定近期保留该栋建筑，待建筑寿命到期后进行整治，尽可能恢复泉州府文庙的整体历史格局。

泉州府文庙“庙学祠”三合一格局中，大成门以南区域作为文庙广场完全向城市开放，泮宫门楼屋顶和棂星门遗址也都在此区域进行了原物的保护展示。其中，泮宫门楼屋顶采取了整体迁移保护和异位展示，并略加修整，保留并展示其钢筋混凝土仿木结构的做法，以供参观和研究；棂星门基址采取了原址保护和展示方式，配合说明标识提示公众文庙中轴线的序列格局。泉州府文庙的整体历史格局以多元的方式留存和展示，成为城市公共文化活动空间的组成部分。

泉州府文庙的保护坚持以史料为依据，保护规划为先，环境整治和文物建筑修缮为抓手，经各方共同努力，泉州府文庙的整体形制格局和传统文化氛围不断恢复提升，延续了泉州府文庙作为泉州历史文化名城及城市文化复兴的重要地标作用。

FJ-12　原泮宫门楼屋顶保护展示（左上图）
FJ-13　棂星门遗址保护展示（右上图）
FJ-14　中路环境整治前视廊景观（左中图）
FJ-15　中路环境整治后视廊景观（下图）

文物建筑展览展陈融入城市文脉

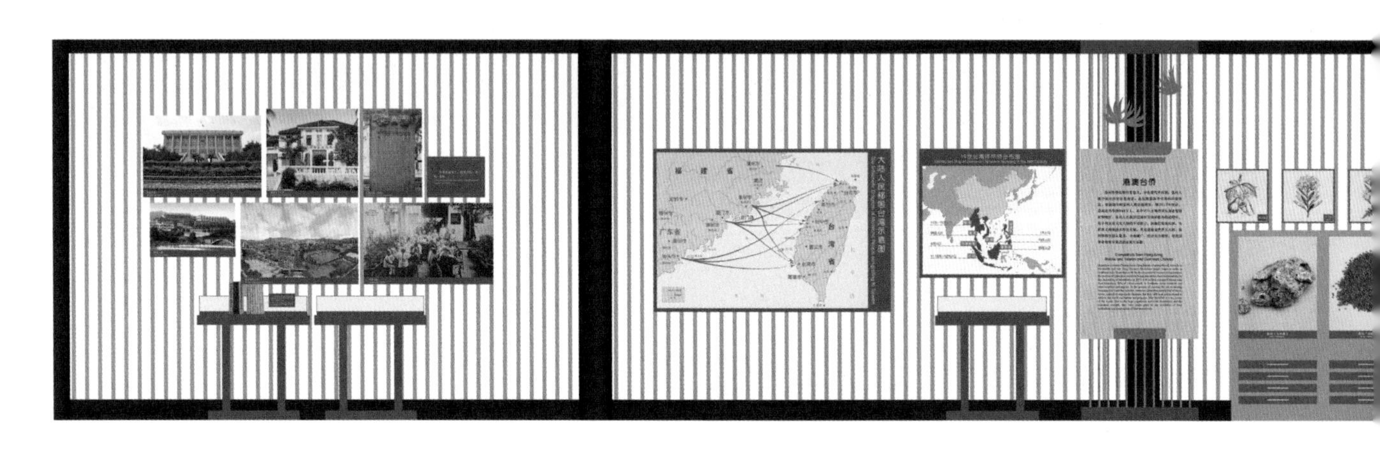

东庑房的“刺桐风物泉州市情展”展示了泉州历史地理特征、海丝“刺桐港”、中国首批历史文化名城、泉州模式改革开放历史等城市文脉。

FJ-16 “刺桐风物泉州市情展”设计图 1（上图）
FJ-17 “刺桐风物泉州市情展”设计图 2（下图）

推介点

02

深度研究　呈现文物保护历程
广泛交流　传播儒学文化精神

深挖文庙价值内涵，展示融入建构技艺

注重对外文化交流，展示研究同步推进

传承特色传统文化，延续拓展教育功能

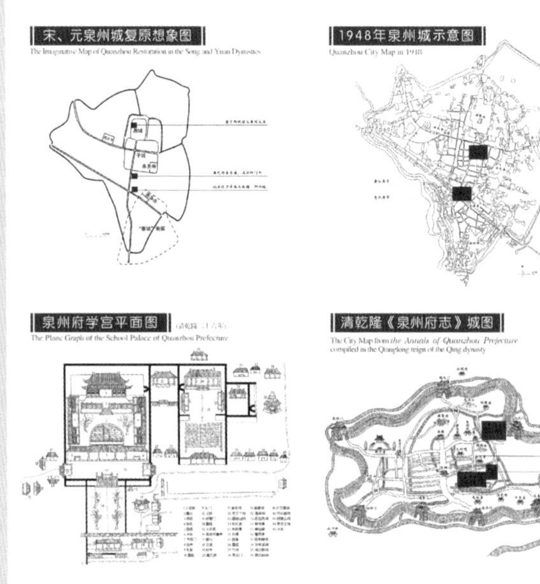

深挖文庙价值内涵，展示融入建构技艺

泉州府文庙大成殿西庑房内的“斯文圣境”展览和明伦堂内的“泉州教育史话”展览展出泉州历史上承载儒家思想和相关历史文化的信息，具有教育崇礼、学术研究、文化传承等功能。

展览内容充分解读了文庙建筑的建制规律和泉州府文庙建构特征等研究成果，通过图示解读、建筑群模型、建筑构件等多元展示方式，深入阐释泉州府文庙文物建筑本身的价值特征。展览内容还包括泉州府文庙保护历程、文物保护规划、环境整治方案、文物保护理念和措施阐述等内容，对文物保护利用理念和策略进行了深入解读和宣传教育。

大成殿两旁的东西庑本为祭祀历代先贤先儒之所，经过保护修缮工程和展示展览工程，如今两座庑房分别办有专题文化展览。

FJ-18 “斯文圣境展”设计图

大成殿抬梁式木构造、斗、栱
Post and Lintel Wooden Construction of Dacheng Hall, Dou (bucket) and Gong (Arch)

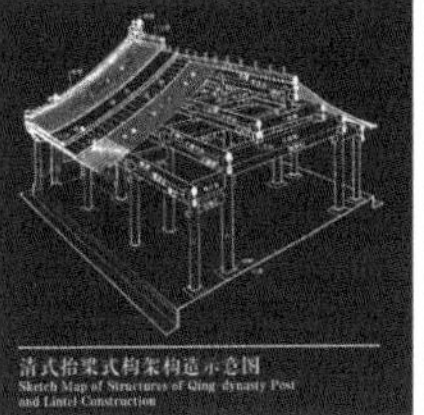

抬梁式木构架，是中国古代建筑木构架的主要形式，其基本构造方式，是用立柱和横梁组成构架，以数层重叠的梁架，逐层缩小，逐层加高，直至最上一层梁上立脊瓜柱，各层梁头上和脊瓜柱上承托檩木，又在檩木间安排椽子，构成屋架。大成殿采用抬梁式木构架，为宋元时期传统规制。

FJ-19　泉州教育史话展（明伦堂）（上图）
FJ-20　泉州教育史话展——文庙格局模型（下图）

注重对外文化交流，展示研究同步推进

城市文化和文物建筑等主题展览、文物历史与保护的研究、文化交流与学术研讨、研究成果出版等均同步推进，形成合力，共生共长。

泉州府文庙文物保护管理处切实加强学术研究，注重提升自身文化内涵，积极开展相关主题学术研讨会，出版相关研究成果；同时，坚持展览展陈与学术研究同步开展，为文物价值阐述与展示提供坚实基础的同时，也加强了泉州府文庙的宣传力度和广度。泉州府文庙的展览展示内容均围绕泉州府文庙文物建筑、文物保护历程等相关研究成果，展览展陈持续推陈出新，形成了价值研究、阐释、宣传相互映衬的良好态势。

管理处举办了首届闽台孔庙保护学术研讨会，是海峡两岸首次携手召开保护孔庙专题学术研讨会；会上与台湾台南孔庙共同签订了《海峡两岸孔庙文化交流合作协议书》；会后编辑出版了《儒风同仰——首届闽台孔庙保护学术研讨会论文集》，共建两岸孔庙交流联谊机制。管理处积极联合国内外高校、科研机构在泉州定期或不定期举办各类专题学术研讨会等活动，共建海内外交流联谊机制，将其打造为海内外重要的儒学文化宣传交流基地。

FJ-21　相关科研成果出版图书（左图）
FJ-22　首届闽台孔庙保护学术研讨会（右图）

传承特色传统文化，延续拓展教育功能

泉州府文庙文物保护管理处还积极与本地大、中、小学校联系，充分利用各种节假日在文庙开展经典诵读、礼仪培训、文物讲解、志愿服务等社会教育活动，共建校外教学实习基地。玉振门内周末举办青少年经典诵读课堂，因此仍能听到少年琅琅读书声；蔡清祠旁的正音书院周末举办“百人传习计划”，还能听到优美的古琴之音；明伦堂内的国学讲堂讲述着经典国学知识。泉州府文庙仍然发挥着文化传播和育人功能，以创意活动活化传统人文空间，讲好儒家优秀传统的时代故事，让文物活起来，扩大文庙的影响力和知名度，将其打造成为泉州文化生活名片。

周末走过大成门，西侧玉振门内仍能听到少年琅琅读书声；明伦堂内国学讲堂仍在讲述着经典国学知识。文庙仍延续着学习传统文化的氛围。

FJ-23　明伦堂国学讲堂

FJ-24 “刺桐风物泉州市情展”实景（左上图）
FJ-25 “润物无声·古城琴韵”古琴雅集活动现场（左下图）
FJ-26 玉振门经典诵读课堂（右图）

推介点

03 科技助力 现代技术支撑修缮

现代技术助力传统修缮和彩绘原真保护

现代技术助力传统修缮和彩绘原真保护

近10年来泉州府文庙开展了5次文物建筑保护修缮工程，保证了文庙整体的文物安全。大成殿修缮项目还入选了2020年度全国优秀古迹遗址保护项目名单。目前，管理处正在编纂《泉州府文庙修缮工程报告》，以全面反映近年来泉州府文庙的文物保护修缮情况。

文物建筑保护修缮工程以文物建筑本体现有传统做法为主要修复手法，尽可能多地保留和利用原构件，排除文物本体的各种病害和安全隐患，有效地保护了文物建筑的本体真实信息和完整格局。

延续传统建造和修缮技艺的同时，探索利用现代技术助力传统修缮。在大成殿彩绘保护中，研究尝试利用高光谱成像技术提取彩绘的相关信息，并采用端元分解的方法进行分析研究和多次试验，厘清了大成殿彩绘经过多次修复，以及年代的变化。看似同一颜色或同一图案的彩绘颜料其实并不单一，而是由多种颜料复合而成的。在科学数据的支撑下，保护工程遵循消除病因为主和最小介入原则、可逆性和可再处理性原则、和谐性和兼容性原则，实施了彩绘保护。

FJ-27　高光谱成像技术试验分析（左图）
FJ-28　高光谱成像技术现场勘察（右图）

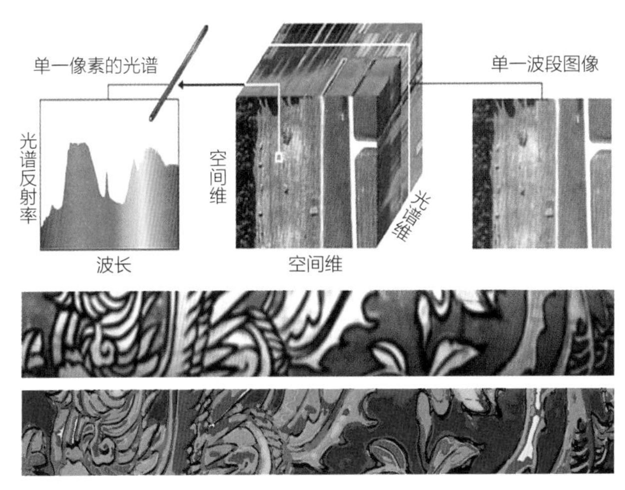

利用现代技术手段助力传统修缮的方法值得称赞。高光谱成像技术为彩绘的前期勘察和后期的保护都提供了科学数据的支撑。

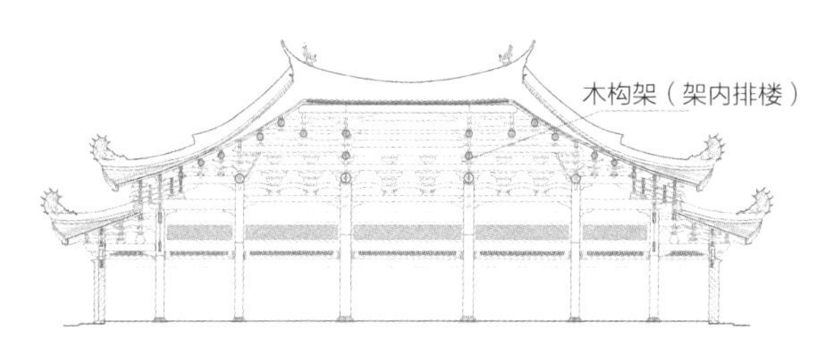

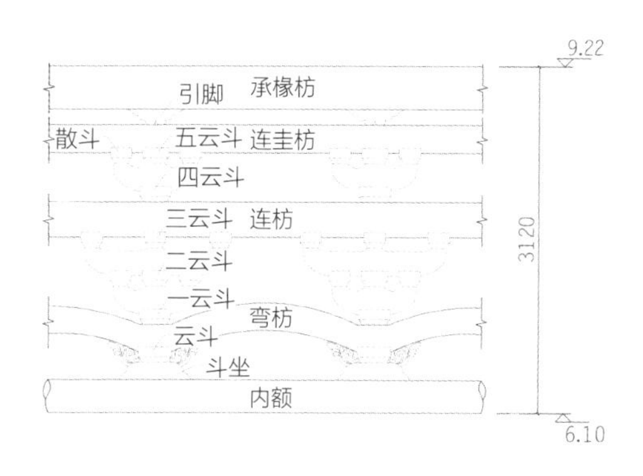

FJ-29　大成殿木构架彩画（左图）
FJ-30　大成殿木构架修缮工程图（右图）

推介点

04 强化责任　提升专业队伍能力

专职机构持续提升专业水平和管理能力

专职机构持续提升专业水平和管理能力

在对泉州府文庙的历次修缮过程中，泉州府文庙文物保护管理处、设计单位、监理单位对工程实施全过程进行监督管理，对工程施工中的安全、质量、保护细节进行把控。

同时，管理处常态性实施泉州府文庙古建筑群日常保养维护工程，确保文物真实性和完整性；组织实施了泉州府文庙消防系统工程，切实推动泉州府文庙一级风险达标建设工作。贯彻落实文物安全责任制，进一步强化泉州府文庙整体建筑群的安全管理，层层签订安全责任书，分清职责、落实责任制，强化安全保障措施，确保无安全事故发生。

泉州府文庙的特色标识系统串联标识文物建构筑物。标识色彩设计吸取了大成殿的主体色调，镂空的 logo 形象设计汲取了“海丝远帆”的意向。

FJ-31　世界遗产标识说明牌 1（左图）
FJ-32　世界遗产标识说明牌 2（右图）

提要

北山寨位于福建省福州市永泰县白云乡北山村，为永泰县文物保护单位，现作为乡村遗产酒店使用。北山寨是永泰县推动的首个庄寨保护利用试点，在县政府主导和推动下，通过建立理事会制度，引导村民共同参与，并选择企业共同投入庄寨保护修复和酒店运营，使闲置多年且亟待维修的庄寨建筑得到有效保护和使用。“永泰庄寨保护模式”提出了“四道门槛”“五个坚持”等原则和工作流程，明确了文物保护与房屋产权人、使用人关系，保护与运营费用分配关系，使村民受益，增强了地方群众获得感，探索了一条文化遗产保护与乡村振兴双赢的新途径。

FJ-33　北山寨总体鸟瞰

北山寨

文物保护单位基本信息

地　　址： 福建省福州市永泰县白云乡北山村
年　　代： 清
初建功能： 民居
使用功能： 乡村民宿
保护级别： 市、县（区）级文物保护单位

FJ-34　北山寨航拍

1828 年，北山寨始建，由何大瑞组织修建，历经何氏几代人修建而成，是何姓家族聚居地；
20 世纪 80 年代，北山寨原住居民陆续迁出后一直处于闲置状态；
2016 年，北山寨被列为永泰县第九批文物保护单位；
2018 年，启动保护修缮工程，次年作为乡村遗产酒店投入使用。

北山寨为福建永泰庄寨典型代表之一，庄寨是闽中地区集居住与防御功能并重的大型民居宅院，其兴起伴随着战乱、匪患、抗争，逐渐形成集防御、居住、美学等多种功能元素为一体的宅院。庄寨是整个家族、宗族凝心聚力的成果，这种家文化也融于每座庄寨。“家文化”在庄寨的设计布局中体现得淋漓尽致，成为中国家文化的珍存范本。

北山寨不仅在建筑设计方面具有独特的诗意和美学，也是农耕社会家族聚落生存的记忆，更是传统乡绅文化的载体。作为家族的聚集地，北山寨也发挥着情感纽带与精神凝聚的作用，反映了永泰地区的人文精神追求和建筑艺术审美，具有丰富多元的价值内涵。

FJ-35　中路第一进中座和天井（左图）
FJ-36　中路第一进尾座和天井（右图）

文物概况

北山寨又称“修竹寨”，因藏在一片爱心形的竹林当中，所以又名“爱心寨”。北山寨选址于山岗上修建，庄寨坐北朝南，平面呈“日”字形中轴对称布局，面阔 53 米，进深 75 米，建筑面积约 3098 平方米。庄寨内正座为双层六扇土木结构，包含有门楼厅、正厅堂、后楼厅，以及“跑马廊”等，几乎每个房间都与内廊相连，楼廊贯通相连。庄寨对角处修筑两座七八米高的碉楼岗哨，为山岗型双碉楼式庄寨建筑。

FJ-37　北山寨入口鸟瞰

北山寨

推介点

01 探索永泰管理模式 创新多元参与机制

政府主导高位统筹协调，创新建立“理事会”制度

▓ 政府主导高位统筹协调，创新建立“理事会”制度

北山寨自20世纪80年代开始，居民陆续迁走后一直荒置，保存状态更是不容乐观。永泰县内处于闲置状态的庄寨更不在少数，因长期闲置引发了漏雨等各类残损问题，甚至有的庄寨已出现了坍塌危险。2015年，永泰县政府在不断总结和调研古村落和古建筑保护模式基础上，正式挂牌成立了“永泰县古村落古庄寨保护与开发领导小组办公室”，统筹协调管理庄寨、保护管理和提供资金支持。永泰县政府每年拨款上千万元用于庄寨保护，并把庄寨保护工作列为县人民政府重大办公事项。但面临数量众多、体量巨大、结构复杂的庄寨聚落，仅靠县级政府支持也只能做到“保命式”的保护修复。北山寨作为庄寨保护利用的首例试点，实施过程中破解了诸多难题，不断探索实施路径。

北山寨启动修缮之初就面临着纷繁复杂的产权难题，同一宗族的后代经过百年繁衍生息更是遍布全国各地，产权人少则数百，多则上千，因为难以做到每位产权人同意确认，保护工程延迟难以启动。面对进退两难的保护利用工作，2017年，永泰县委、县政府首创庄寨保护与发展理事会制度。理事会通过团结族亲凝聚共识、解读文物保护利用意义、募集族亲资金修缮，发挥着族亲与政府部门及入驻企业有效沟通的纽带作用，让利益相关的群众都切实参与到庄寨保护工作中，聚集民智，发挥民力、民资，并使之逐渐成为推动庄寨保护与发展的中坚力量。得益于理事会制度，北山寨不仅让破败闲置的庄寨成为小有名气的乡村遗产酒店，同时家族的历史文化也得以延续，族亲们也因此更加团结。截至目前，永泰县近50座庄寨注册成立了保护与发展理事会。

永泰县将近年来庄寨保护的经验提炼为“四道门槛”“五个坚持”。具体为在庄寨保护过程中，要求申请庄寨抢修资金的奖补对象必须是庄寨或文物建筑，奖补对象必须成立由民政局注册的理事会，必须先修缮后补贴，且政府奖补贴资不超过保护工程总投入的50%。在庄寨保护过程中，注重传承传统建筑的文化内涵，坚持运用传统建筑精华，坚持传承传统建筑工艺，坚持重塑乡村民俗文化，坚持使用权合法流转，坚持保护与庄寨及其周边息息相关的生产生活环境，凸显永泰建筑乡村聚落特色，重塑在外乡亲尤其是年轻人对家乡的认同感和归属感。

FJ-38　北山寨入口

推介点

02 审慎置换文旅功能 赋能乡村振兴发展

传统居住置换遗产酒店，赋能融合农文旅教发展

传统居住置换遗产酒店，赋能融合农文旅教发展

北山寨长期闲置的原因之一是庄寨内几乎所有房间都与内廊相连的建筑特点，造成单面采光且通风效果并不理想，居住品质已无法满足现代生活需求。庄寨面临如何再利用和置换新功能的问题，经过乡镇政府、族亲、文物主管部门等多方研讨，也经历了联合入驻企业多方商讨，最终确定将北山寨作为永泰县的第一家乡村遗产酒店试点进行保护利用。北山寨再利用功能方案主要考虑居住的原始功能，以及文物保护各项标准要求的制约性，由长期居住置换为短期体验式居住的乡村遗产酒店功能，虽然使用对象和室内装修等产生变化，但功能方面在一定程度上也有所延续。

北山寨乡村遗产酒店的目标定位强调文化体验，阐释庄寨文化、宗族文化、耕读文化等多元文化的交融，打造集住宿、研学、文创、农文旅休闲等于一体的综合体。还特别引入“共享厨房”模式，培养庄寨村民为特色厨师，在“地方厨师”指导下，游客亲手烧制本地食材，既能保证食材口感，又能体验乡村美食制作。

北山寨保护利用的同时，也进行了乡村农产品的包装升级、乡村产业的文旅扶持，借助北山寨的文化影响力带动村民发展，让乡村振兴战略落地开花。酒店还依托农副产品研发文创，屋内的展示柜上摆满了具有永泰特色的蜜饯、藤编、玩偶等文创产品，年轻创客们围坐在庄寨中畅聊。每逢节日，还会举行茶话会、分享会等地方特色活动。

FJ-39　中路中座空间置换为会议室（左图）
FJ-40　书院空间置换为扎染培训教室（右图）

推介点

03 尊重地域文化特点 坚持庄寨施工工艺

尊重地域特色文化表达，坚持传统营造工艺传承

尊重地域特色文化表达，坚持传统营造工艺传承

北山寨在充分尊重庄寨原始功能布局基础上，尽可能与原始的功能空间单元相对应。庄寨中路的厅堂系统原是家族重大事件和重要仪式举行的场所，现作为酒店的公共活动空间，旨在将建筑选材和工艺最为精湛的空间向公众展示，同时配置前台、会议室、茶室、展厅、露天影院等新功能；书斋学堂则作为研学培训教室使用；厨房也遵循沿封火墙一侧布置原则，大通沟上的过水厅仍延续餐厅功能；卧房则按现代酒店标准置换为客房，配置卫生间和家具家电等。酒店运营方还收集了农具和家具等旧物在跑马廊中展示，营造庄寨历史文化氛围。

北山寨保护利用工程采取保护修缮、室内装修、院落景观一体化设计和实施，通过精细化和科学化的技术措施以满足文物保护要求与现代酒店标准要求。采取严格的雨污分流制度，避免生活污水污染文物本体及环境，客房卫生间的给水排水设施结合院落天井地下排水整治工程进行铺设。庄寨内每一间客房均独立设置电箱，并加强全时段巡查管理，杜绝用电隐患，避免火灾发生。

保护修缮施工中，采用传统工匠陪伴式修缮，老师傅们都十分熟悉庄寨建造的传统工艺，为庄寨的技术研究与修缮实践提供了宝贵的素材。施工过程中还聘请了很多老工匠、老艺人和古建修缮专家为庄寨修缮出谋划策。修缮措施坚持沿用永泰地方传统特色工艺，如三合土地面、竹筋土墙、草浆抹底等，以及通过传统雕刻工艺等修复缺失门窗构件，屋面瓦也全部采用几十年的旧瓦。“我们每一代、每一辈人都会对庄寨修修补补”永泰县的一位老先生说。从北山寨大门门扇上所贴门神和正座立柱上所书楹联祖训中仍能看到永泰庄寨家文化的记忆承载。

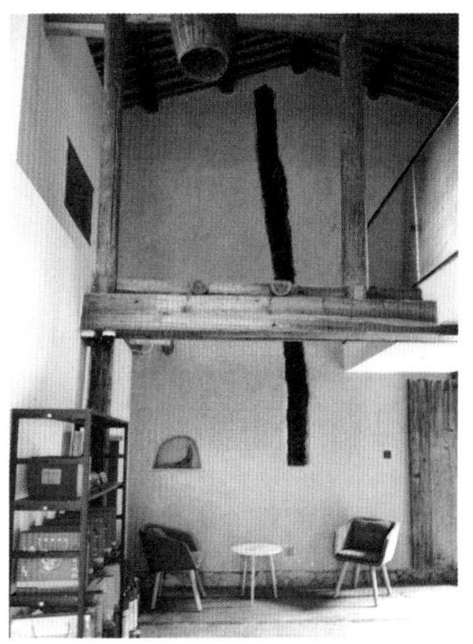

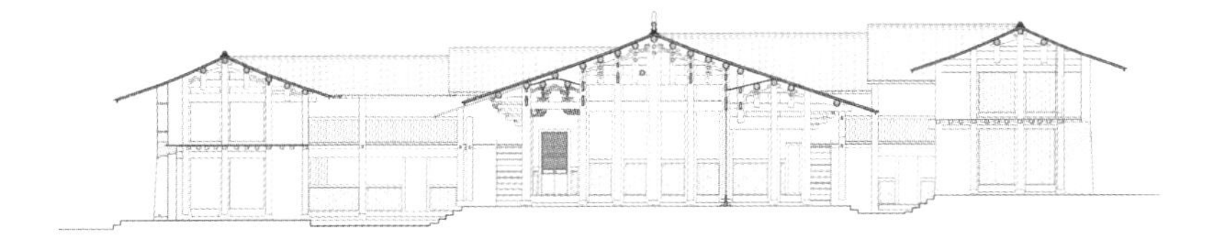

FJ-41　庄寨酒店客房入口（上图）
FJ-42　庄寨酒店大堂（中图）
FJ-43　庄寨剖面图（下图）

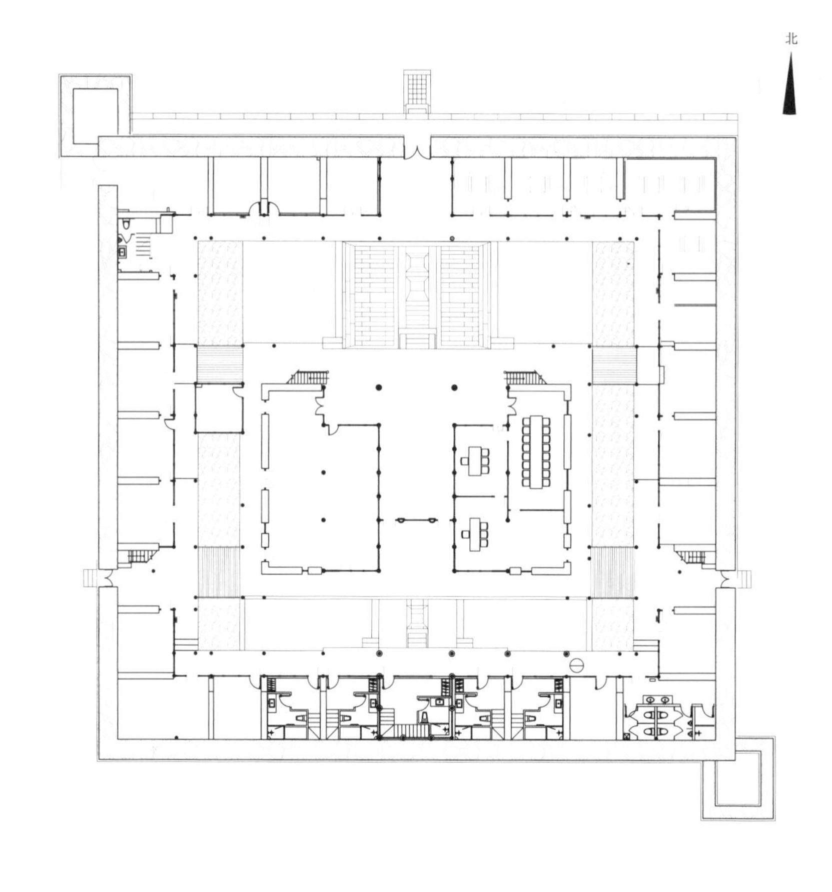

FJ-44　北山寨一层平面设计图（右图）
FJ-45　修缮中跑马廊（左上图）
FJ-46　修缮中中路第一进中座（左中图）
FJ-47　修缮中第三进天井（左下图）

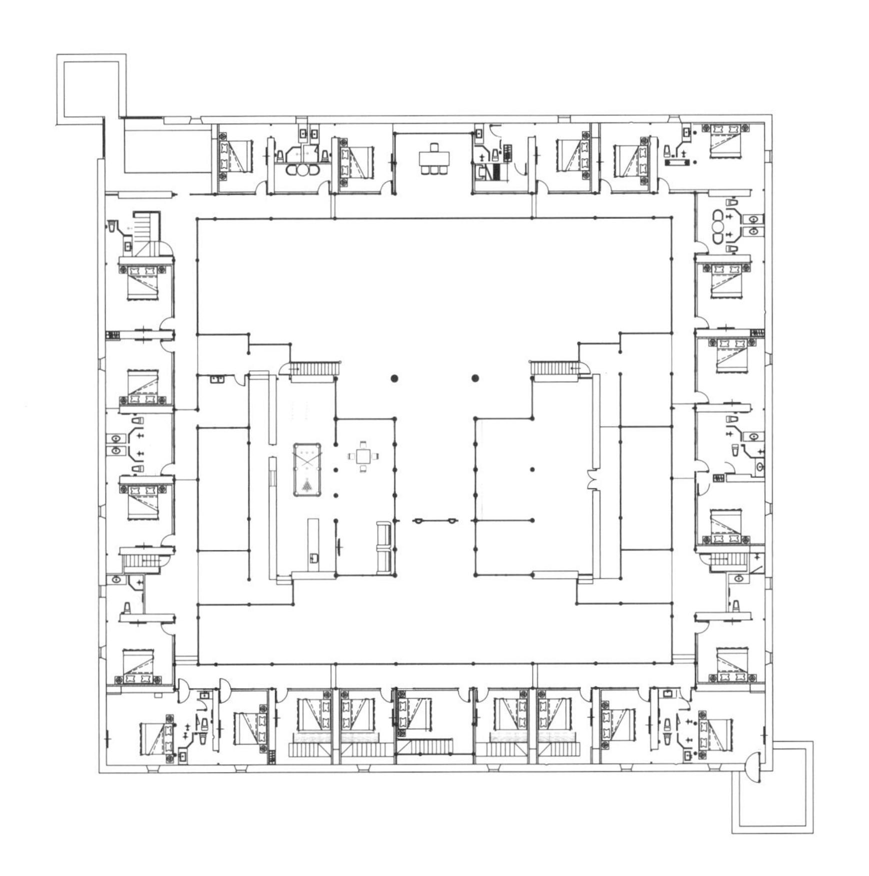

北山寨现已不再作为家族后人的日常居所，但族人们仍在政府主导和理事会统筹下齐心协力地推动庄寨保护和利用，这绝不仅是因为族人们仍是庄寨的产权人，更重要的是庄寨是族人维系家族情感，建立文化认同的重要精神象征，寄托着族人的文化溯源与身份认同。

北山寨乡村遗产酒店的运营方也充分尊重和理解北山寨族人们的"家族宗亲文化"，如遇家族议事、婚嫁丧葬、祭祀祖先等重大活动或仪式举行，庄寨中路公共空间仍为族人们提供活动场所。族人们也体谅和理解酒店的商业运营诉求和游客心理需求，提前与酒店运营方沟通协调时间和活动内容。使用运营方和建筑产权方之间的良好沟通互动是文物建筑保护利用可持续的全力保障。

FJ-48　北山寨二层平面设计图（左图）
FJ-49　修缮后跑马廊（右上图）
FJ-50　修缮后过水厅（右下图）

提要

龙溪祝氏宗祠位于江西省上饶市广丰县东阳乡龙溪村，为全国重点文物保护单位，现作为家族宗祠及社区公共文化场所使用。地方民众在龙溪祝氏宗祠利用中尽力收集整理了相关历史图文、实物，在展示家族繁衍历史之外，对风土人情、行为规范、价值观念进行展示，助力社会主义文明建设。修缮后的龙溪祝氏宗祠是地方传统祭祀仪式、婚嫁丧葬等乡村活动的公共场所，并通过举办宗亲联谊、大型书画展、暑期研学等活动，增强家乡吸引力，传播家文化，也是公众了解皖、浙、闽、赣风格融汇建筑的最佳场所。同时，龙溪祝氏宗祠还积极与周边企业开展农文旅项目合作，充分体现了文物建筑活化利用对乡村振兴的助力作用。

JX-01　龙溪祝氏宗祠——祠堂鸟瞰

龙溪祝氏宗祠

文物保护单位基本信息

地　　址：江西省上饶市广丰县东阳乡龙溪村
年　　代：明—清
初建功能：宗祠
使用功能：宗祠
保护级别：全国重点文物保护单位

历史变迁

明成化年间（1465—1487 年），始建祝氏宗祠；

明万历年间（1573—1620 年），祝氏宗祠扩建；

清雍正六年（1728 年），对因战乱毁坏的后堂进行修复；

清乾隆年间（1736—1795 年），向南扩建中堂；

中华民国时期（1912—1949 年），设为私立学堂；

1970—1982 年，作为龙溪小学使用，后迁出；

1983 年，祝氏宗祠被公布为县级文物保护单位；

2006 年，祝氏宗祠被公布为省级文物保护单位；

2008 年 5 月，龙溪祝氏宗祠建造技艺被列入江西省第二批非物质文化遗产名录，包括祝氏宗祠、江浙社、文昌阁、观音阁；

2013 年 5 月，龙溪祝氏宗祠被公布为第七批全国重点文物保护单位；

2016 年，完成龙溪祝氏宗祠修缮工程；

2019 年，完成龙溪祝氏宗祠陈列展陈工程，并对外开放。

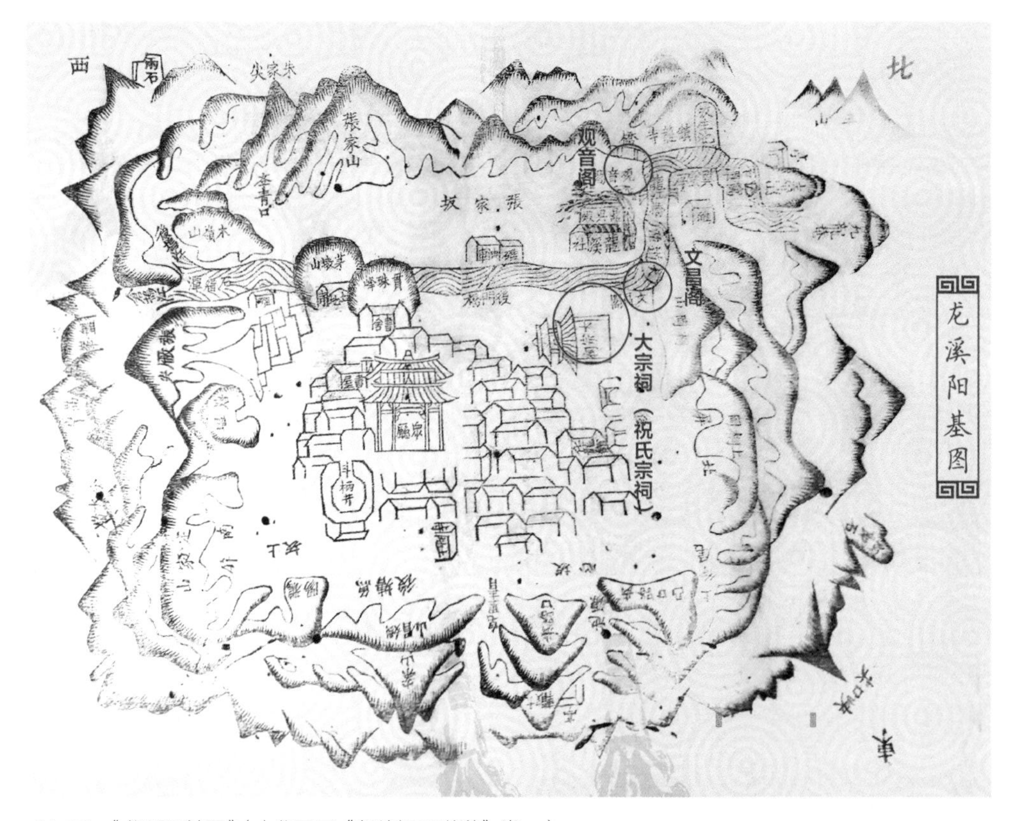

JX-02 《龙溪阳基图》（中华民国《郎峰祝氏世谱》卷一）

龙溪祝氏宗祠一直以来是龙溪祝氏一族用来供奉和祭祀祖先的场所，是家族道德的法庭，也是家族的社交场所，是祝氏一族发展历程的见证和精神支柱。宗祠建筑呈现了明代中期和清代晚期建筑造型特点以及地方构造手法，是江西省现今保存最完整的宗祠建筑之一，是研究明、清时期宗祠建筑，以及研究江西地方传统建筑的重要实物资料。

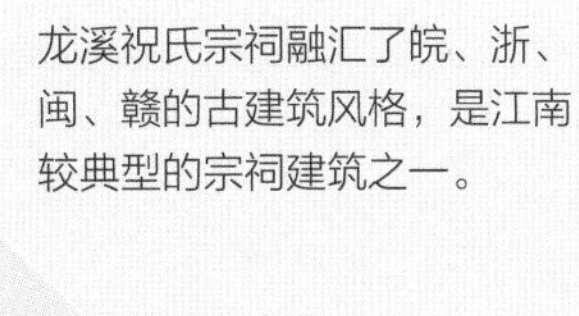
龙溪祝氏宗祠融汇了皖、浙、闽、赣的古建筑风格，是江南较典型的宗祠建筑之一。

JX-03　宗祠庆典活动

JX-04　祝氏宗祠南立面

文物概况

龙溪祝氏宗祠，由祝氏宗祠、江浙社、文昌阁、观音阁组成。祝氏宗祠为三进六天井式院落布局，平面呈长方形，建筑坐北朝南，主要包括前演堂、中堂、后堂三部分，布局严谨、体量宏大、构架精巧。不仅具有明代建筑的大气朴实，也彰显清晚期建筑的轻巧空灵，院落占地面积 2583 平方米，建筑面积 2920 平方米。结构为抬梁穿斗混合式梁架，封火山墙，缸瓦屋面。

推介点

01 深挖宗族历史 系统阐释价值

深度挖掘展示宗族起源与发展
阐释宗祠建筑价值及家族文化

深度挖掘展示宗族起源与发展

龙溪祝氏族人在恢复龙溪祝氏宗祠原貌的基础上，追本溯源，深度挖掘整理与祝氏一族起源相关的图文、实物、影像并整理展出，在总结分析祝氏源流、迁徙分布，各支系源流关系的基础上还探访了解分布在各地的支系现状与发展情况，设“祝氏家族文化展”。龙溪祝氏宗祠在展现龙溪自然山水和人文景观、祝氏家族繁衍历史、当地风土人情、文学艺术、行为规范、价值观念等根植于农村的乡土文化之余，发挥助力社会主义精神文明建设作用，又便于散居在国内外祝氏后裔寻根问祖。

祝氏按分布地域，分江北祝氏和江南祝氏。龙溪祝氏宗祠内的文化展对祝氏这一千多年的繁衍播迁情况进行汇总，展示出已广泛分布于全国各地区的祝氏一脉。

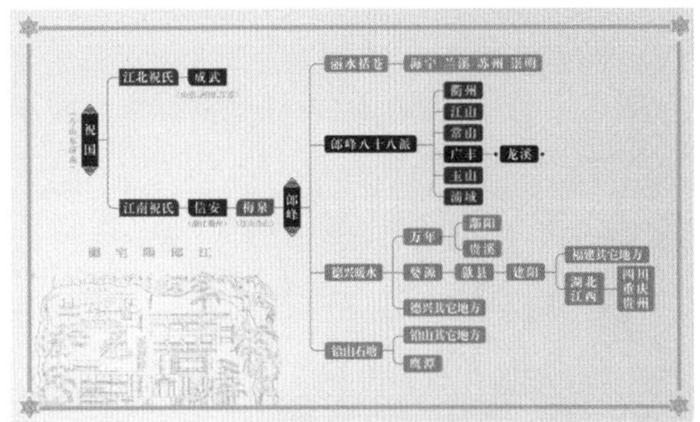

JX-05　搜集的《郎峰祝氏族谱》（左上图）
JX-06　祝氏源流图（右上图）
JX-07　龙溪祝氏源流图（下图）

阐释宗祠建筑价值及家族文化

宗祠，是供奉和祭祀祖先或先贤的场所，是我国儒家传统文化的象征。龙溪祝氏宗祠作为龙溪祝氏一族中最重要的场所，不仅承载着家规家风，是家族文化的代表，也是其规模最宏伟、装饰最华丽的建筑。现今龙溪祝氏宗祠不仅仍在承担着宗族传统祭祀仪式，婚嫁丧葬等重大活动，还通过定期举办宗亲联谊、宗亲寻根等活动，深度阐释了宗祠建筑在维系和连接家族血亲，展现家族文化中所起到的重要作用。

追远报本、祖先崇拜是中华民族最根深蒂固的信仰，祠堂的建造即是祭祀祖先的需要。祝氏祭祀仪式主要分为序立、正衣冠、沐手、祭仪。

JX-08　龙溪祝氏宗祠祭仪

JX-09　首届祝氏宗亲联谊（省亲）大会（左上图）
JX-10　铅山、鹰潭等地祝氏宗亲寻根（左下图）
JX-11　中厅“器国世家”匾额（右上图）
JX-12　宗祠东门“明德”门楣（右下图）

龙溪祝氏宗祠通过完整地向公众展示宗祠建筑的原貌，错落有序的布局，独具一格的设计理念，以及融汇了皖、浙、闽、赣的建筑风格，展现建筑所蕴含的龙溪祝氏人勤劳智慧和艺术创造力。

JX-13　祝氏宗祠戏台

推介点

02 融入社区功能 引入农文产业

文以化人，发挥乡村育人功能

农企合作，推动乡村特色振兴

文以化人，发挥乡村育人功能

龙溪祝氏宗祠作为龙溪祝氏一脉的活动中心，族人在此还积极地组织文化活动，成立郎峰祝氏文化研究会，举办广信墨客大型书画展、“中国散文排行榜”颁奖会暨“中国梦—大美上饶·广丰故事”等，定期在文昌阁组织研学活动，发挥着文化传播与乡村育人，助推乡村文化振兴的作用。

JX-14　暑期实践活动 1（左上图）
JX-15　暑期实践活动 2（左中图）
JX-16　暑期实践活动 3（左下图）
JX-17　文昌阁研学基地（右图）

JX-18　广信墨客 2016 大型书画展（左上图）
JX-19　作家团现场采风（左下图）
JX-20　郎峰祝氏文化研究会揭牌庆典（右图）

农企合作，推动乡村特色振兴

利用龙溪乡村生态环境秀美，地处赣、浙、闽交界地带的优势，祝氏宗祠积极为赣浙边际蓝莓文化交流节等地方大型文旅活动提供场地和优质服务，在古戏台表演婺剧、曲艺、古筝，在宗祠内摆“流水席”接待访客。同时还积极与地方农企联系，推动龙溪村文农旅综合体项目，参与江郎山——龙溪风景线路工作等，通过文农旅产业深度融合，推动乡村振兴和村民致富。

龙溪村农业资源丰富，并以生态农业为主，发展特色种植业。将农业与文化旅游相结合实现跨区域交流，极大推动龙溪村经济发展。

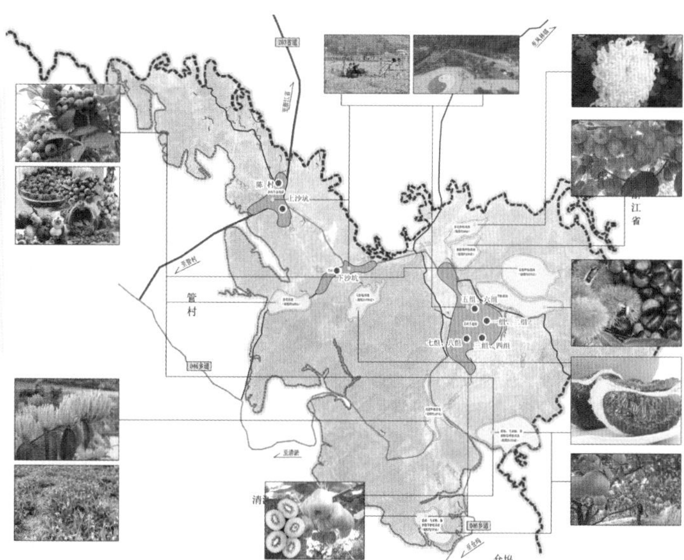

JX-21　龙溪村农业产业现状示意图（上图）
JX-22　“蓝莓文化节”活动现场（下图）

推介点

03 扶持非遗传承 保护建造技艺

持续推广传统建造和修缮技艺

持续推广传统建造和修缮技艺

龙溪祝氏宗祠保存了明代以来的民间木作遗风。文物建筑多为木质结构，堪称古代木作房屋建筑的样板。由于龙溪村山林怀抱，木料容易就地取材，价廉而易搬运，如《郎峰祝氏世谱》记载：“所需材料，众议坟山水口古木不私尽行选伐”；加上龙溪地处深山腹地，工匠工艺世袭相传，因此全村古建筑群皆用古老的传统建筑手法，并一直传承下来。龙溪祝氏宗祠建造技艺于2008年被列入江西省级非物质文化遗产名录，由于建造活动减少，近些年也面临非遗传承难以为继的窘境。

JX-23　祝氏宗祠戏台修缮前

JX-24　祝氏宗祠戏台修缮后

JX-25　祝氏宗祠东侧修缮前

JX-26　祝氏宗祠东侧修缮后

龙溪祝氏宗祠在保护的同时还积极推动地区非物质文化遗产的保护传承，在其修缮时聘请了祝氏宗祠建造技艺传承人开展修缮工作，扶持和培养非遗传承人，并推广到当地其他宗祠的修缮工程中，以此提高非物质文化遗产项目传承人的保护、传承水平，促进非物质文化遗产技艺普及与保护。

JX-27　邀请专家现场指导修缮 1（上图）
JX-28　邀请专家现场指导修缮 2（中图）
JX-29　邀请专家现场指导修缮 3（下图）

邀请祝氏宗祠建造技艺传承人对当地其他宗祠建筑开展的修缮工程进行指导，一方面有效保护了当地建筑特色，另一方面，有助于技艺传承人的扶持与培养。

JX-30　修缮后的文昌阁（左上图）
JX-31　修缮后的清淤管氏宗祠（左下图）
JX-32　修缮后的舵阳管氏宗祠（右上图）
JX-33　修缮后的管村管氏宗祠（右下图）

提要

青岛德国建筑为全国重点文物保护单位。其中，水师饭店旧址位于山东省青岛市市南区湖北路 17 号，初始为德国海军俱乐部，现作为 1907 光影俱乐部向社会开放。水师饭店旧址的利用体现了文物建筑利用的业态选择契合其核心价值的特点。在保护修缮初期，业主方与设计方充分沟通，通过多方查考、充分论证后，确定水师饭店旧址是中国现存最早电影院的历史定位，前期收集的大量资料为保护修缮、阐释与业态选择奠定了可靠基础。保护修缮秉承减少扰动、科学恢复原则，去除了后期改建部分，恢复了塔楼屋顶、安装了现代设备，兼顾了文物遗存和历史风貌保护要求，以及现代使用需求。开放后的水师饭店旧址融合建筑、电影、音乐、科技、艺术、文化、历史等多重元素为一身，成为中国首家电影文化体验综合体。

SD-01 青岛德国建筑——水师饭店旧址鸟瞰

青岛德国建筑——水师饭店旧址

文物保护单位基本信息

地　　址：山东省青岛市市南区湖北路17号
年　　代：1901—1902年
初建功能：德国海军俱乐部
使用功能：1907光影俱乐部
保护级别：全国重点文物保护单位

历史变迁

19 世纪末，德国强占胶州湾，开始了对青岛的殖民统治并在此兴建了造船厂、火车站、工厂、军营等一系列设施。1901 年，德国人在青岛市中山路上兴建了德国海军俱乐部（今水师饭店旧址），1902 年建成，为德国士兵提供休养栖留之所。

1914 年第一次世界大战爆发后，水师饭店旧址作为日军俱乐部使用；

1945 年抗日战争胜利后，大批美军登陆青岛，盘踞 4 年之久，水师饭店旧址又作为美国海军俱乐部使用，期间有中国人在俱乐部内租赁房屋开办照相馆、古董店；

1949 年以后，水师饭店旧址相继作为中国共产主义青年团青岛市委、青岛市人民防空办公室等办公使用；

2003 年，水师饭店旧址被列为青岛市优秀历史建筑；

2006 年，青岛德国建筑群被列为第六批全国重点文物保护单位，其中包括水师饭店旧址，一并归入第四批全国重点文物保护单位青岛德国建筑；

2013 年，水师饭店旧址中的舞厅被出租为影楼，其余大部分房间为市民和商铺混居。建筑内部因使用功能混杂，改造较多，但仍保留了较为完整的外部轮廓。

2014 年 8 月，水师饭店旧址启动了保护修缮工程；

2016 年，水师饭店旧址修缮完成，作为 1907 光影俱乐部对外开放。

20 世纪初，水师饭店旧址是青岛沿海最高的建筑，其与栈桥、小青岛形成直角三角形作为航标使用，也是唯一超过 18m（当时海边建筑限高）的建筑物。

SD-02　德占时期（1904 年）水师饭店旧址明信片（左上图）
SD-03　日据时期，水师饭店旧址历史图像（右上图）
SD-04　20 世纪初，从栈桥望水师饭店旧址（下图）

价值阐述

SD-05　青岛德国建筑——水师饭店旧址入口立面

20 世纪初的水师饭店旧址是青岛地理与文化的双重制高点。木屋架结构形式的塔楼，最高处 28.4m，是当时青岛最高的建筑物。自 1907 年放映电影开始，水师饭店旧址成为中国最早的电影院，中国光影艺术的起点，也是青岛最早的公共文化服务设施。

殖民历史对青岛城市的影响是漫长而深远的，水师饭店旧址作为德国占领青岛时期早期的建筑作品，是青岛近现代那段动荡岁月的证据。其内展出的水师饭店旧址乃至青岛的相关史料，将建筑与城市紧密地粘连在了一起，以历史为引线，以建筑为载体，传达出厚重的城市记忆，唤起公众对城市文化探索的兴趣。

如今，水师饭店旧址作为 1907 光影俱乐部、光影文创基地、电影博物馆，承担起电影研究、传承与展示的使命，已经成为青岛的城市名片，收获广泛的社会影响力。

SD-06　青岛德国建筑——水师饭店旧址鸟瞰

文物概况

水师饭店旧址，是青岛早期德国建筑代表作之一。建筑占地面积 1500 平方米，建筑面积 4487.5 平方米。德国新文艺复兴三段式风格，砖木结构，地上 2 层，局部 3 层，地下 1 层。西南临街立面建有高耸的砖木结构塔楼，高 28.4 米。向西可远眺胶州湾，向南可远眺黄海。舞厅兼放映厅位于建筑后部，南侧有宽敞的跑马廊。

推介点

01 重视价值发掘 丰富阐释方式

多方查考，深入挖掘历史价值

多种阐释，生动展现历史内涵

多方查考，深入挖掘历史价值

在水师饭店旧址修缮之初，业主团队抱着它有可能是中国最早电影院的疑问，多番寻找佐证资料，挖掘考证其真正的历史价值，查找青岛档案馆内有关史料、探访专家、青岛本地学者，甚至专程前往德国博物馆和资料馆搜集了大量的资料并进行了深入地研究，还联系德国历史学教授进行请教，翻阅当时的报纸、广告。经过苦苦搜寻，终于在众多历史档案中找到了证明水师饭店旧址是中国最早电影院的史实依据。

后经中国电影家协会和中国电影博物馆召集专家实地探访研究论证，召开新闻发布会，最终论证结论水师饭店旧址就是中国现存最早的电影院。

这一探寻、论证的过程及相关研究成果被编写成《中国现存最早电影院·青岛水师饭店》一书，展示给公众，同时也为水师饭店旧址的保护和价值阐释工作提供了有力的支撑。

水兵俱樂部晚七點放映電影
門票價預售二十五分
現購三十分

Seemannshaus
Lichtspiele

Sonnabend, Sonntag, 8.30 Uhr
1) Europäisches Sklavenleben (3 Teile)
2) Wahre Liebe siegt
3) Willy als Portier
4) Die beiden Gebr. Phillipperts

5) Wie man in der Grosstadt Jura studiert.
6) Historische Burgen an der Loire
7) Heringsexport nach Deutschland

之前的广告大部分是如上模板

Internationale Kinematographen- u. Lichteffekt-Gesellschaft m. b. H.
Berlin, Markgrafenstrasse 91.

SD-07 《胶州报》1907 年 8 月 9 日第 568 期有关水师饭店旧址放映电影的广告（上图）
SD-08 1914 年 6 月水师饭店旧址发布在报纸上放映电影的广告（中图）
SD-09 德国 1907 年前后使用的摄像机（下图）

多种阐释，生动展现历史内涵

扎实严谨的历史研究工作为水师饭店旧址的价值阐释奠定了坚实的基础。在建筑的走廊两侧、电影放映厅墙上、楼梯间内随处可见水师饭店旧址的历史照片、文字史料、中国电影文化发展史，以及青岛城市发展史等相关内容，展示内容翔实而丰富。公众在建筑的任何角落都能深深地感受到浓厚的建筑文化、城市文化、电影文化。

展示形式多样，除设置展墙外，还在水师饭店旧址三层专门设置了青岛 1907 电影博物馆，系统展示电影的起源、中国现存最早电影院的论证过程、青岛电影发展、青岛电影院的历史文献、世界早期电影展等多种内容。运用声、光、电等现代科技元素，结合空间艺术与电影艺术，展示各时期使用情况，放映最早的电影影片，模拟电影场景等，打造中国首家电影博物馆，使之成为青岛电影文化领域的城市新名片。

此外，修缮还将文物建筑原始结构尽可能地展示出来，如电影放映厅内的大跨度拱券屋面，三层阁楼处交错的木桁架，最大程度还原了建筑的历史风貌及美感。将部分修缮拆卸下来的建筑构件通过展柜的形式展示在走廊展示，使公众更加细致、直观地了解建筑修筑时所用的建筑材料。

SD-10　楼梯内悬挂的电影相关历史图像及电影记事（左图从左至右）
SD-11　一层走廊内摆放的原建筑构件及墙壁上悬挂的历史照片（右上图）
SD-12　电影放映厅两侧墙壁上悬挂的水师饭店旧址历史照片（右下图）

SD-13　电影放映厅内穹顶结构（上图）
SD-14　原始建筑瓦片展柜（左下图）
SD-15　保留的原爱奥尼柱（右下图）

推介点

02 减少施工扰动 重现历史风貌

以历史研究为依据，修正后期改建
以屋顶放样为前提，研讨形制安全
以减少扰动为目标，考虑设备隐蔽

以历史研究为依据，修正后期改建

设计前期翔实的历史研究工作为后期修缮提供了修复依据。修缮前，水师饭店旧址长期出租使用，使用单位混杂，室内装修、格局发生了较大的改动，不复原貌。设计团队通过比对老照片和文字史料记载，考证文物建筑的历史信息和空间结构，对后期更改的建筑部分进行有依据的维修，最大限度恢复建筑历史原貌，使文物建筑重焕光彩。

SD-16　电影放映厅历史照片（上图）
SD-17　电影放映厅现状（下图）

以历史照片为依据，还原电影放映厅场景。

SD-18　20 世纪初，水师饭店旧址历史照片（左上图）
SD-19　水师饭店旧址立面图（左下图）
SD-20　水师饭店旧址塔楼平面图及立面图（右图）

塔楼后期改造时被降低了原有高度，形制发生改变。本次修缮依照历史照片和相关资料重建，尽可能地恢复历史原貌。

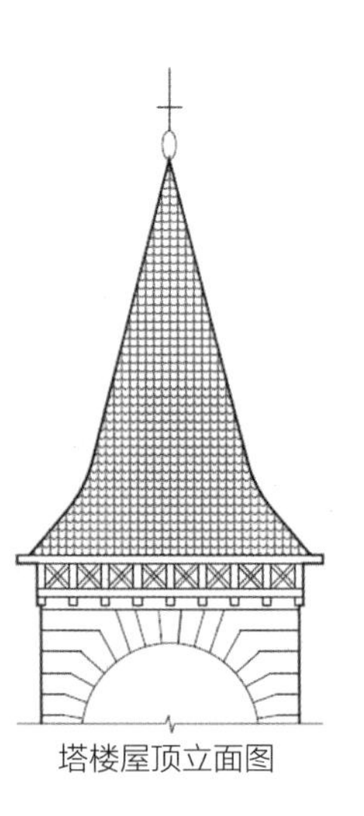

塔楼屋顶立面图

塔楼屋顶平面图

以屋顶放样为前提，研讨形制安全

修缮施工前通过建立模型，研究塔楼屋面结构，模拟安装试验，确保施工质量。为保证重建塔楼的历史真实性和施工质量，施工方在施工前先制作了 1 ： 10 的塔楼木屋架模型，对塔楼结构进行试验，确保结构安全。在确定木屋架结构后，又对塔楼木构件进行模拟组装，确保结构稳定后，再正式安装。修缮最终完成后的塔楼恢复了历史原貌，与原有建筑浑然一体，使得文物建筑能真实完整地展示在公众眼前。

SD-21　塔楼 1 ： 10 木屋架结构模型（上图）
SD-22　塔楼木屋架模拟组装（左下图）
SD-23　塔楼修缮前（中下图）
SD-24　塔楼修缮后（右下图）

以减少扰动为目标，考虑设备隐蔽

设计和施工团队在尽量少扰动本体的前提下，重新规范了水师饭店旧址的设备安装，组织有序设备布线，尽量减小设备对建筑原貌的影响，消除设备布线安全隐患。同时还规整了管线的接入，充分利用现留水师饭店地下室空间，将其作为建筑设施的总设备间。通过其现有管沟设施与城市管网对接，满足建筑功能使用要求。

对水师饭店旧址内的设备的优化和整改，消除了安全隐患，一定程度上满足现状使用要求。

修缮工程开工伊始，业主单位本着对文物负责，对历史负责的态度，与设计单位对修缮方案进行反复地推敲、完善。除了考证大量的历史文献资料的同时，也积极地联系组织各方的专家对施工方案进行推敲论证。

依据文物部门“尽量恢复原状，尽量不破坏原有结构”的要求，采用明敷管线的方式，穿越楼板处尽量利用原有线路穿管洞口。同时利用装饰消隐管线设备，减少对建筑空间的影响，减少对文物建筑空间原貌的破坏。

SD-25　电影博物馆内利用麻绳包裹管线

在进行修缮设计方案编制时，设计单位充分立足于各项测绘、勘察成果数据的汇总，结合水师饭店旧址结构计算分析，在水师饭店旧址相关历史资料研究的基础上，以最小干预为原则，对水师饭店旧址展开修缮工程。

SD-26　走廊内利用铁艺网架隐蔽管线设备（左上图）
SD-27　走廊管线设备局部（左下图）

推介点

03 拓展业态形式 促进文化传播

紧扣电影文化主题，创新业态类型
丰富电影文化体验，发挥社会效益

紧扣电影文化主题，创新业态类型

水师饭店旧址充分利用已挖掘的历史信息，并作为主要依据，选择“电影文化”这一独特且具有唯一性的主题，作为核心价值传播发展。在业态选择时，也紧扣这一核心价值，契合水师饭店旧址的历史氛围，向公众展示电影历史、名人轶事、风物人情等。

一层放映厅作为电影音乐剧场，举办大型公共活动。一、二层南侧和东侧的附属空间作为休憩、餐饮空间，打造光影主题书店、咖啡厅、西餐厅。三层阁楼打造青岛电影博物馆。

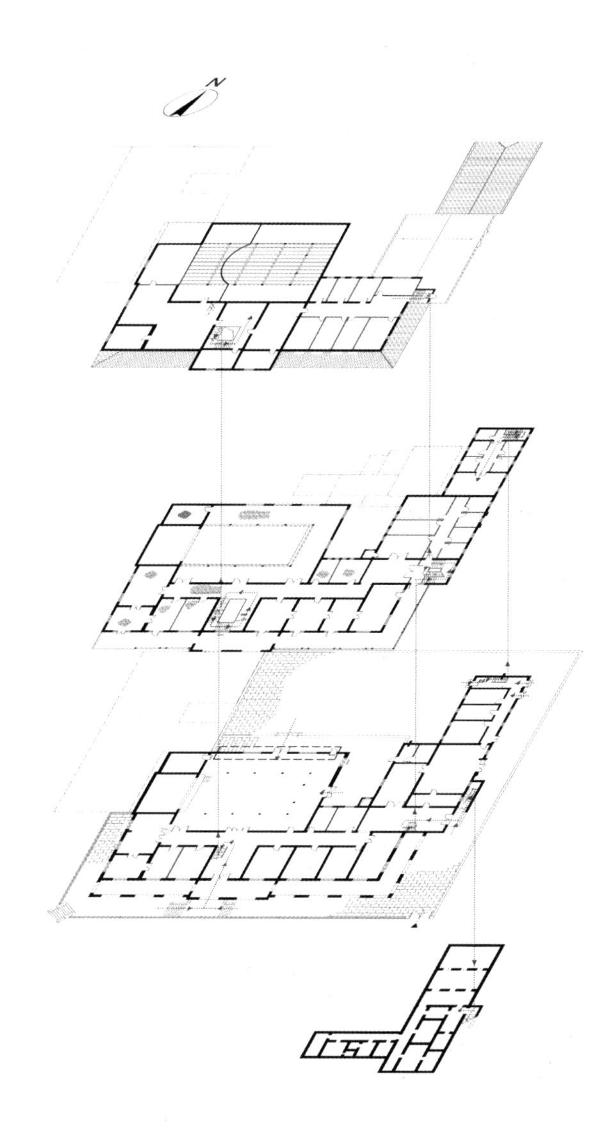

游客点评

来中山路购物顺便过来看看，这里算是青岛比较有历史的打卡地之一了，摆放着一些电影器械类的老物件和曾经的明星照片签名，屋内装修也很有历史，一上楼从扶手就能体现细节，参观完电影博物馆还有中西餐厅和可以看老电影的小包间，适合喜欢慢生活的文艺青年。

SD-28　功能平面图

到自然去
浪淘沙
《到自然去》

青岛电影博物馆分为东、西两区，涵盖了七大板块功能分区，并恢复了作为一代青岛人记忆的红星电影院，让光影与记忆永不消逝。博物馆预约付费参观，有专人讲解。

SD-29　1907 青岛电影博物馆室内展陈（左图）
SD-30　水师饭店旧址内的小型私人影院（右图）

小型私人影院为有单独观影需求的公众提供了一处安静、舒适、自由、私密、能完美享受电影乐趣的休闲之所。

丰富电影文化体验，发挥社会效益

水师饭店旧址充分兼顾了文物建筑运营的公益性与经济性，弹性利用不承接商业活动的非高峰时段，将电影放映厅免费向公众开放，放映一些拍摄于青岛这座“电影之都”的老电影。这里也因此成为青岛市民免费观影、惬意体验的好去处，身处其中，在感受厚重深沉的历史年代感的同时，带动了更多人了解青岛的电影文化。

同时，利用电影放映厅承接音乐秀、舞台秀、乐队、音乐剧、话剧、现代舞剧等多元化演出表演，以及企业活动、品牌发布、学术报告、酒会、婚宴等商业和文化活动，使水师饭店旧址实现了自我“造血”，为文物建筑发挥更大的社会效益提供了基础，成为中国首家电影文化体验综合体。

SD-31 朗诵活动照片（上图）
SD-32 电影放映厅内在放映电影（下图）

SD-33　婚庆活动照片

从 2017 年 3 月到 2018 年年初，1907 光影俱乐部每周一期的公益主题电影放映活动已经做了 36 期，放映过 204 部影片，共计 300 余场次。1907 光影俱乐部逐渐成为老城区重要的电影文化聚集地、爱电影的朋友共同的家。

通过合理的定位和有效的运营管理，水师饭店旧址以电影文化为主要依托，现已成为集美食、音乐、科技、艺术、图书、电影、博物馆、举办公众活动等功能于一体，具有浪漫主义、现实主义、古典主义多种艺术风格及文化色彩的城市文化客厅。

紧扣“电影文化主题”，置入多种业态，将这一文化遗产打造成电影、艺术、文化融为一体的一座电影艺术生活馆。

SD-34　水师饭店旧址内的西餐厅室内（左图）
SD-35　水师饭店旧址内的西餐厅室外（右上图）
SD-36　水师饭店旧址内的书吧（右下图）

在 tsingtau.info 上有关水师饭店在报纸上做的餐饮广告，广告内容如下：

水师饭店

- 啤酒、汽水，还有冰镇威士忌类混合酒
- 特色：汉堡破冰船
- 冷餐和热餐全天供应
- 每个礼拜天到礼拜一
- 热餐供应
- 每天营业至晚上 9 点 30 分
- 水师饭店作为餐厅使用

SD-37　水师饭店旧址在报纸上刊登餐饮广告（1905 年）（左图）
SD-38　1907 光影俱乐部相关文创（右上图）
SD-39　水师饭店旧址内的音乐酒馆（右下图）

提要

安化茶厂早期建筑群位于湖南省安化县东坪镇光明路130号，为湖南省文物保护单位，从初建至今始终作为茶厂使用。安化茶厂早期建筑群是物质文化遗产与非物质文化遗产活态传承的经典案例。茶厂在完整保留清末至新中国建设之初的建筑同时，为满足生产和展示需求对部分建筑功能进行了调整，增加了展示、研学、评茶用房。在保护修缮工程中不仅保留了厂房墙面不同年代的标语、墙绘，还特别沿用了古法生产的防潮材料。特别是以科学实验的方法揭示了百年茶叶木仓存储的醇香之谜，不仅深化了木仓建筑的科学价值，也升级了古法茶叶生产。安化茶厂是湖南最早的茶学教育基地、首批100个中央企业爱国主义教育基地，充分体现了中央企业在中华优秀文化传承中的责任担当。

HN-01　安化茶厂早期建筑群总体鸟瞰

安化茶厂早期建筑群

文物保护单位基本信息

地　　址：湖南省安化县东坪镇光明路130号
年　　代：清—中华民国
初建功能：茶厂
使用功能：茶厂
保护级别：省（自治区、直辖市）级文物保护单位

历史变迁

清代茶叶作坊和牌坊始建于清末，是安化茶厂早期建筑群中历史最悠久的建筑；

1902 年，山西晋商出资创办兴隆茂茶行并修建了靠背式茶叶木库（百年木仓）；

1950 年，中国茶业公司安化支公司 (后改为安化分公司) 成立；根据苏联专家设计的图样，开始修建锯齿形车间；

1953 年,安化茶厂按照靠背式茶叶木库的建筑结构结合当地地形,修建了南北两栋单开门茶叶木库；

1953—1981 年，安化茶厂不断扩建，新建审评室、第一拣场、第二拣场、第三拣场、压制车间和装箱车间，乌龙茶加工场、办公楼、礼堂等；

2011 年 1 月，安化茶厂早期建筑群被公布为湖南省文物保护单位；

2015 年，进行安化茶厂早期建筑群修缮工程。

HN-02　安化茶厂早期建筑群牌楼历史照片

价值阐述

安化是万里茶道的起点，也是古代洲际茶叶贸易的重要见证。安化茶厂早期建筑群是安化茶厂百年发展历史的物质载体。安化茶厂在安化红茶、黑茶生产加工及出口外销中发挥了重要作用。至今尚保存着大量茶叶科研样品、原始文献资料档案和古老的制茶工具，在湖南茶业发展史上具有重大的文献价值，见证了安化茶叶制作工具由手工到机械加工的全部过程。对于研究安化茶叶制作和产业化历史，以及探索安化地区的经济商贸、交通运输、对外交流等方面都具有极为重要的意义。

安化茶厂早期建筑群作为万里茶道生产路段的生产类型遗产，位于梅山产茶区的重要节点城市安化县，且至今仍在生产使用。不仅完整保留了清末至今中国茶业生产的历史资料，同时也保留了中华人民共和国成立之初苏联专家设计的大型自然采光厂房——锯齿形车间，其结构形式和自然采光的应用，是当年各地茶厂中少见的先进理念和保护措施，所保存的厂房建筑和传承至今的生产技术措施，代表着清末茶厂建筑及制茶技艺的较高水平，具有鲜明的时代性，在同类茶厂早期建筑群中具有典型代表性，是研究中国近现代民族工业发展的绝佳实物。

HN-03　安化茶厂早期建筑群牌楼修缮后

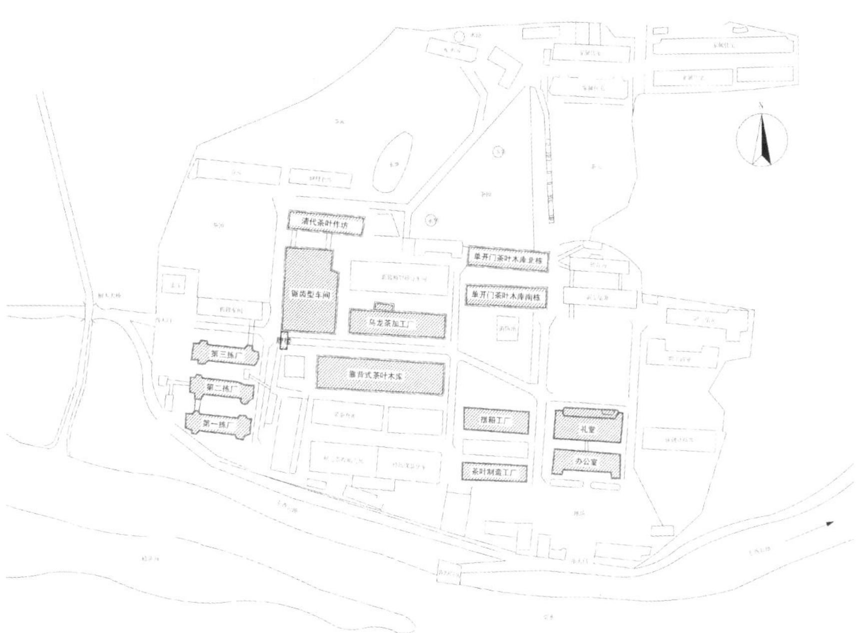

HN-04　安化茶厂早期建筑群俯瞰图（左图）
HN-05　安化茶厂早期建筑群平面图（右图）

文物概况

安化茶厂早期建筑群包括：靠背式茶叶木库（百年木仓）、单开门茶叶木库（南栋、北栋）、锯齿形车间、牌楼（西大门）、清代茶叶作坊、茶叶审评室、第一拣场、第二拣场、第三拣场、压制车间和装箱车间、乌龙茶加工场、办公楼、礼堂共计 13 栋文物建筑。清代茶叶作坊始建于清末，历史悠久；牌楼始建于清末，为砖砌结构，表面粉刷灰色砂浆；锯齿形车间始建于 1950 年，根据苏联专家提供的设计图样修建；百年木仓始建于 1902 年，1950 年，在杨开智先生主持下进行修缮。

推介点

01 延续文物建筑原始功能 挖掘百年木仓功能价值

深入挖掘文物建筑历史价值，延续原始功能
科研揭示百年木仓醇香之谜，原始功能升级

深入挖掘文物建筑历史价值，延续原始功能

安化茶厂深入挖掘和利用文物建筑的历史价值，使文物建筑一直处于保护修缮后的延续使用或再利用的状态中，安化茶厂早期建筑群伴随着茶厂的生产经营活动沿用至今。茶叶审评室、三栋茶叶木库、办公楼、牌坊、压制车间和装箱车间都延续原始功能使用。部分文物建筑因无法适应现代化生产标准需求已改变了原始的生产功能，锯齿形车间和乌龙茶加工场由原来的加工厂房置换为贮藏功能并投入使用，清代茶叶作坊置换为历史制茶工具展示和制茶工艺非遗培训功能使用。

茶叶审评室建于1953年，仿俄式建筑风格，采用硬山顶，砖木结构，小青瓦屋面，建筑布局为凹字形。几十年来成为茶厂茶叶拼配、评审、茶产品研发的中心，也是部颁“湖红”毛茶实物标准样、“湖红工夫茶”出口标样的制作中心。室内保存有百年老厂各年代红、绿、黑茶样，近千瓶各个时期的茶叶、茶素样品，最早的为1943年的茶素样品。目前茶叶审评室作为茶叶评审、大师创新工作室，仍发挥着茶产品研发功能。

HN-06　茶叶审评室1（左图）
HN-07　茶叶审评室2（右图）

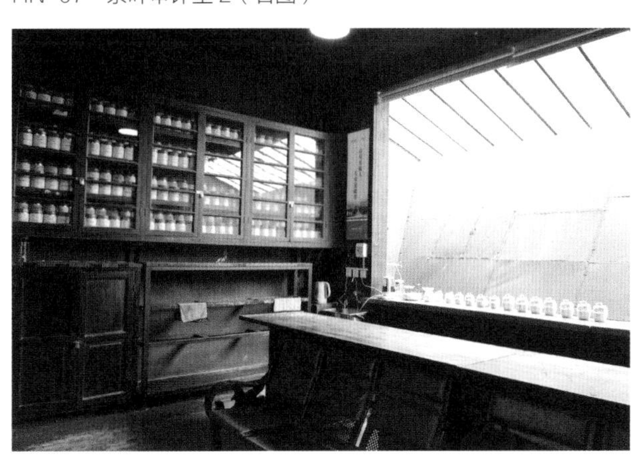

茶叶审评室保存有近千瓶各个时期的茶叶、茶素样品等，最早的样品为1943年土法熬制的茶素，还有近现代各时期的茶叶制作工具等，堪称茶厂的“茶品宝库”。

科研揭示百年木仓醇香之谜，原始功能升级

百年木仓1902年始建，1950年整葺翻修，次年投入使用后一直沿用至今。该木仓是根据茶叶特性精心选用当地特产老松木建造，历经一个世纪的风雨，依旧完整保存，现已成为茶叶加工行业现存规模最大、保存最完整的百年茶叶陈化宝库。木仓内通风、防潮、清洁、富氧的环境，使得益菌惬意生长，成片的冠突散囊菌有个美丽的名字叫“金花”。茶商将毛茶、成品置于这百年木库的“黄金微生态环境”和“黄金微生物环境”中一仓两藏,便有了“木仓菌香、陈醇浓酽”的独特风味。

在尽可能延续文物建筑原始功能的同时，安化茶厂也在不断挖掘其科研价值。2012年，营养健康专家进入茶厂，耗时3年，研究发现百年木仓不仅有100多年的文化底蕴，还拥有不可替代的实用价值。营养健康专家从300个微生物分析样本中，建立8项选育标准，形成一个中茶百年木仓菌种库，分离选育出形状优、活性强的百年木仓8730菌CGMCC8730并成功申请专利；研究发现百年木仓独特的微生态环境和微生物环境能加快茶叶陈化速度，茶厂利用百年木仓对原料和半成品进行两次存放，赋予产品两倍陈化升级，形成安化黑茶独特的木仓菌香。

三栋百年历史的茶叶木仓，不仅全部延续使用，而且经过科研挖掘，揭示了百年木库的醇香之谜，深化了文物建筑的科学价值。

HN-08　靠背式茶叶木库1（左图）
HN-09　靠背式茶叶木库2（右图）

锯齿形车间融合现代工业建筑特点和本土建筑特点，采用小青瓦屋面，木结构作为屋架支撑，每跨之间有天沟流水槽，及时分流雨水，减少屋面积水压力。每跨均设全窗采光，充分利用自然采光和季风气流，无需其他照明即可完成各项生产工作，达到既节约能源，物理环境也极佳的效果。

由于现代茶叶生产已全部采用自动化机械生产，锯齿形车间已无法满足现代生产需求。经过保护修缮后，利用其良好的物理环境特点，由生产车间功能置换为尚未加工的茶叶原料贮藏功能，既满足文物建筑的保护要求，也继续发挥功能效应。

HN-10　单开门木仓北栋（左上图）
HN-11　锯齿形车间俯瞰（右上图）
HN-12　靠背式茶叶木库仓门抽屉（左下图）
HN-13　靠背式茶叶木库仓内砖茶（中下图）
HN-14　锯齿形车间室内贮藏原料（右下图）

推介点

02 遵循茶叶木仓历史工艺 完整保留车间历史信息

延续使用安化皮纸修缮工艺，保留历史信息

延续使用安化皮纸修缮工艺，保留历史信息

安化茶厂早期建筑群一直是茶厂的核心承载，茶厂的各届领导历来重视文物建筑的保护，也正因如此，百年茶叶木仓才得以留存。文物建筑承载着安化茶厂几代人的公众记忆，车间外墙上的标语、车间内的墙绘、院落内的古树等都满载故事。至今茶厂的老人们仍能对着说起当年的生产故事。同时，文物建筑也是安化茶厂人对制茶工艺执着与坚守的缩影。坚持凝练“正统工艺、正宗配方”，奉送“正源之味”的制茶工艺原则也延续至今。

文物建筑保护修缮过程中，特别注重保留标语和墙绘等极具时代特征的历史痕迹，最大限度地保留具有价值的历史信息，修缮过程中没有刻意做旧，而是将故事性和沧桑感的原样保留。

保护修缮措施沿用了历史工艺做法，木板之间缝隙用桐油石灰填缝，再贴安化皮纸贴条防潮密封。安化皮纸造纸技艺是湖南省益阳市非物质文化遗产，以楮树皮为主要原料，采用古法造纸技艺，安化皮纸具有“柔韧清香,色泽仿古,着墨不渗,久藏不蛀”的特点。

百年木仓一层为储存茶叶之用，二层为茶叶制作投放场所，所以在每个单体木仓楼板上都开设茶叶投放门，从而使生产有序，节省劳动成本。木库极佳的贮藏效果，一方面，因地面采用架空层形式设置防水防潮层，并设有通风口，使地面的空气对流达到防潮效果。另一方面，与木仓内壁木板缝隙密封的历史做法有直接关系，木板缝隙采用皮纸密封一层，使茶仓长期保持干燥状态，利于茶叶长期存放不变质。

HN-15　靠背式茶叶木库内壁（左图）
HN-16　第一拣场车间室内（右图）

第一拣场车间内仍保留有历史上生产时期工人们在墙上的绘画。

推介点

03 加强制茶古法工艺传承 融合工业遗产茶文康旅

加强价值阐释和制茶非遗传承的文旅体验

推进工业遗产和制茶文化等多元融合实践

加强价值阐释和制茶非遗传承的文旅体验

安化茶厂早期建筑群不仅仍然担负着贮藏等辅助生产功能，也作为茶厂历史信息的承载发挥着宣教作用。茶厂非常重视文物建筑的保护宣教和价值阐释。每一栋文物建筑外均设置了“文物安全公告告示牌”和“文物建筑说明牌”，还培训茶厂员工作为专业解说员，结合解说讲解系统，切实提升文物建筑在茶厂内的“存在感”，加强厂区工人们和游客们的文物保护意识，向公众充分阐释和展示茶厂历史、文物建筑修缮历程和价值内涵等。

在茶厂的员工培训中，文物保护和茶厂历史都是必修课，几乎每位员工都能讲述茶厂历史和制茶故事。茶厂为了切实活态传承古法制茶工艺等非物质文化遗产，不仅留存了近代时期茶厂曾使用的筛茶、蒸茶、装茶等整套制茶工具，并遴选青年员工进行培训，要求完全掌握古法制茶工艺。

茶厂还向公众推出了安化茶厂早期建筑群的文旅产品体系，包括预约制的厂区游览参观，有专职讲解陪同，兼顾游客安全和厂区生产安全，以及安化黑茶古法制茶工艺体验等活动，在茶厂师傅指导下，游客能够亲自制作一块安化黑茶茶砖，并能带走茶砖作为纪念。

HN-17　茶厂游览路线图（上图）
HN-18　保护公示牌及游览标识（中图）
HN-19　文物建筑说明牌（下图）

推进工业遗产和制茶文化等多元融合实践

安化茶厂早期建筑群所在的茶厂是湖南最早的茶学教育基地，是湘茶机械生产的开创者，是湘茶大师的摇篮，也是一座名副其实的“活态型茶叶博物馆”。安化茶厂早期建筑群在保留古建筑群结构和式样主要特征的同时，实现工业特色风貌与现代生活的有机结合，尽最大可能保护利用历史文物资源。利用文物建筑开展工业旅游，通过建立清洁化厂房和生产线，手筑茯砖茶体验中心、千两茶踩制体验中心、千两茶展示中心、茶叶评审中心、百年木仓仓储中心、游客接待中心等形成对外开放的优势，吸引广大科研工作者、茶商、茶农、茶爱好者、普通群众来厂参观，感受安化黑茶魅力。

2018 年，茶厂举办第四届黑茶文化节“万里茶道申遗入选点揭牌仪式暨百年木仓开仓大典活动”，组织百年木仓产品公益拍卖，所得资金用于安化当地扶贫攻坚。2021 年第五届黑茶文化节也持续在安化举办。自 2007 年以来，湖南省益阳市及安化县举全域之力把安化黑茶产业作为富民强县的支柱产业打造，打造了产业脱贫的“安化模式”，安化黑茶演绎了“一片叶子成就一个产业、富裕一方百姓”的传奇。在乡村振兴中黑茶产业也成为一部致富引擎。

HN-20　车间转换为制茶工坊（上图）
HN-21　车间内开展制茶技术培训（中图）
HN-22　茶叶贮藏展示（下图）

安化茶厂早期建筑群入选首批100个中央企业爱国主义教育基地，具有很深的革命历史渊源。靠背式茶叶木库是对年代久远的木仓进行修缮后延用，用于存放安化黑茶（民族团结之茶）原料、成品，锯齿形车间用来存放安化黑茶（民族团结茶）原料。审评室里的“茶素”，是茶厂于1943年第一个创造土法熬茶素，补充军民药品需求的产物，为抗日战争提供了必要的资源供给。抗日战争时期，安茶厂茶叶出口上万吨，创汇支援抗战，为祖国抗日战争胜利提供了有力保障，为中国革命胜利做出了贡献。

近年来，茶厂一直奋力践行央企使命与担当，以茶为业、弘扬中国茶文化的同时，围绕中华优良传统和红色文化，着力开展爱国主义教育和研学活动。一方面利用文物建筑与历史文献资料，将企业的发展历程和历史文化活态呈现出来，让茶厂的后来者知过往，立当下，创未来；另一方面，结合工业旅游示范点的茶旅文化优势，建立专、兼职讲解队伍，开展爱国主义教育活动，将革命文化、茶文化、工业文化进行融合，让来访参观者更生动、更直观地了解茶厂历史文化，使得爱国主义教育“活起来”。

丰富茶旅内容，增加互动体验，与研学相融合，促进茶文化的传播。

HN-23　制茶工艺展示—木仓藏茶（上图）
HN-24　制茶工艺体验—筑制茯砖（中图）
HN-25　制茶工艺展示—踩制千两（下图）

提要

现保留有一组石屋建筑群，其中武威祠堂、石焕新民宅、北门楼、石屋炮楼四处建筑被列为增城区尚未核定公布为文物保护单位的不可移动文物。邓村石屋现作为精品酒店对外开放。邓村石屋是政府统筹引领、乡土文化依托、村庄企业合作的文物建筑活化利用的典型案例。通过出租合作方式对闲置的70余间石屋进行保护维修后，赋予酒店功能；武威祠堂等公共空间则为酒店和村民共同使用，延续祠堂功能。同时在对村庄道路及公共空间环境整治时保留了历史格局，在周边山水田园开展采摘、露营、野炊、竹林SPA等活动，村民与企业共同参与经营，文物保护带动了产业、文化、旅游“三位一体”，形成了生产、生活、生态融合的“三生”发展范式。

GD-01　邓村石屋全景图

邓村石屋

文物保护单位基本信息

地　　址：广东省广州市增城区派潭镇邓村石屋自然村旧村区

年　　代：清咸丰年间（1851—1861年）

初建功能：民居

使用功能：乡村遗产酒店

保护级别：尚未核定公布为文物保护单位的不可移动文物

邓村形成于乾隆年间，立村至今已有240多年历史，村内建筑大都仍保留着清代建筑风格。

30年前，村民陆续迁出，紧挨旧村修建新村，旧村现已无人居住，只留下残垣断壁，不少屋面已经坍塌，有的则仅剩下墙垛。

2010年，邓村石屋中的武威祠堂、石焕新民宅、北门楼、石屋炮楼四处建筑被列为尚未核定公布为文物保护单位的不可移动文物。

2019年，邓村石屋中的两处院落被列为广州市历史建筑。

在乡村振兴的战略背景下，由政府牵头整合流转石屋旧村闲置文物建筑和历史建筑，通过文物保护、风貌继承、新建筑融合等方式，建设了乡村精品酒店，修缮工程历时3年，于2017年12月对外开放。

GD-02　石屋民居修缮前（左图）
GD-03　北门楼修缮前（右上图）
GD-04　石屋碉楼修缮前（右下图）

价值阐述

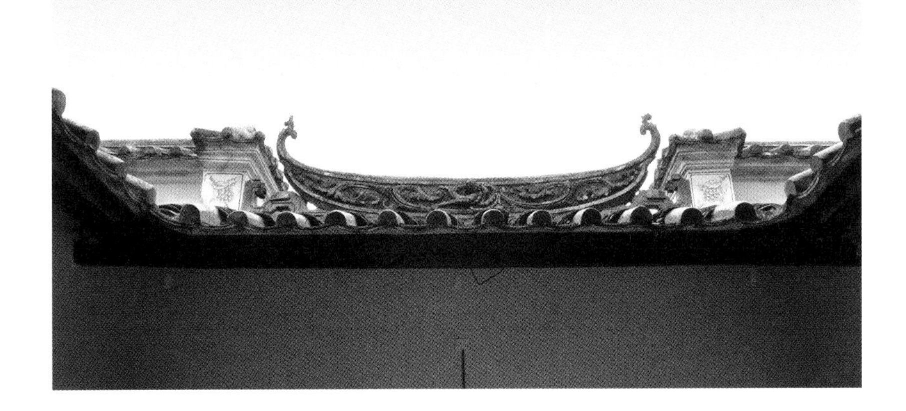

邓村石屋是典型客家围屋古村落建筑群，也是典型的客家及广府文化的融合代表。

GD-05　邓村石屋屋面鸟瞰（上图）
GD-06　邓村石屋屋脊灰塑（下图）

邓村自然风光旖旎，空气清新，田园景观优美，村落依山傍水，整体环境形成田、塘、坪、屋、山水格局，村前为半月形池塘、胸墙、晒谷场及三排平铺麻石路，村后为种植果树的后龙山森林，生态资源丰富。

石屋为典型的客家围寨型布局，具有组合扩展性、主次分明、布局均衡、注重防卫与室内外空间渗透与交融的特征，是目前增城区内保留下来为数不多、保存较好的客家围屋之一。石屋装饰又具有典型的广府建筑风格，是典型的客家及广府文化的融合代表。

邓村石屋经过抢救修缮、改造活化后，带动了邓村其他产业发展，旅游配套及农业生产给村民带来了一定收入，形成了当地文化遗产保护的良性循环。同时项目的落成，还完善了周边基础设施，村容村貌焕然一新，给村民生活质量带来极大提升，推动乡村生活现代化。此外，一系列的社会和公众文化服务，满足了公众文化需求，弘扬了传统文化，体现了当地的文化自信的同时，还发挥了文物建筑的公众文化属性及社会价值。

武威祠堂
新
石焕新民宅
石屋碉楼
北门楼
老村

文物概况

邓村石屋是增城区典型的较大规模的客家围屋建筑群，坐西向东，背山面水。武威祠堂位于建筑群正中央，坐西朝东，五间三进，建筑占地约 850 平方米。石焕新民宅位于祠堂南侧，坐西朝东，三间两廊三合院，占地面积 116.4 平方米。北门楼位于建筑群东北角，坐南朝北，面阔一间，占地 29.8 平方米。石屋炮楼位于石焕新民宅南侧，坐南朝北，三间两进，楼高 6 层约 20 米，占地 118.19 平方米。

GD-07　邓村石屋鸟瞰图

武威祠堂

邓村石屋以武威祠堂为核心，整个村落统一规划，整齐严谨。

GD-08　武威祠堂正立面

北门楼

锅耳封火山墙，灰塑博古脊，正脊双面均为花鸟主题灰塑。

GD-09　北门楼山墙

石焕新民宅

三合院布局，为广府文化和客家文化融合风格的民居建筑。

GD-10　石焕新民宅厅堂

石屋炮楼

砖木石结构的广府特色乡村防卫建筑。

GD-11　炮楼外观

推介点

01 政府统筹，村企合作
推动乡村遗产开放利用

政府统筹，规划先行，整合提升区域资源

企业运营，村民参与，共治共享乡村遗产

政府统筹，规划先行，整合提升区域资源

派潭镇政府通过开展大量前期研究工作，积极主动与上级主管部门衔接协调，2015年，邓村被选定为岭南特色村落建设试点村，以“美丽邓村”精品文化酒店、石屋新村建设、邓村环境综合治理和配套设施建设三个项目为主要内容集中打造，为邓村石屋的活化利用奠定好坚实的基础。

在对邓村石屋进行文物修缮的同时，整合了旧村其他70多间空置旧房屋，通过以租代征的方式，不涉及产权变更，由派潭镇下属的旅游开发公司与49户村民签订20年旧屋租赁协议，转租给实操经验丰富、设计理念契合、资金实力雄厚的开发公司。如今的邓村石屋已成为集西餐厅、休闲酒吧、SPA、会议中心、游泳池等设施于一体的乡村精品文化酒店，不但极大地提高了邓村石屋的品位和形象，而且也为邓村村民带来稳定的旅游配套及租金收入，保障了村民的利益。

在对邓村进行环境综合治理时，在政府的大力支持下，武威祠堂前广场与畔池之间原有道路改道至畔池外围，原有道路改为景观步道，保护了老村历史格局的完整性。石屋新村被规划在旧村北侧，拆旧建新，集约利用土地，改善村民居住环境。

派潭镇政府还十分注重对本地民间文化内涵的挖掘，积极利用邓村周边山水田园资源，设置观光采摘、山顶露营、田园野炊、竹林SPA、农业体验园、绿色有机农业园等一系列文旅活动，丰富了游客的体验，形成了产业、文化、旅游“三位一体”，与生产、生活、生态“三生”融合发展典范。

GD-12 邓村石屋规划总平面图（左图）
GD-13 邓村旧村改道示意图（右上图）
GD-14 竹林养生餐厅、竹林茶室（右下图）

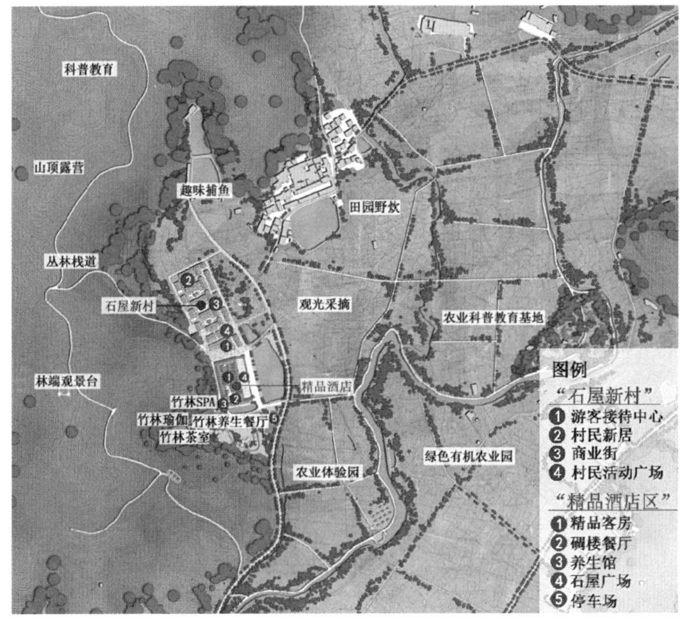

GD-15　村落绿化景观（上图）
GD-16　村落街巷景观（左下图）
GD-17　村落遗址景观（右下图）

“这种由文物建筑改造的酒店，特色很突出，风格复古，跟其他酒店不一样，这种类型比较少，其他酒店体验不到，而且房间比五星级酒店少，人少，安静，客人们在这里钓鱼、游泳、放松，都很喜欢”。

——住客留言

企业运营，村民参与，共治共享乡村遗产

项目的落成带动了周边村民的就业，目前邓村石屋田园度假酒店共有员工 40 人，其中本地员工 28 人，占比 70%；此外还带动周边农副产品的销售，村民可将自产的农特产品销售给游客，获得营业性收入。政府引导村民或集体继续引入市场主体或成立股份制合作社，连片开发有机蔬菜、特色水果、观赏花卉种植等农旅项目，创业创收。

村民和企业共治共享活化成果。原来作为村民祭祀、集会的武威祠堂如今作为酒店大堂使用，经过村民和企业协调，武威祠堂在闲时情况下，仍可为村民举办婚嫁节庆活动，延续祠堂的功能。

GD-18　秋收体验活动（上图）
GD-19　学生美术写生（下图）

连片开发有机蔬菜、特色水果、观赏花卉种植等农旅项目，帮助村民创业创收。

推介点

02

功能置换，设备隐蔽
契合文物建筑空间特征

基于原有空间功能特征，转换现代功能

基于遗产酒店功能需求，隐蔽处理设备

基于原有空间功能特征，转换现代功能

对邓村旧村的改造保持了石屋建筑群围屋的平面布局形制，建筑内部结构同样保持不变，选择文化精品酒店作为业态发展方向，紧扣“客家文化主题”，将原有古村落民居向酒店居住体验同质转换。在利用时，尊重原有空间特征，整理祠堂、民居、炮楼、门楼等空间功能，将武威祠堂大厅作为酒店大堂，祠堂的其他空间布置茶室、书屋、儿童活动室、咖啡吧、健身房等公共功能，炮楼内布置影院、卡拉 OK 室、会议室等休闲娱乐功能，民居院落作为客房提供住宿服务，院落内原来的厨房、猪圈改造成现代化的浴室与厕所。

GD-20　酒店大堂（原祠堂大厅）

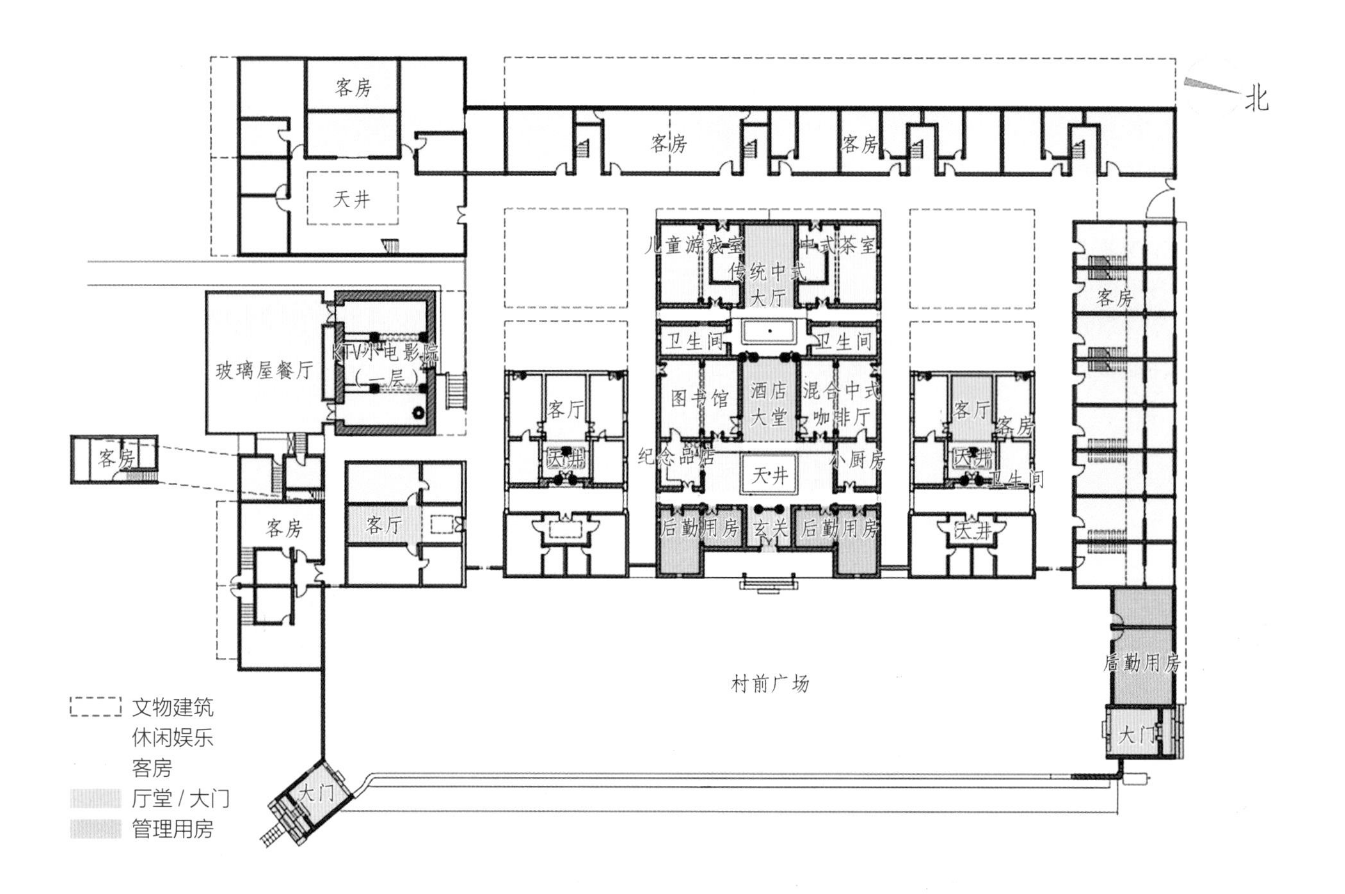

GD-21　邓村石屋建筑群功能分布示意图（上图）
GD-22　祠堂内图书馆室内（下图）

GD-23 炮楼一层电影院（左上图）
GD-24 炮楼三层棋牌室（左下图）
GD-25 炮楼外观（右上图）
GD-26 炮楼玻璃平台（右下图）

以保护为前提，对炮楼进行室内升级。内部改造为影院、会议室，作为酒店配套服务设施。炮楼原是集防卫、居住于一体的多层塔楼式建筑，发挥防御、警戒的作用。二层以上楼层墙体四围设有窄长形花岗石射击孔和瞭望窗，可远距离观察敌情和打击敌人。楼内设有水井，可储备粮草，危难时可庇护全村居民。约20米高的6层石屋炮楼现已成为酒店的视线焦点。在屋顶景观平台地面使用钢化玻璃，与原屋顶结构脱离，对原有屋顶起到保护作用的同时又充分利用碉楼的高度优势，从瞭望到眺望，形成一处登高远眺的绝佳的观景点，将自然田园风光揽入院内。

以保护为前提，在不影响文物风貌的基础上，屋顶上部加入玻璃平台，利用炮楼的高度和村内景观优势，打造绝佳观景点。

基于遗产酒店功能需求，隐蔽处理设备

为了满足度假酒店的使用功能，使住客享有舒适的居住体验，引入了自来水，接入了市政用电，增设了空调等电器设备。这些现代电气设备的安装都尽可能地采用隐藏处理，减少在文物建筑中的违和感。卫生间设吊顶隐藏空调管线，仅将通风口留在外侧；在文物建筑内新砌砖墙，将自来水管藏于墙内。除卫生间外，均未做吊顶，梁架露明，将吊灯及吊扇的电线藏在木梁后方，且颜色与木梁一致。

将厨房、猪圈改为卫生间，满足酒店现居住需求。隐藏处理水、电、空调设备，在合理利用的同时，减少在文物建筑中的违和感。

GD-27　客房露明梁架（上图）
GD-28　卧房百叶（下图）

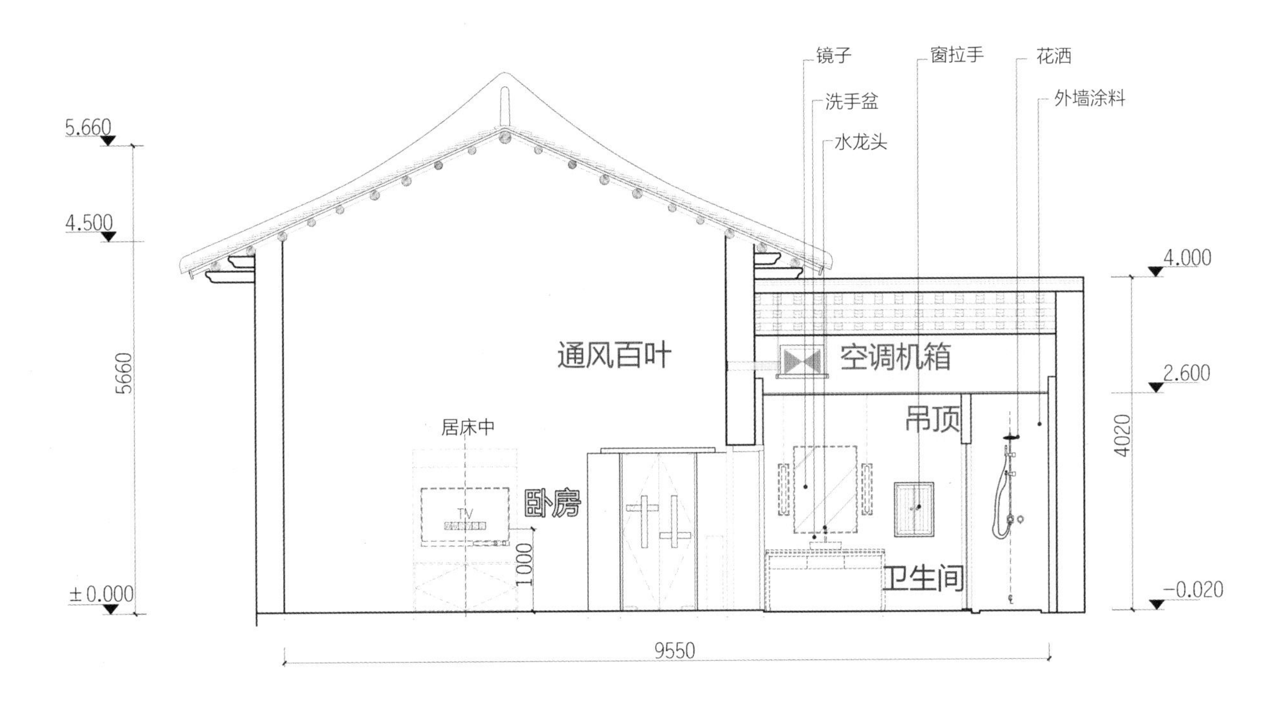

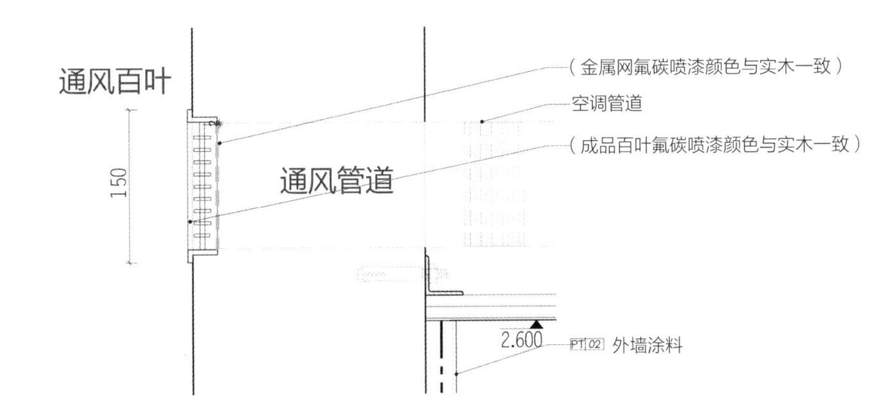

GD-29 客房剖面图（上图）
GD-30 通风管道局部大样图（下图）

提要

荣封第位于广东省河源市东源县康禾镇仙坑村，为广东省文物保护单位。荣封第的案例是“千企帮千村”精准扶贫行动的成果，探索了企业帮扶、文物保护助力乡村脱贫带动乡村振兴的新途径。在荣封第修缮工程中特别对土坯拉接、三合土修复、红砂岩装饰墙面修复等数项客家民居修复关键技术进行了研究。同时对周边环境进行提升，引入中小学生乡村调研和体验农村生活主题的研学活动，带动了乡村文旅和其他产业的发展。以文物保护利用为扶贫的突破口，具有重要的社会意义，真正体现了文物保护成果惠及民众、社会共享的精神。

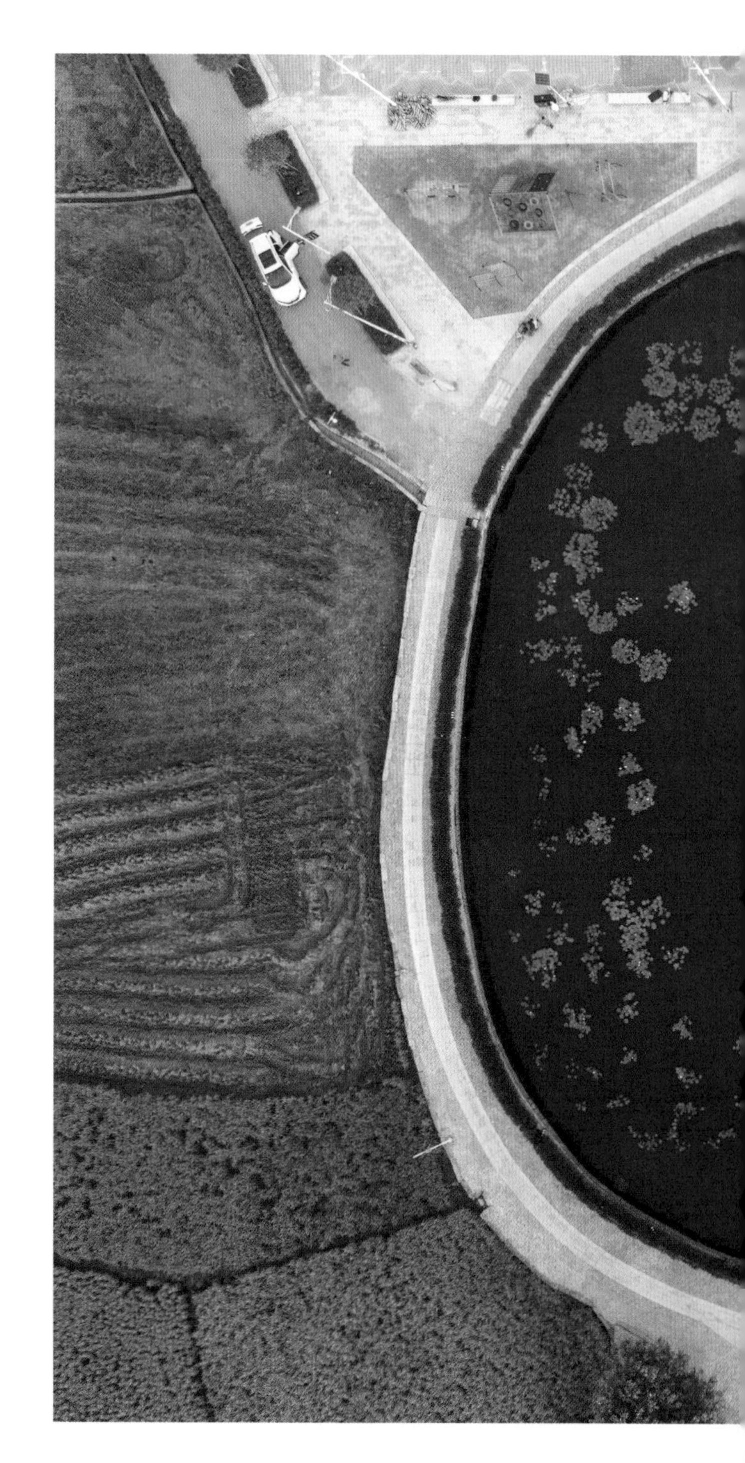

GD-31 荣封第俯瞰

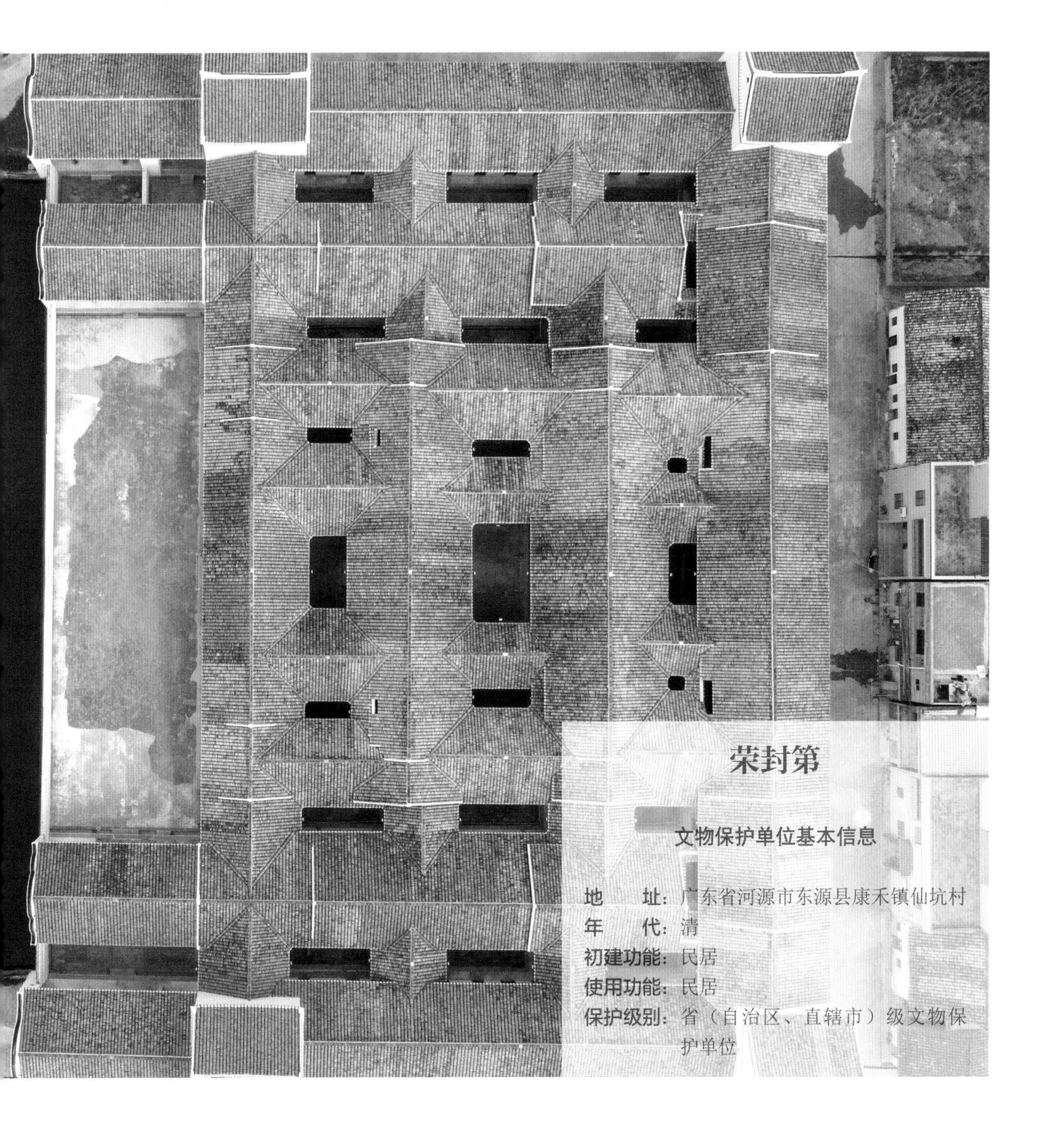

荣封第

文物保护单位基本信息

地　　址：广东省河源市东源县康禾镇仙坑村
年　　代：清
初建功能：民居
使用功能：民居
保护级别：省（自治区、直辖市）级文物保护单位嘉庆元年（1796 年），叶景亭主持在仙坑村辟地修建荣封第；
嘉庆十一年（1806 年），荣封第修建完成；
1994 年，仙坑村叶氏族人自筹经费组织修缮荣封第；
2011 年，荣封第被公布为河源市文物保护单位；
2011 年，仙坑村被列入广东省第三批古村落；
2019 年，荣封第被公布为广东省文物保护单位。
2019 年，仙坑村被列入第五批中国传统村落名录；
2019 年 1 月，荣封第修缮工程开工；
2019 年 11 月，荣封第修缮工程通过专家验收。

GD-32　仙坑村历史图——清乾隆《河源县志》康禾约图

荣封第空间形制为四堂八横，中轴四进堂屋作为公共、祭祀、礼仪活动的空间，左右两侧各设两路横屋作为主要生活居住场所，整体呈现出中轴对称，主次有序的特征。各进之间交通不必经过厅堂，既“珠联璧合”，又“独立成章”。荣封第是颇具特色的客家民居建筑，是研究客家文化的重要物质载体和象征。

荣封第修缮项目工程积极探索了文物扶贫的新模式。全国首次，创新引入“文物扶贫”社会资金介入文物保护的新模式。在本次修复工程中，当地政府、广东省扶贫基金会联合企业完成荣封第的修缮和仙坑村的可持续运营活动。此次荣封第修缮工程是我国文化遗产保护工作在文物扶贫和社会资金投入保护的重要尝试和突破。

荣封第，又称四角楼，整体布局为方形围屋，四角起楼以作瞭望，前面设半圆形水塘，以防御严密著称，是客家民居建筑的典型类型之一。

GD-33　荣封第全景图

GD-34　仙坑村全景图

文物概况

荣封第原有房屋 108 间，占地面积 6000 平方米，规模宏大。而今基本保持原貌的屋舍尚有 70 多间，占地约 4725 平方米。荣封第先是纵深增加院落，再横向扩展，高大墙垣包绕以对外隔绝，头座、二座均是“三间两耳”（正房三间，耳房两间）、“明一暗二”（厅堂一间，厢房两间）。头座正中为祖厅，中轴线贯通二、三、四座厅堂；二座正中为女厅；三厅三开间是会客场所，布置堂皇，前后格门高耸，宽檐广廊。厅堂两侧各有一个回廊通绕的四合院，是家庭成员的住所及其附属屋舍，尊卑有序，严格区别，自有天地。

推介点

01 社会力量参与文物保护 保护工程与文旅策划同步

创新引入社会力量与社会资本

同步开展保护工程与文旅利用

创新引入社会力量与社会资本

2018 年，习近平总书记给"万企帮万村"行动中受表彰的民营企业家进行了回信，对民营企业踊跃投身脱贫攻坚予以肯定。①

2015 年 10 月 17 日，全国工商联、国务院扶贫办、中国光彩会正式发起"万企帮万村"行动。

2018 年，为贯彻落实《中共中央国务院关于实施乡村振兴战略的意见》和广东省委实施乡村振兴战略领导小组《关于推进"万企帮万村"行动的实施方案》有关要求，结合《广东青年投身乡村振兴战略行动实施方案》(团粤发〔2018〕18 号)，共青团广东省委员会决定开展广东青年企业家"千企帮千村"行动。

荣封第修缮项目是"千企帮千村"扶贫工作中的文物保护项目。本次荣封第保护修缮工程，秉持着专家团队全过程跟踪指导的修复思路，文物保护工程、开放使用管理及运营创新等多元主体投入保护工程各阶段，以政府及文物主管部门为主导，仙坑村村委会承担协调和落实责任，广东省扶贫基金会联合企业完成荣封第的修缮和仙坑村的可持续运营活动。

GD-35　荣封第正立面

① 新华社 . 习近平给"万企帮万村"行动中受表彰的民营企业家的回信 [OL]. 新华社官方账号，(2018-10-11) .https://baijiahao.baidu.com/s?id=1614920924107310977&wfr=spider & for =pc.

在政府和村委会主导下，本次保护工程积极探索了文物扶贫新模式，是一次社会资金介入文物保护的重要尝试和突破。

GD-36　荣封第入口大门

GD-37　荣封第首层平面图（上图）
GD-38　荣封第正立面图（下图）

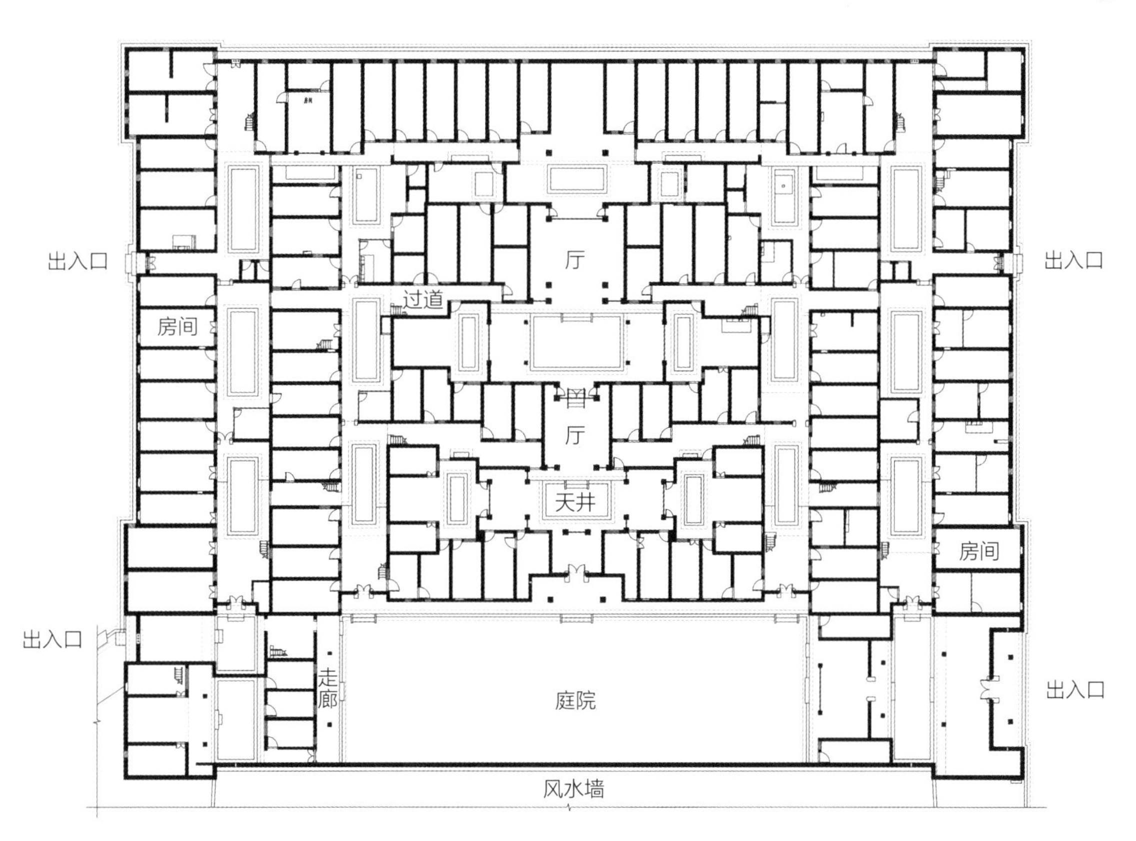

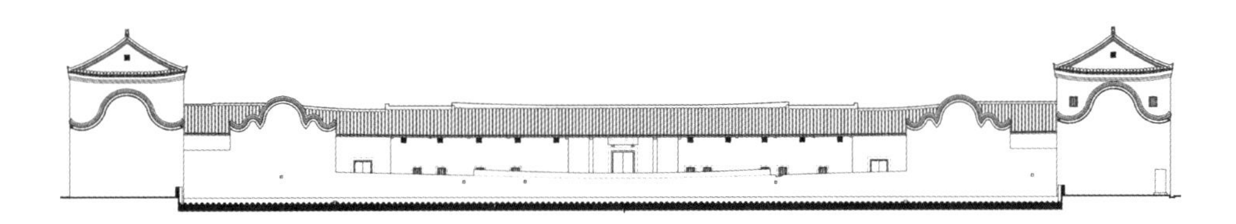

同步开展保护工程与文旅利用

社会力量投入文物利用的积极探索和创新，脱贫攻坚典范。文物保护修缮、环境整治、展示利用、乡村文旅产业同步带动。

本次项目不仅利用社会资金投入文物保护工程，同时还借助社会力量提升了文物周边设施建设和村落整体环境，触发了乡村文旅和其他产业的发展。此次工程是我国文化遗产保护工作在文物扶贫和社会资金投入保护的重要尝试和突破，具有重要的社会意义。

结合文物保护工程，还完成了荣封第的修缮和仙坑村的文旅活动开发。修缮完成后的荣封第现由仙坑村集体运营，除满足一部分居住生活功能外，另一部分空间被用于展示客家文化，此举也有利于促进仙坑村文旅融合发展。

依托丰富的自然资源和深厚的文化底蕴，仙坑村村委会联合旅游企业，利用现有的荣封第和八角楼等旅游资源优势，以中小学生乡村调研和体验农村生活为切入点发展文旅产业，古村旅游项目也为乡村振兴和旅游发展增添了新的形式和内容。

为持续增加群众收入，扶贫驻村工作队还积极发动社会力量，助力乡村振兴。以“乡村振兴＋持续造血”的帮扶思路，引入社会力量为仙坑村量身定制了“6 ＋ 1”实施方案，在古建筑修缮保护、历史文化传承、艺术内容导入、人文自然景观升级改造等方面开展援建；同时，引入专业旅游团队运营仙坑村旅游资源，引导学生下农村、干农活、搞调研从事农事活动，策划“农民丰收节”等项目形成一条具有特色的乡村旅游研学发展道路，村企携手在带动群众致富上初见成效。

修缮后的荣封第为仙坑村群众增添了文化活动或宗亲联谊的良好场所，同时也吸引了不少周边地区的传统建筑爱好者慕名学习参观，为仙坑村客家传统建筑增添了一张亮丽的名片。

GD-39　荣封第陈列展示（左上图）
GD-40　荣封第场景展示（右上图）
GD-41　荣封第村民活动（左下图）
GD-42　荣封第文旅活动（右下图）

推介点

02 研究性修缮延续历史信息 地方工匠传授客家建造技艺

深入研究传统形制与传统工艺

秉承客家建造技艺与传统做法

深入研究传统形制与传统工艺

保护工程实施之前，实地勘察荣封第的建筑风貌及现状保存状况，调研建筑的基本信息、历史沿革，了解荣封第的建筑形制和技术工艺，进行价值分析。

修缮前期的勘察测绘方面，工作人员除了实地手绘现场测量外，还运用了三维激光扫描和航拍建模技术收集数据信息，对荣封第进行全面的测绘，了解荣封第的建筑形制和原始工艺做法，记录现状残损情况，从而制定合理的修缮方案。

修缮设计考虑到建筑的耐久性及使用性要求，对于残损的结构构件及功能构件，详细考证后进行复原设计。对于残缺的建筑装饰部分，视情况而定：若残存部分能体现出较高的艺术价值，且不影响结构和安全，则保留或只做简单的加固；若装饰部分的缺失影响到建筑的整体效果，则依据其他现状完整部位对其进行参照修复。

荣封第正立面的凹墙及中轴祠堂的内墙，采用仿广府风格花岗石墙裙工艺做法，历史上客家人参照广府的类似建筑的装饰手法在建筑物的墙基、墙角处砌筑花岗石条石，但苦于当时运输条件基本上是采用水路运输，成本很高，因此，智慧的客家人采用仿花岗石的工艺手法进行墙身的装饰，若不近看且不仔细辨别，看不出来是仿造的饰面，也看不出不是真的花岗石，几乎可以达到“以假乱真”的效果，也是反映当时建筑营造艺术互相学习的一个例子。

荣封第中路墙体墙裙类似于广府仿红砂岩和仿花岗石墙裙，在四角楼修缮中也是关键部分。修缮前邀请专家到现场实地考察，确定做法，对残损缺失位置进行修复。底层批禾草灰，表面批禾草灰，然后由专业灰塑人员进行调色，参照原有颜色进行修复，恢复原有形制。施工过程中经过仔细研究，并组织研究班子团队，邀请广府传统灰塑名匠班组进行试样、分析材料的制作工艺，经过反复讨论，最终确定材料、工艺制作的工序，修缮效果良好。

篤慶堂
vanke

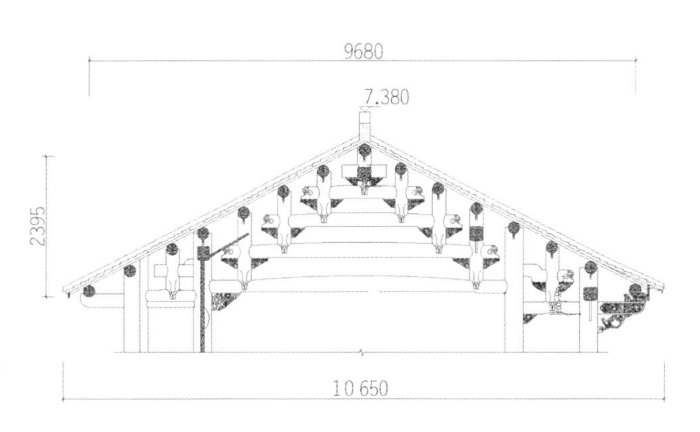

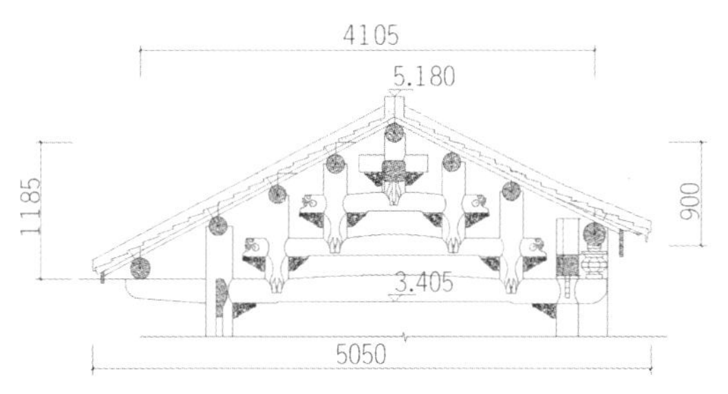

GD-43　荣封第笃厚堂修缮后（左图）
GD-44　荣封第中路中厅梁架大样图（右上图）
GD-45　荣封第中路横厅梁架大样图（右下图）

GD-46　荣封第山墙修缮前

GD-47　荣封第山墙修缮后

GD-48　上斗门二进修缮前

GD-49　上斗门二进修缮后

GD-50　中路二进正立面修缮前

GD-51　中路二进正立面修缮后

施工前期设计详细交底并研讨，并组织研究班底，联合当地传统灰塑名匠进行试样、材料分析、制作工艺研讨，最终确定材料、工艺、工序等。

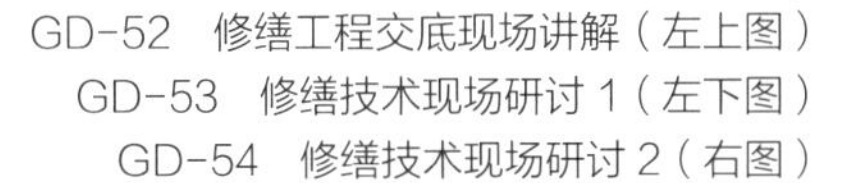

GD-52　修缮工程交底现场讲解（左上图）
GD-53　修缮技术现场研讨 1（左下图）
GD-54　修缮技术现场研讨 2（右图）

秉承客家建造技艺与传统做法

仙坑村距今已有400多年历史，村内20多幢清代客家方形围屋，古建筑和客家文化遗产保存完好，曾被授予“广东省古村落（客家地区）”称号，其中以荣封第和八角楼最为著名。

在修缮前，荣封第内已无人居住，中路厅堂作为仙坑村民祭祀先祖、举行活动的场所，两侧的横屋房间作为储放杂物的空间。由于年久失修，缺乏日常维护保养，荣封第出现了墙体大量开裂、屋面漏水、地面磨损等问题。

保护修缮施工过程中，凝练了数项客家民居建筑修缮的关键技术，包括：借助本地材料毛竹片进行拉结的土坯墙裂缝修复技术，东江流域客家建筑仿花岗石、红砂石装饰墙面修复技术，客家传统建筑三合土地面修复技术。这些关键技术为当地同类型民居建筑的修缮提供了很好的借鉴。

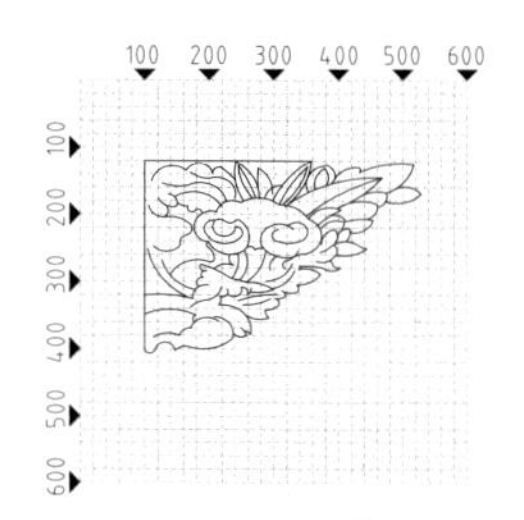

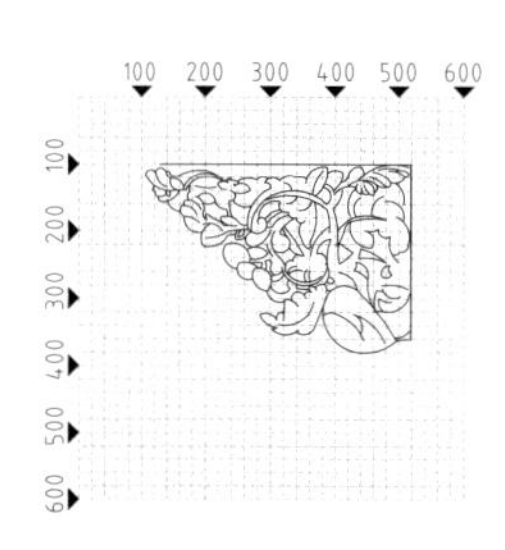

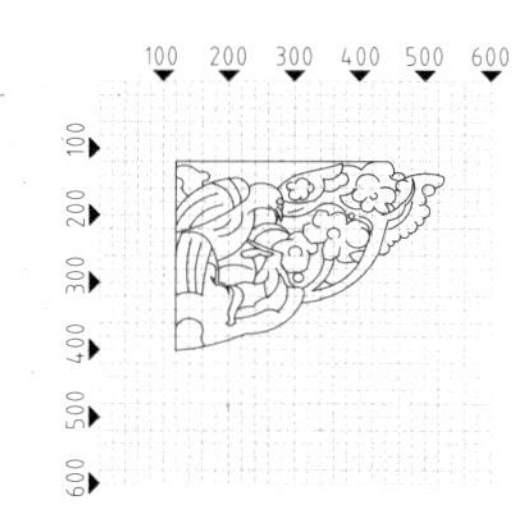

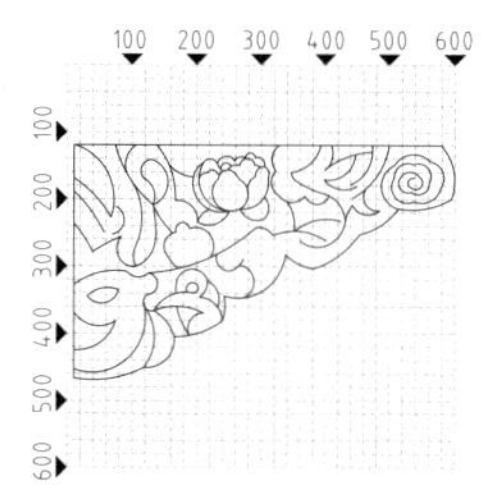

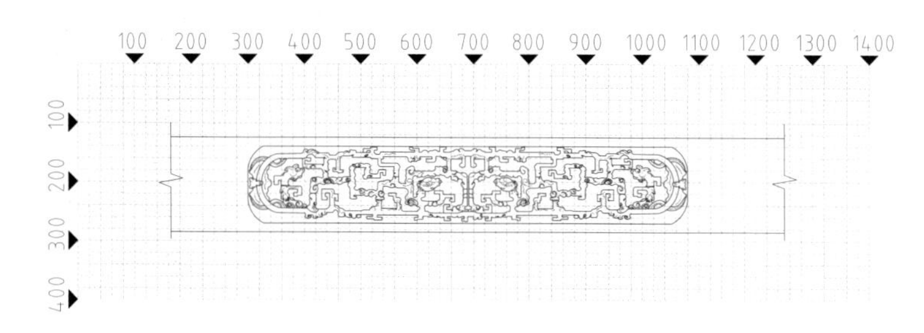

GD-55　雀替雕刻大样图（上图）
GD-56　梁底雕刻大样图（下图）

GD-57　木雕雕刻补配

GD-58　墙面凹凸修复做法

保护工程传承了客家传统建筑的工艺艺术，弘扬了传统客家文化，引起了社会各界对荣封第的历史、建筑形制及艺术的广泛关注。

GD-59　参照墙体对称位置彩绘修复

GD-60　阁楼壁画修缮

提要

三苏祠位于四川省眉山市，为全国重点文物保护单位，现作为博物馆对外开放。因受到两次地震影响，2013 年三苏祠开始大修工程。本次工程提出了“修研并重”的理念，是一次深度挖掘地方传统做法与特殊营造技艺、将科学化与精细化结合的文物保护工程实践。为了减少古建维修、环境整治、展览陈列、防雷、消防、安防、生态修复等各项工程独立实施可能产生的二次扰动，采取了多项工程并行、多专业多单位协同工作的尝试。2016 年工程顺利完成。值得推广的是，工程完成后很快出版了《眉山三苏祠维修工程报告》。修缮后的三苏祠以传播三苏文化为目标，开展了多样化的文化活动及研学课程，文物建筑修缮的成果及三苏文化的神韵得到更好的彰显。

SC-01　三苏祠南大门

三苏祠

文物保护单位基本信息

地　　址：四川省眉山市纱縠行南段72号
年　　代：清
初建功能：祠堂
使用功能：博物馆
保护级别：全国重点文物保护单位

SC-02　三苏祠鸟瞰（历史图）

三苏祠现存建筑为清代重建，是祭祀北宋时期著名文学家、艺术家和政治家苏洵、苏轼、苏辙三父子的祠堂。

北宋大中祥符二年（1009 年），苏洵出生于眉山城西南隅纱縠行私第，苏洵之子苏轼、苏辙亦出生于此，这里是三苏父子故居；

元延祐三年（1316 年）以前，三苏故居改建为祠堂；

明洪武二十九年（1396 年），重修“三苏祠”，之后明嘉靖九年（1530 年）对三苏祠进行维修扩建；明末毁于兵火；

清康熙五十四年（1715 年），在三苏祠原址废墟上重修三苏祠，之后在嘉庆、咸丰、同治、光绪年间均有不同程度的修葺、扩建、增建；

中华民国八年（1919 年），作为眉山驻军司令部的办公场所；中华民国十七年（1928 年），眉山地方官绅扩建三苏祠，将三苏祠改名为“三苏公园”，面向公众开放；中华民国期间对三苏祠维修与扩建留存的历史信息至今仍然可见；

1950 年，眉山县（今眉山市东坡区）文化馆成立，兼管三苏祠事务；

1956 年，眉山县成立三苏公园修建委员会，为三苏祠的专职管理机构，后对三苏祠进行了修缮；

1959 年，成立三苏纪念馆，正式对外展出调赠的古籍善本等纪念物；

1979 年，三苏纪念馆更名为眉山县三苏祠文物保管所；

1980 年，四川省人民政府公布三苏祠为四川省文物保护单位；

1984 年，成立“三苏博物馆”，三苏祠开始以博物馆的形式面向公众，成为汇集“三苏文化”的科研教育场所；

2006 年，国务院公布三苏祠为第六批全国重点文物保护单位；

2009 年，国家文物局评定三苏博物馆为国家二级博物馆；

2013 年，三苏祠遭“5.12 汶川地震”后，又遭“4.20 雅安芦山地震”，两次地震导致三苏祠文物建筑严重损伤；同年 8 月，闭馆维修；

2016 年 3 月三苏祠整体维修工程全面竣工，重新对外开放。

SC-03 苏洵、苏轼、苏辙像（从左至右）

三苏祠是研究三苏父子生平的重要场所，也是研究三苏祭奠史的珍贵史料和现世实证。同时三苏祠历经几百余年延续发展过程，从最初苏宅的居住功能，改为专为祭奠三苏先贤的祠堂，而后又因各时代发展的要求，烙下该时代的印记，这些印记记录了三苏祠发展过程中的重要历史事实。是所在地区历史的缩影，反映了当时当地社会意识形态的变迁。

三苏祠记录见证了三苏父子诞生与成长的点滴，祠内的不少景致也因三苏典故，三苏辞章意境渲摹而至，是三苏文化外化的体现。三苏祠承载了一代代后人缅怀凭吊三苏的深情厚谊，无论是对三苏祠的维护、扩建、保护工程措施，历代的重视用心管理，还是堂、轩、亭等构筑物的匾额楹联的词文，都体现了中国传统园林人文精神之美。此外，三苏祠的始建和重建历经中国造园艺术发展过程中宋代和清代的两次高潮时期——形成如今三分水二分竹的格局形制。布局灵活疏朗、不拘一格，风貌自然古朴、飘逸乡情，文风诗意，清旷疏朗，宁静秀雅，成为西蜀园林乡野古风的代表。

三苏祠继承了西蜀纪念园林的传统特色，是研究西蜀园林的经典案例。三苏祠在中国造园的第二次高潮时期内重建，从传统建筑建造到装饰装修，均展现了该时期该地区的建筑技术水平。三苏祠所采用的传统工艺技术其体现的地方传统建筑的营建特色，是研究清代川西建筑的技艺发展和传播演变的现实案例。

三苏祠是为纪念苏氏父子而修建的祠园，是三苏文化的重要载体。天地正气，器识文章。三苏文化经由他们留世的作品，直指人心，传载千古。他们为后人留下了丰厚文学及绘画成就，具有极高的文化价值。

三苏祠作为眉山市重要的城市节点，眉山市文化遗产的核心，是极具向心力的城市精神场所，地方的城市名片，更是地方居民的内心自豪，凝聚乡土基因的灵核。而且三苏祠的意义不止于眉山之地，它也是全国最主要也是最大的三苏纪念地。以苏轼为代表的三苏文化，它们所及的广度和深度，对后世的影响启迪深远绵长，是人类共有的财富。

SC-04　三苏祠祠堂区不同时期的院落布局

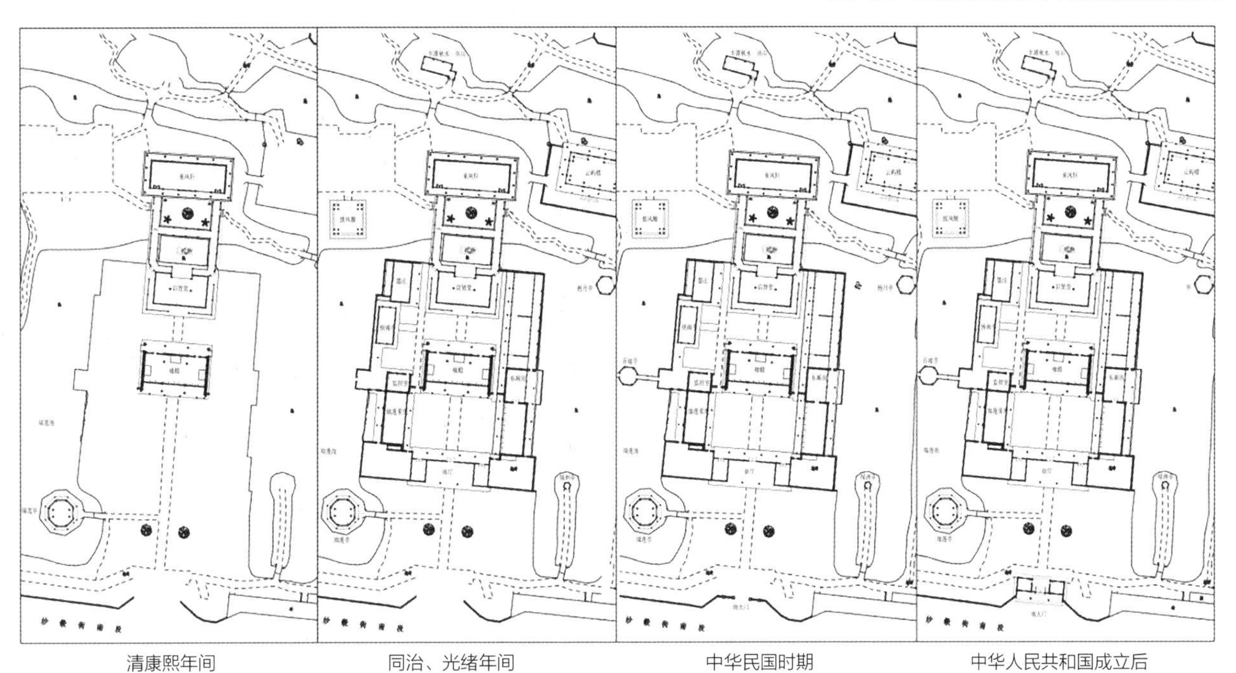

文物概况

三苏祠现存建筑为清代所建，建筑面积7367平方米，总占地面积6.5公顷，是目前国内规模最大、保存最完好的纪念宋代文学家苏洵、苏轼、苏辙三父子的古建筑群，整体分为东、西两大部分，东部为祠堂区，西部为园林区。祠内祭祀建筑主要集中在东部，坐北朝南，由南而北依次是南大门、前厅、飨殿、启贤堂、来凤轩，形成南北建筑轴线，配以东西厢房组成三进四合院。亭榭建筑分布四周，东有云屿楼、抱月亭、绿洲亭，西有披风榭、百坡亭、瑞莲亭，以及船坞、半潭秋水、消寒馆、苏轩、听荷轩等。

SC-05 三苏祠飨殿

三苏祠

推介点

01 多项工程同步推进 探究修缮特殊做法

统筹推进多项工程，降低二次破坏风险

探究特殊修缮做法，最大程度抢救脊饰

统筹推进多项工程，降低二次破坏风险

本次工程项目多、范围广，是三苏祠有史以来较大，也是比较特殊的一次修缮项目。在实施古建筑本体维修的同时，统筹推进了山体、水体、桥梁、道路、驳岸维修，安防、消防、防雷等保护设施改造和展陈提升等项目的设计和施工，避免重复建设。涉及七项工程项目，施工作业范围广且复杂，需要不同工种、不同单位的协调配合，合理有效地保证工程质量，提高工程进度。

各个工种在实施过程中紧密联系或相互交叉。如三苏祠园林保护修缮工程与消防工程的交叉配合：首先在前期方案设计时，消防管线需要依道路铺设，施工时，同道路的排水沟一同开挖，一次成形。由于部分道路采用的曲线形式，消防管线难以实现小范围的曲线铺设，故在实施道路与消防管沟作业前，施工方与甲方和设计方三方沟通协调，经过协调后，修正方案，采取了消防工程作业配合道路工程作业。消防工作人员根据调整后的方案，在道路弯曲的位置将消防管线外延做成折线，在施工中，利用道路的排水沟，管沟上面架空铺设消防管道，下面作为排水管沟使用。园区的照明电缆也是沿道路铺设，为此消防作业与水电工种也存在一些交叉关系，水电工种只能待消防工程完工后进入施工，水电施工人员沿着铺设好的消防管道铺设电线管，穿线并预留路灯接线口。待隐蔽工程（管沟）完工后，道路施工人员才能进行上面的盖板施工，完成封沟，形成一个立体综合管沟，既减少了开挖面积，又节约了工程材料。同时消防工程还与绿化工种有着交叉关系，因为部分消防管线要经过种植区，所以植被施工人员在施工前就要与消防工程进行协调配合，确定好消防管线铺设的路线，绿化施工人员明确路线后把该区域预留给消防先施工作业，避免对绿化工程的二次破坏。绿化工程在施工过程中，合理种植植物，避免在铺设消防管线的位置开挖土方和树穴，破坏管线安全。

表 SC-01　三苏祠保护工程项目统计表

工程项目	项目名称	修缮内容	开工时间	竣工时间
三苏祠建筑保护修缮工程	眉山市三苏祠保护维修工程	南大门、前厅、飨殿、启贤堂、来风轩、东厢房、西厢房、百坡亭、抱月亭、披风榭、瑞莲亭、船坞、半潭秋水、消寒馆、云屿楼、绿洲亭 16 处重要建筑	2014 年 1 月 6 日	2014 年 12 月 31 日
	三苏祠防雷工程	对三苏祠内 15 处古建筑进行避雷网、引下线、接地极等防雷设施建设		
三苏祠园林保护修缮工程	三苏祠维修保护三期工程——保护展示设计工程	祠堂区内环境整治及景观提升，包括水体、山体、驳岸、植被、道路、园桥及附属建筑等	2015 年 9 月 17 日	2016 年 3 月 10 日
	三苏祠消防工程	三苏祠内消防给水系统、消防自动报警系统、气体灭火系统等设施全面改造完善		
	三苏祠安防系统改造工程	三苏祠安全技术防范系统进行全面改造		
	三苏祠清水型生态系统构架工程	对祠堂内的水域，做净水工程		
	三苏祠、三苏纪念馆展陈改造提升	对园区内的建筑及高大的古树乔木做防雷工程		

探究特殊修缮做法，最大程度抢救脊饰

为了更好地保护三苏祠的文物价值，对其传统工艺的研究至关重要，为修缮效果提供必要保障。本次工程实施过程中运用了多种特殊的修缮技术和工艺，其中值得提及的有锤灰脊饰的保护性拆卸、穿斗屋架的整体纠偏和川西古建筑传统工艺的探究等，这些特殊手段是本次工程的重要技术保障。

虽经多年自然腐蚀，原脊饰灰塑脊早已残破不堪，但传统工艺仍旧清晰可见，精湛的手法、精美的花饰无一不充分展示其历史文化的丰富内涵。为了抢救和恢复脊饰，以及传承濒临失传的民间工艺，采取保护性拆卸的方式，将现有脊饰全部施以锤灰后完整恢复归安。

锤灰脊饰的保护性拆卸工艺

1）预加固：揭瓦前对脊饰做好支护，拆卸前先对脊饰进行表面除尘，局部用黏合剂加固。

2）分段拆卸：拆卸前先对脊分段测量、标记并留存影像资料。尽量选择脊饰断裂、歪闪等残损部位进行切割，如无残损则选择花纹较少处。

3）妥善保管：对正吻、副吻、中堆等，制作支持体后在花纹之间的空隙处进行切割，尽量完好揭取灰塑纹饰和兽件，并记录编号统一保存。对正脊部分，切割后将预先制作好的两件L形木制板槽分别从脊两侧伸入脊胎下部，使其坐于两板槽拼合成的U形槽中，并在两侧塞棉布避免碰撞，最后在木槽外围绑扎牢固，用吊葫芦吊至地面，妥善保管。

4）归安：木构架修缮完毕后恢复屋面和脊饰，安装脊饰前于屋面脊檩中部拉结准线，脊饰安装按准线排布，保证高度统一。脊胎松散处还需重新制作脊胎。

SC-06　前厅南立面图

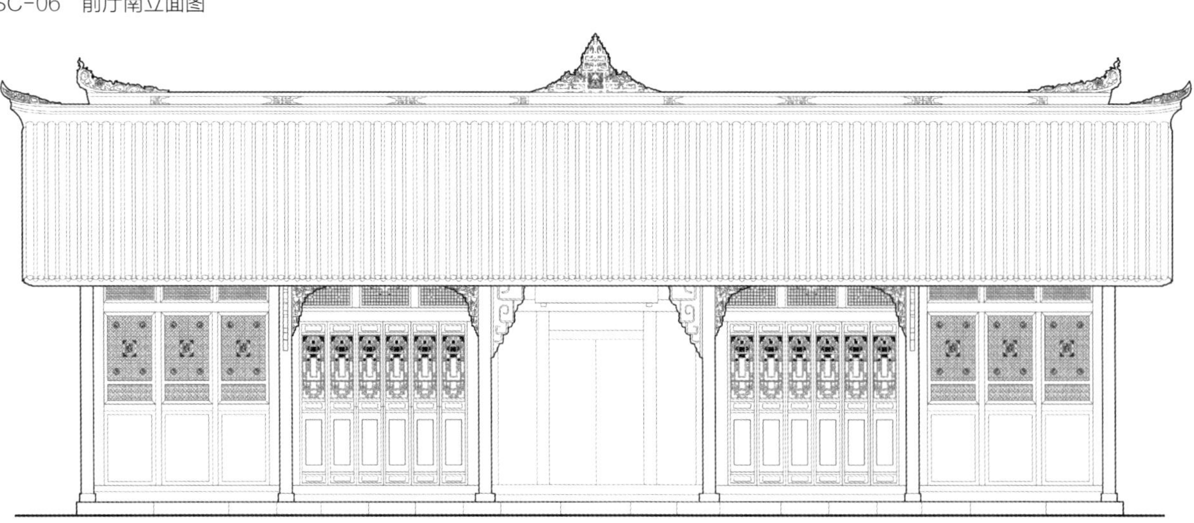

SC-07　前厅脊饰现状歪闪严重（左上图）
SC-08　前厅脊饰保护性拆卸（右上图）
SC-09　前厅脊饰归安（左下图）
SC-10　前厅脊饰修复（右下图）

推介点

02 多方式展示修缮 举办宣教特色活动

及时出版修缮报告，专题展示修缮历程

多样拓展三苏文化，举办特色主题活动

及时出版修缮报告，专题展示修缮历程

工程实施完成后，工作人员将收集到的历史照片及工程实施全历程详细地记录，整理、编排、汇集成册，出版《眉山三苏祠维修工程报告》《古祠新生　三苏祠“4.20”灾后大维修纪实》两本珍贵的修缮史料。两本著作总结了三苏祠相关历史，围绕三苏祠的文物价值，抓住工程推介点，较为全面阐述了三苏祠维修工程的技术过程，分析解决存在的问题。同时在此基础上总结过程中产生和形成的优秀工作思路和工作方法，为后人开展修缮保护提供参考，同时也为后期三苏祠的管理维护、保护利用奠定了坚实的基础。

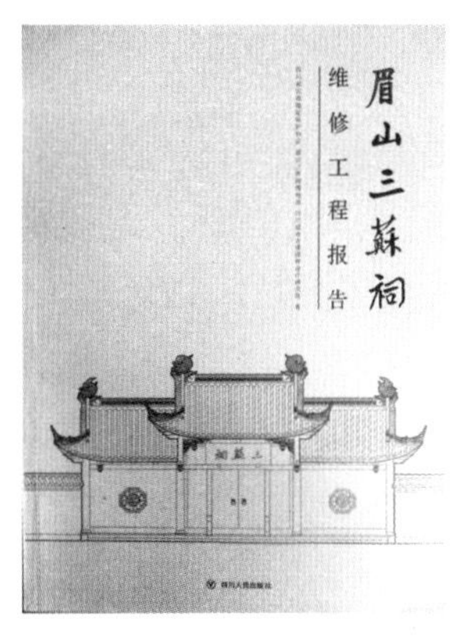

SC-11　2017 年出版的《眉山三苏祠维修工程报告》(左上图)
SC-12　2015 年出版的《古祠新生　三苏祠“4 · 20”灾后大维修纪实》(右上图)
SC-13　修缮历程展示 (左中图)
SC-14　文物史料展示 (右中图)
SC-15　修缮后的三苏祠百坡亭 (下图)

SC-16 “风吹细细绿筠香——东坡竹文化体验”研学活动（左上图）
SC-17 “宋代文人四雅——焚香、点茶、抹画、括花”体验研学活动（右上图）
SC-18 “传拓技艺体验”研学活动（下图）

多样拓展三苏文化，举办特色主题活动

三苏祠还举办了围绕三苏文化和东坡文化的各类活动。例如东坡会、东坡文化节、纪念苏东坡逝世和诞辰的周年活动。汇集了来自社会各界，有专家、教授、学者、书画家、党政干部，以及全国各地苏东坡遗迹遗址文物保护单位的代表、苏氏后裔、当地群众等。

同时还开展多样的三苏文化研学课程，如“传拓技艺体验”，阐释中国古代传统传拓技艺；“门柱上的文化瑰宝——三苏祠楹联艺术欣赏”，借助三苏祠的楹联，引导同学们了解和掌握楹联的基本常识，激发对楹联的兴趣，唤起同学们对传统文化的喜爱；“我家江水初发源——千年奔腾的岷江历史地理文化流变”深入浅出地向同学们介绍岷江沿岸的历史文化及地理有关知识；“人间至味是清欢”了解东坡美食的制作方法及背景知识，带领同学们领悟苏东坡的乐观旷达；“风吹细细绿筠香——东坡竹文化体验”从东坡竹文化管窥蠡测理解中国传统意象文化；“心香一瓣谒三苏”借助祭拜三苏的实践，了解中国的祭祀文化；“行走东坡故园 感受古建魅力”剖析三苏祠的建筑形制；“宋代文人四雅——‘焚香、点茶、抹画、括花’体验”加深对中国优秀传统文化的理解与认可，培养对生活的热爱之情；“宋代‘奥林匹克’运动会——宋人投壶、木射体验”理解中国古代运动所承载的礼制文化、外交文化、君子文化等内涵；“苏轼的成才秘诀”拓展与三苏文化有关的知识内涵。

SC-19　2020 年 7 月，荔枝成熟之际，开展“聆听古今抗疫故事 · 敬献英雄千年丹荔”活动（上图）

SC-20　2021 年 7 月 1 日，建党百年之际，举办的唱支歌给党听、对党告白、拓片祝寿献福、党史知识有奖问答系列活动，为党庆生（中图）

SC-21　2021 年 1 月 31 日，东坡 984 周年诞辰，开展祭拜三苏、定制春联、民乐展演、拓福体验、文创优惠、寻找东坡有缘人等活动（下图）

提要

谷氏旧居位于贵州省安顺市儒林路北段，安顺古城历史文化街区内，为安顺市文物保护单位，现作为旧居陈列室、公益图书馆使用。2019 年安顺市人民政府印发《安顺市全面加强文物工作的实施方案》，为旧居保护利用提供了地方性指导意见。谷氏旧居已有上百年的历史，持续使用中有多次的加改，由此修缮工程特别注重了历史信息挖掘和旧材料的修复使用。遵照“政府主导、社会参与、严格筛选、服务公众、有效监督”的要求，筛选了有公益情怀的运营单位，通过有效监督及预交维修经费的措施，使旧居维护有了资金保障。作为安顺首家公益图书馆使用的谷氏旧居，已经成为安顺百姓文化生活的有机组成部分。

谷氏旧居

文物保护单位基本信息

地　　址：贵州省安顺市西秀区儒林路
年　　代：清
初建功能：居住
使用功能：陈列馆、图书馆等文化教育场馆
保护级别：市、县（区）级文物保护单位

历史变迁

清中后期，谷氏家族初建北宅；

中华民国初期，北宅增建部分建筑，后院设园圃，形成前店后宅三进院落格局；

中华民国中期，谷兰皋自谢氏购入南宅，成为谷家产业；

中华人民共和国成立初期，划为军产，作为解放军第五兵团 17 军后勤部军需供应处；

20 世纪 50 年代中期，由军区卖给原安顺县供销社，作为棉花仓库使用；

20 世纪 70 年代，作为供销社职工宿舍使用；

1987 年，谷氏旧居被公布为县级文物保护单位；

2004 年，谷氏旧居被公布为市级文物保护单位；

2006 年，旧居北侧新建文庙广场，占用后花园用地；

2016 年，西秀区文体广旅局启动谷氏旧居修缮工程；

2017 年，谷氏旧居修缮工程竣工；

2018 年底，谷氏旧居作为文化艺术展示教育场馆展开多渠道活化利用。

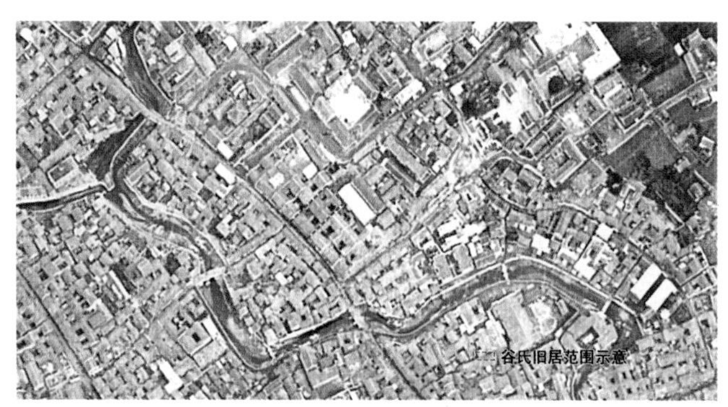

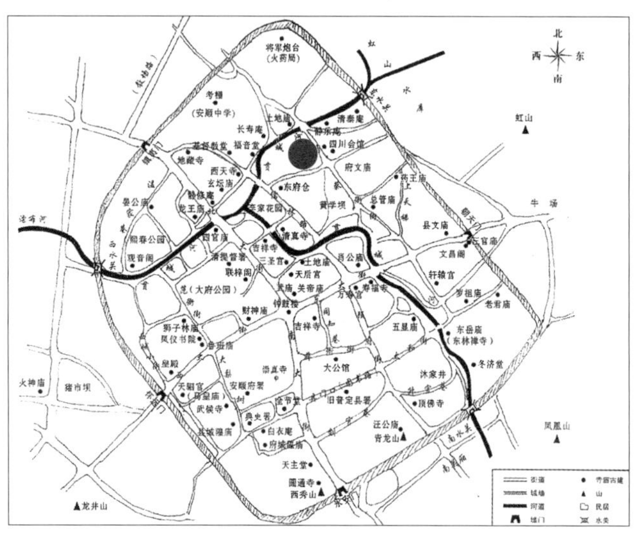

GZ-02　1977 年谷氏旧居历史影像图（上图）
GZ-03　中华民国时期谷氏旧居在安顺古城的位置示意（下图）

谷氏旧居，俗称谷公馆，是安顺名人谷正伦、谷正纲、谷正鼎幼年居住的地方。谷正伦、谷正纲、谷正鼎三兄弟作为重要人物参与了武昌起义、北伐战争、抗日战争等重大历史事件，是清末中华民国时期中国风云变幻历史的亲历者。谷氏旧居作为谷氏三兄弟出生、成长的地方，是见证中国近代历史社会变迁的真实实物。

谷氏旧居为前店后宅格局，具有典型黔中商贸建筑特征。同时其构件精美，建筑风格中西合璧、以中为主，既有罗马式拱窗、哥特式尖券拱窗等西式建筑元素，又有传统雕花门窗、石雕构件、传统油饰等，是贵州近代民居建筑中受西方建筑文化影响的典型代表。

GZ-04　谷氏旧居陈列室院落

文物概况

谷氏旧居院落占地1770平方米，建筑面积700平方米，由两处相邻的三进宅院组成，兼有清代及民国建筑风貌特点。北宅由封火山墙、门厅、过厅、正厅、两厢及后花圃组成。二进院为四合院，房屋四周带廊，形成“走马转角楼”。正厅为典型的民国建筑风格。南宅由封火墙、门厅、过厅、仓库、东厢及花圃组成。门厅有披檐，过厅与北宅相同。北宅建筑、院墙较南宅高大宽敞。南北宅院设三道封火山墙，于一进院中设门，使两宅相通。

GZ-05　谷氏旧居（北院）

谷氏旧居

推介点

01 保障政策切实可靠 修缮实施严谨利旧

加强政策保障，纳入街区发展

深挖历史资料，应保尽保利旧

加强政策保障，纳入街区发展

安顺市文化广电旅游局在贯彻落实《关于全面加强文物工作的实施意见》(黔府发〔2017〕29号)、《关于加强文物保护利用改革的若干意见》基础上，结合安顺市的实际情况，于2019年制定了《安顺市全面加强文物工作的实施方案》，为安顺市文物的保护利用指明了方向。

提出了文物保护利用工作的具体方面和要求，包括城乡建设中应做好文物保护工作、加强安顺地方特色文物保护、鼓励社会参与文物保护、合理适度利用等，同时明确了具体内容的责任单位，使谷氏旧居的保护利用工作方向明确，保障切实可靠。

GZ-06　启创中国城市公益图书馆

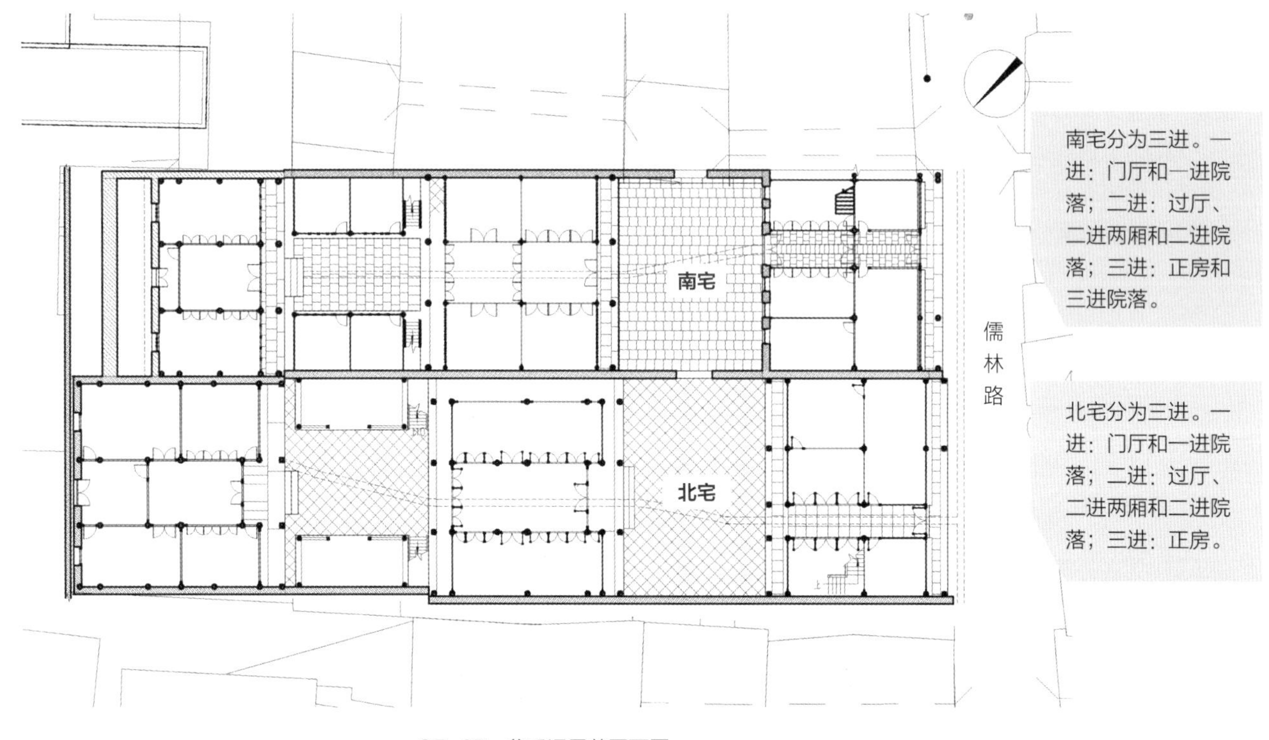

GZ-07　谷氏旧居总平面图

GZ-08　谷氏旧居北院剖面图

深挖历史资料，应保尽保利旧

谷氏旧居已有100余年历史，在历史的变迁中，其总体布局、建筑形制基本未遭受较大的人为改造或自然破坏，但由于产权及功能多有变更，尤其是装修上的改变最为严重。为保证谷氏旧居的真实性和完整性，谷氏旧居修缮工程对现存建筑进行了详细全面地勘察，通过查阅家谱、走访调查理清谷氏旧居历史格局。修缮尽量利用原有建筑材料，如旧材料已无法使用，采用从民间传统建筑拆除后的旧料中收集的方式，实在无法满足需要且数量较大，则按原形制、原规格另行烧制。

谷氏旧居作为安顺古城历史文化街区的重要组成部分，修缮方案从历史环境氛围合理保留的角度参考了旧居同时期相邻建筑形制和特点，保证了整个建筑群风格与历史文化街区内的其他同时期建筑风貌协调一致，气氛融洽。

GZ-09　谷氏旧居修缮过程照片

推介点

02 鼓励社会力量参与发挥文化公益效应

社会力量参与，严格监督管理

挖掘价值内涵，体现公益效应

社会力量参与，严格监督管理

文物活化利用需要讲好文物故事，发挥文物滋养文化的作用。安顺市历史文化街区重点文物管理处通过对企业背景、企业文化、社会活动参与多方面的严格筛选，引入具备一定经济实力、热心文化公益、有社会责任感的企业参与谷氏旧居的管理和使用，使修缮后的谷氏旧居成为社会文化生活的一部分。同时文物管理部门针对企业制定严格的管理要求并明确使用方向，对企业日常运营行为进行定期监督巡查，明确在严格遵守文物法等有关规定的基础上，参与管理企业应及时对现有文物建筑和相关设施进行维护。企业参与日常维护也有效地加强了文物的安全保障。同时企业缴纳的维修基金，也使旧居的日常维护有了一定的资金保障，一定程度上实现了以文物养文物，充分发挥文物为公共文化服务的功能。

GZ-10　谷氏旧居内传统彩色蜡染服饰展

GZ-11　谷氏旧居内启创中国城市公益图书馆 1

挖掘价值内涵，体现公益效应

谷氏旧居充分重视文物的历史信息传达，通过合理利用文物建筑空间设置展厅、书店等文化教育场所，采用免费参观体验的方式，让文物走入百姓生活。谷氏三兄弟作为近代历史著名人物，其人物事迹是中国近代史的一段缩影。谷氏旧居内设有专门展览介绍谷氏家族、谷氏旧居历史的陈列馆，通过人物传略和历史照片，追寻历史记忆，讲述谷氏旧居历史故事。此外，利用谷氏旧居一、二层不同层高等特点设置城市公益图书馆、城市非遗传承研习基地等。城市公益图书馆由企业家捐资创办，是安顺首家公益图书馆，免费对外开放。通过逛古街、访旧宅、观展览、读好书、品茗茶、闻琴声的方式，使谷氏旧居的教育体验真正成为百姓生活的一部分，实现文物的城市文化客厅功能。

GZ-12　谷氏旧居内启创中国城市公益图书馆 2

提要

塔尔寺位于青海省西宁市湟中区西南隅的莲花山坳中，为全国重点文物保护单位。寺院自始建以来始终是地方重要的宗教活动场所，还是开放景区。20世纪90年代，塔尔寺成立了自己的古建筑修缮队伍，负责塔尔寺管辖范围内的古建筑维修工作。通过国家文化遗产保护专家的多年指导，加之与僧侣队伍内部不断讨论磨合，逐渐形成了保留老建筑、老物件，保留历史遗存，传承地方建造技艺的思想。寺院僧侣队伍文物保护意识的增强及传统建造技术的传承，有效地保障了塔尔寺文物建筑在使用中得以维护，传统维修技术有了根植的土壤。同时也使得塔尔寺宗教文化氛围更为传统古朴，环境更为和谐。

塔尔寺

文物保护单位基本信息

地　　址：青海省西宁市湟中区金塔路56号
年　　代：明
初建功能：寺院
使用功能：寺院
保护级别：全国重点文物保护单位

历史变迁

塔尔寺建筑群规模庞大，但并非经过预先统一规划而一次性建成，而是经过500多年的逐步建设而成为一处规模庞大、极具代表性的藏传佛教格鲁派寺院。

明洪武十二年（1379年），藏传佛教格鲁派的创始人宗喀巴大师之母按照大师嘱托在其诞生地建成一座莲聚宝塔，这是塔尔寺最早的建筑；因寺院由此塔逐渐发展形成，故称“塔尔寺”；

明嘉靖三十九年（1560年），高僧仁钦宗哲坚赞在莲花山之南的山麓修建一座禅堂，供僧人诵经修禅，形成塔尔寺寺院雏形；

明万历五年（1577年），在莲聚塔南侧建成一座弥勒佛殿，之后明代陆续建大经堂、大金瓦殿等建筑，寺院制度逐步完善；

清代对格鲁派采取扶持政策，塔尔寺建筑营造活动频繁，先后营建密宗学院（居巴扎仓）、医明学院（曼巴扎仓）、天文历算学院（丁科扎仓），以及行宫、神殿、活佛府邸等一批建筑；清中期之后，没有大规模的建设活动，而是以修缮改建、小规模增建为主；

中华民国三十一年（1942年）修建时轮大塔；

1961年，国务院公布塔尔寺为第一批全国重点文物保护单位；

1969年，成立塔尔寺文物管理小组；

1982年，青海省社会科学院在塔尔寺成立藏族历史文献研究所，同年中国旅行社在塔尔寺成立分社；

1991年开始，国家文物局分批次陆续开展塔尔寺文物建筑保护修缮工程。

QH-02　1947年塔尔寺

价值阐述

藏传佛教格鲁派六大丛林：甘丹寺、哲蚌寺、色拉寺、扎什伦布寺、拉卜楞寺和塔尔寺，其中甘丹寺和塔尔寺最为著名。

塔尔寺是藏传佛教格鲁派创建人宗喀巴大师的诞生地，是藏传佛教格鲁派圣地。它以博大精深的佛教文化，精美绝伦的佛像造型，恢宏独特的建筑风格，丰富而珍贵的文物收藏，独具一格的“艺术三绝”，成为藏传佛教寺院的典型代表。

QH-03　塔尔寺大经堂（上图）
QH-04　塔尔寺酥油花（下图）

QH-05　塔尔寺全景图

文物概况

塔尔寺整个寺院依莲花山山势起伏，高低错落而筑，占地面积约48.85公顷，各类建筑9300余间（座），建筑面积10万多平方米。主要文物建筑有大金瓦寺、小金瓦寺、大经堂、大厨房、九间殿、大拉浪、如意宝塔、太平塔、菩提塔、过门塔等。其中，大金瓦寺为主殿，三重檐歇山金顶，面积近450平方米。大、小金瓦寺均为铜瓦鎏金顶。大经堂为藏式平顶建筑，面积1980余平方米，面阔十三间，进深十一间，四壁挂满锦缎、地毯，为喇嘛聚会念经的大礼堂，是藏传佛教建筑的典型代表。

推介点

01 建立专业修缮队伍
深耕传统技艺传承土壤

地区专业修缮队伍持续壮大，培育地方传统技艺传承土壤

寺内优秀修缮案例持续宣教，转变僧侣团体文物保护理念

地区专业修缮队伍持续壮大，培育地方传统技艺传承土壤

早在 20 世纪 90 年代考虑地区特殊性和地域性背景，塔尔寺将寺内传统手工匠人组织起来，成立了塔尔寺专职的古建团队，主要负责塔尔寺的古建筑修缮。这使得传统匠人有了集中化的管理组织，传统技艺传承有了植根土壤，极大提高了塔尔寺修建技术的有序传承。

塔尔寺这一预见性的决策，将多年传统技艺师徒授受与现代管理组织模式结合起来，使得传统技艺的传承有了保障，塔尔寺的建筑遗产因此得到原生态保护，更好地向僧侣、信众、游客展示深厚的藏传佛教建筑遗产。

QH-06　梁架施工（左图）
QH-07　边玛墙施工（右图）

国家文物局颁发塔尔寺古建筑工程有限公司文物保护工程（施工）一级资质。现今有木工、瓦工、彩绘、鎏金等修缮队伍，技术、施工人员成熟，师徒授受、传承有序。

QH-08　瓦作技艺（右上图）
QH-09　彩绘技艺（右下图）
QH-10　砖雕技艺（左图）

修缮施工中新配木料因含水率高，工程竣工一段时间后新配木构件干缩变形，这一直以来都是困扰修缮工程的一个问题。

针对这个问题，塔尔寺设置专门仓储区域，将修缮木料预先几年储存、阴干，并不时翻转，保证所有储存木料干燥充分。施工时使用阴干多年的木料，新补充木料再继续储存起来留待以后施工使用，如此良性循环，有效解决新配木料含水率高导致木构变形的症结。

QH-11　木料储存多年、阴干（上图）
QH-12　木作技艺（下图）

日常保养维护对建筑遗产保护、延年益寿有重要的积极意义。塔尔寺修缮队伍常驻寺内，有便利条件和专业队伍对文物建筑进行日常保养维护，更好更长久地保护文物建筑。

QH-13　麦穗墙（左图）
QH-14　塔尔寺大经堂（右图）

寺内优秀修缮案例持续宣教，转变僧侣团体文物保护理念

随着20世纪90年代塔尔寺修缮队伍的建立，加上国家文物局专家、专业匠人与领导团队在寺内不断宣传引导，寺内僧侣逐渐深入认知文物保护理念。

修缮队伍领导者与使用者其实同为塔尔寺的僧侣，有些甚至是师兄弟关系。起初一些僧侣对建筑遗产保护还有疑惑和不解，认为全部换新是最好的方法，甚至因此师兄弟之间产生矛盾。但自20世纪90年代起，由修缮队伍完成的寺内大金瓦殿、小金瓦殿等大大小小几十项工程，其中优秀的塔尔寺建筑修缮工程案例纷纷呈现。在潜移默化的影响下，现今寺内僧侣对文物建筑保护的观念有所转变，认为寺内老建筑、老物件、传统工艺都需要传承与保留，建筑遗产保护理念深入人心。塔尔寺文物建筑的有序保护，也逐渐成为寺内僧侣的一致目标，文物保护与宗教活动能够和谐相处。

QH-15　嘉木样活佛院修缮后 1

推介点

02 隐蔽设置现代设备 保障“酥油花”非遗持续展示

非遗展厅隐蔽配备恒温系统，保障“酥油花”艺术品持续展示

非遗展厅隐蔽配备恒温系统，保障“酥油花”艺术品持续展示

每年正月十五是塔尔寺酥油花节，僧侣们将倾三月之功精心制作的酥油花抬出，供人们观瞻。

QH-16　塔尔寺酥油花

酥油花是以酥油为主要原料制作成的艺术品，被誉为塔尔寺艺术“三绝”之一，是国家级非物质文化遗产。塔尔寺于公元1612年正月开始供养酥油花，塔尔寺的酥油花代表了中国藏区最高技艺水准。

酥油花的主要原料酥油熔点较低，以前只能在冬季气温0℃以下的3个月内制作、展览。当天气炎热时酥油花会消融变形，无法长期保存。

2013年塔尔寺对酥油花展览馆进行内部装修升级，2017年竣工并向社会开放。

为保证酥油花可以一年四季长期展览，此次工程在酥油花展览馆内配备完备的恒温系统，隐蔽在橱窗内不断输送冷气，使得保存酥油花的橱窗温度保持在 −5℃ ~8℃之间。让酥油花可以长期展览，在盛夏绽放。

推介点

03 践行“最低限度干预”原则延续文物建筑历史面貌

践行“最低限度干预”原则，寺内多方达成修缮标准共识
探索突破传统修缮技术缺陷，吸纳适合经验改良技艺做法

践行“最低限度干预”原则，寺内多方达成修缮标准共识

塔尔寺修缮队伍的成立，形成了传统师徒授受与现代公司有机结合的管理体系。有了成熟技术人员与寺内管理的支撑，寺内古建筑的修缮从外形、设计、材料、材质都有了良好的把控。

修缮队伍具备专业技能，对寺内建筑遗产也有主人翁意识，对“最低限度干预”原则中“度”的把握也有了更深刻理解与认识。修缮工程中采取的保护措施皆以延续现状，缓解损伤为主要目标，例如嘉木样活佛院有限度地处理瓦面、院落地面排水等，保留绝大部分木构件，不去勾绘描新彩绘等，极大地保留了文物建筑价值和历史、文化信息。

QH-17　嘉木样活佛院修缮后 2

《中国文物古迹保护准则》(2015)最低限度干预阐释中提出，“对文物古迹的保护是对其生命过程的干预和存在状况的改变。采用的保护措施，应以延续现状，缓解损伤为主要目标。修缮干预应当限制在保证文物古迹安全的限度上，必须避免过度干预造成对文物古迹价值和历史、文化信息的改变。”

QH-18　嘉木祥活佛院修缮后 3（左上图）
QH-19　嘉木祥活佛院修缮后 4（右上图）
QH-20　嘉木祥活佛院修缮后 5（下图）

近期塔尔寺实施了尕前活佛院、酥油花上院、时轮经院前廊、医明学院附院四座古建筑维修工程。2018 年 11 月通过竣工验收。

针对塔尔寺内四处古建筑残损病害情况，主要采取屋面挑顶、更换糟朽杨木构件、院落地面，以及排水整修、挡土墙加固等措施，严格控制工程量，最低限度干预文物建筑，保证文物建筑价值和历史、文化信息得以延续，实例践行文物保护“最低限度干预”原则。保留文物建筑历史沧桑感，让原生态的藏传佛教建筑可以完整地展现在公众面前。

QH-21　时轮经院前廊 1—1 剖面图（上图）
QH-22　时轮经院前廊正立面图（下图）

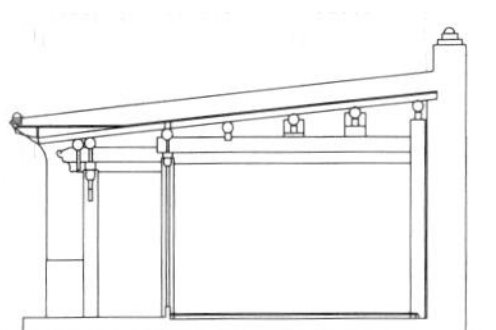

QH-23　酥油花上院修缮前（左上图）
QH-24　支顶换柱（左下图）
QH-25　酥油花上院修缮后（右图）

有了传承有序的修缮队伍，传统的“偷梁换柱”技术得以延续使用，即在不挑顶卸荷的情况下更换木柱，最低限度扰动的保护技术措施。

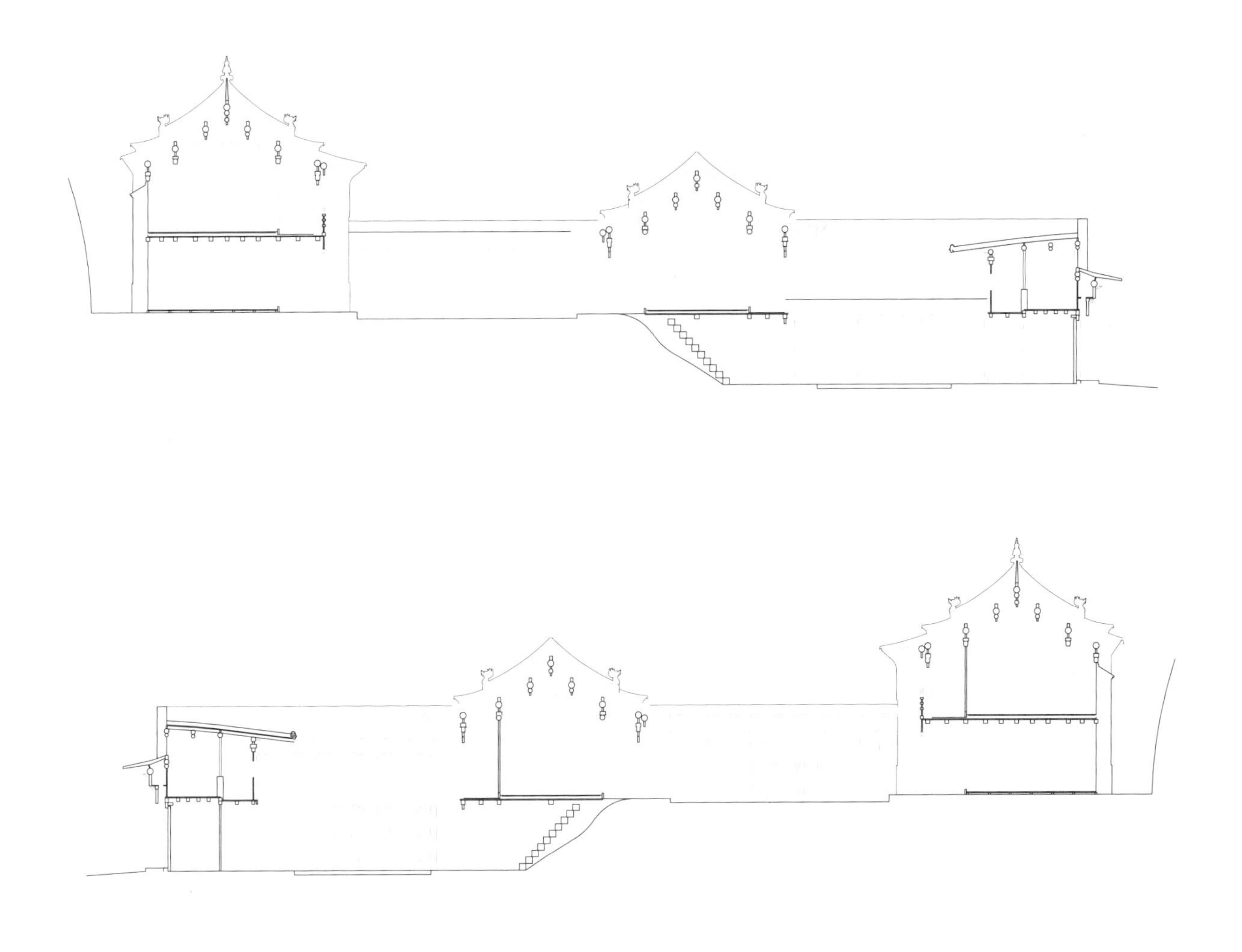

QH-26　尕前活佛院剖面图

QH-27　尕前活佛院正房修缮前（上图）
QH-28　尕前活佛院正房修缮后（下图）

探索突破传统修缮技术缺陷，吸纳适合经验改良技艺做法

在修缮工程的前期勘察评估中发现，寺内建筑墙内柱普遍糟朽。因此施工中对墙内柱修缮措施进行调整，在墙体下碱位置墩接石柱，保证柱根位置不再糟朽，上部木柱用瓦件包裹，并在墙体上设置透风口，结合实际情况吸纳同类古建筑修缮成功经验，发展藏传佛教建筑传统修缮技艺。

鎏金铜瓦的金瓦殿，多见于藏传佛教建筑，鎏金铜瓦传统工艺需要用到大量的水银，水银有挥发性，蒸气有剧毒，对施工人员的健康有极大危害。塔尔寺不断努力做各种尝试、各种改进工艺，以期减少传统工艺对人员健康的影响，并改进工艺后的实际效果，但这一问题是铜瓦鎏金技术的瓶颈。铜瓦鎏金工艺的传承与发展仍需要文物保护工作者的持续探究与实践。

QH-29　墙内柱透风口（上图）
QH-30　小金瓦殿（下图）

索 引

图片索引

北京　BEIJING

图片序号	图片名称	图片来源
BJ-01	福州新馆前院	北京北建大建筑设计研究院有限公司提供
BJ-02	福州新馆北房及东西厢房	北京北建大建筑设计研究院有限公司提供
BJ-03	林则徐画像	编者摄于福州新馆
BJ-04	“禁毒斗争，任重道远”展厅外景	北京北建大建筑设计研究院有限公司提供
BJ-05	“禁烟英雄林则徐”主题展	编者摄
BJ-06	福州新馆场地入口区	北京北建大建筑设计研究院有限公司提供
BJ-07	西城区举行首批文物建筑活化利用项目签约仪式	摘自 https://www.sohu.com/a/460796094_115865
BJ-08	平面流线	北京北建大建筑设计研究院有限公司提供，编者改绘
BJ-09	福州新馆纪念活动区及院落入口区	北京北建大建筑设计研究院有限公司提供
BJ-10	安防接口	编者摄
BJ-11	1—1 剖面图	北京北建大建筑设计研究院有限公司提供
BJ-12	2—2 剖面图	北京北建大建筑设计研究院有限公司提供
BJ-13	纪念活动区	北京北建大建筑设计研究院有限公司提供
BJ-14	用作多媒体放映厅的东厢房	编者摄
BJ-15	功能分区图	北京北建大建筑设计研究院有限公司提供，编者改绘
BJ-16	“防范新型毒品危害青少年”线上直播活动	福州新馆（北京市林则徐禁毒教育基地）提供
BJ-17	禁毒宣传月推广《毒品小课堂》节目	福州新馆（北京市林则徐禁毒教育基地）提供
BJ-18	“禁毒宣传进校园”——禁毒月公益宣讲活动	福州新馆（北京市林则徐禁毒教育基地）提供
BJ-19	毒品预防普法宣传教育活动	福州新馆（北京市林则徐禁毒教育基地）提供
BJ-20	“克州少年禁毒行”主题夏令营	福州新馆（北京市林则徐禁毒教育基地）提供
BJ-21	“星星点灯 · 放飞梦想”六一儿童节特别活动	福州新馆（北京市林则徐禁毒教育基地）提供
BJ-22	“暖心重阳”主题活动	福州新馆（北京市林则徐禁毒教育基地）提供
BJ-23	“精彩华诞 · 举国同庆”主题活动	福州新馆（北京市林则徐禁毒教育基地）提供
BJ-24	“月圆京城 · 情系中华”迎中秋主题活动	福州新馆（北京市林则徐禁毒教育基地）提供
表 BJ-01	6 处首批腾退文物建筑活化利用方向一览表	编者自绘

天津　TIANJIN

图片序号	图片名称	图片来源
TJ-01	原浙江兴业银行大楼外观	天津海河建设发展投资有限公司提供
TJ-02	1939 年，浙江兴业银行大楼	公众号：天津市档案方志
TJ-03	20 世纪 80 年代，原浙江兴业银行大楼被用作外贸兴业商场	天津建工集团建筑设计有限公司、天津市润实建筑设计有限公司、天津市天大建学科技开发有限公司提供

图片序号	图片名称	图片来源
TJ-04	原地下金库大门	编者摄
TJ-05	20 世纪 80 年代，原浙江兴业银行大楼被用作永正裁缝店	天津建工集团建筑设计有限公司、天津市润实建筑设计有限公司、天津市天大建学科技开发有限公司提供
TJ-06	原浙江兴业银行大楼交易大厅历史照片	摘自邵波、钱升华发表于《中国文物科学研究》杂志中的《近现代文物建筑活化利用的理念与实践研究—以天津市为例》
TJ-07	原浙江兴业银行大楼交易大厅	天津海河建设发展投资有限公司提供
TJ-08	茶室内的沙发椅及装饰墙	天津海河建设发展投资有限公司提供
TJ-09	原浙江兴业银行大楼外观	天津海河建设发展投资有限公司提供
TJ-10	首层平面图	天津建工集团建筑设计有限公司、天津市润实建筑设计有限公司、天津市天大建学科技开发有限公司提供，编者改绘
TJ-11	二层平面图局部	天津建工集团建筑设计有限公司、天津市润实建筑设计有限公司、天津市天大建学科技开发有限公司提供，编者改绘
TJ-12	茶瓦纳吧台	天津海河建设发展投资有限公司提供
TJ-13	首层平面改动示意图	天津建工集团建筑设计有限公司、天津市润实建筑设计有限公司、天津市天大建学科技开发有限公司提供
TJ-14	首层平面功能分区图	天津建工集团建筑设计有限公司、天津市润实建筑设计有限公司、天津市天大建学科技开发有限公司提供，编者改绘
TJ-15	极具文艺复兴风格的原浙江兴业银行大楼	编者摄
TJ-16	大楼中部大厅	天津海河建设发展投资有限公司提供
TJ-17	“船形”操作台	天津海河建设发展投资有限公司提供
TJ-18	穹顶中央的“咖啡树荫”画作	天津海河建设发展投资有限公司提供
TJ-19	地面开孔位置图	天津建工集团建筑设计有限公司、天津市润实建筑设计有限公司、天津市天大建学科技开发有限公司提供
TJ-20	吧台给排水立面图	天津建工集团建筑设计有限公司、天津市润实建筑设计有限公司、天津市天大建学科技开发有限公司提供
TJ-21	原浙江兴业银行大楼西立面图	天津建工集团建筑设计有限公司、天津市润实建筑设计有限公司、天津市天大建学科技开发有限公司提供
TJ-22	中央大厅通风示意图	天津建工集团建筑设计有限公司、天津市润实建筑设计有限公司、天津市天大建学科技开发有限公司提供
TJ-23	穹顶上新增龙骨吊架及检修平台剖面图	天津建工集团建筑设计有限公司、天津市润实建筑设计有限公司、天津市天大建学科技开发有限公司提供
TJ-24	穹顶上新增龙骨吊架及检修平台局部图	天津建工集团建筑设计有限公司、天津市润实建筑设计有限公司、天津市天大建学科技开发有限公司提供
TJ-25	营业大厅西侧门扇后的消防管道示意图	天津建工集团建筑设计有限公司、天津市润实建筑设计有限公司、天津市天大建学科技开发有限公司提供，编者改绘
TJ-26	迁移门扇后消防设备重新布置	编者摄
TJ-27	大厅石柱上的灯杆	编者摄
TJ-28	大厅吧台下汉白玉狮子覆罩保护	编者摄

续表

图片序号	图片名称	图片来源
TJ-29	大厅吧台覆膜及提示保护	编者摄
TJ-30	北疆博物院旧址正立面	天津大学建筑设计规划研究总院有限公司提供
TJ-31	库房历史照片	天津自然博物馆提供
TJ-32	实验室历史照片	天津自然博物馆提供
TJ-33	工作室历史照片	天津自然博物馆提供
TJ-34	北疆博物院旧址北楼正面历史照片	天津自然博物馆提供
TJ-35	北疆博物院旧址北楼背面历史照片	天津自然博物馆提供
TJ-36	北疆博物院旧址鸟瞰及首层平面图	天津大学建筑设计规划研究总院有限公司提供
TJ-37	北疆博物院旧址外观	天津大学建筑设计规划研究总院有限公司提供
TJ-38	北疆博物院旧址区位图	天津大学建筑设计规划研究总院有限公司提供
TJ-39	北疆博物院旧址南楼结构	编者摄
TJ-40	梁粘贴碳纤维加固详图	天津大学建筑设计规划研究总院有限公司提供
TJ-41	新增钢梁	编者摄
TJ-42	空调设备	编者摄
TJ-43	南楼新增钢梁与空调结合布置	编者摄
TJ-44	北楼陈列室的无梁结构楼盖	编者摄
TJ-45	原展柜继续使用	编者摄
TJ-46	门窗构件拆解修复	天津大学建筑设计规划研究总院有限公司提供
TJ-47	维修好的大门门锁	编者摄
TJ-48	维修好的窗	编者摄
TJ-49	继续使用的屋面检修梯	编者摄
TJ-50	隐蔽处理的管道井上部	编者摄
TJ-51	地下室内的轨道	编者摄
TJ-52	隐蔽处理的管道井下部	编者摄
TJ-53	对地下局部露明展示	编者摄
TJ-54	走廊展示	编者摄
TJ-55	展墙展示	编者摄
TJ-56	标本及展柜展示	编者摄
TJ-57	藏品库房复原展陈	编者摄
TJ-58	藏品库房历史照片	天津自然博物馆提供
TJ-59	陈列室大门现状照片	编者摄
TJ-60	陈列室大门历史照片	天津自然博物馆提供
TJ-61	原地下暖气管道位置标示	编者摄

续表

图片序号	图片名称	图片来源
TJ-62	地下暖气管道局部展示	编者摄
TJ-63	排气管道标识牌	编者摄
TJ-64	排气管道展示	编者摄
TJ-65	原室外运输物品的吊装滑轮展示	编者摄
TJ-66	原室内运输物品的吊装滑轮展示	编者摄
TJ-67	原室内运输物品的吊筐展示	编者摄
TJ-68	修复好的标本柜陈列展示	编者摄
TJ-69	标本柜细节	编者摄
TJ-70	修复好的标本箱陈列展示	编者摄
TJ-71	灯具款式	编者摄
TJ-72	灯具开关	编者摄
TJ-73	楼梯扶手	编者摄
TJ-74	北疆博物院旧址南楼侧外观	天津大学建筑设计规划研究总院有限公司提供
TJ-75	印花玻璃窗	编者摄
TJ-76	窗修复过程	天津大学建筑设计规划研究总院有限公司提供
TJ-77	修缮后的入口	天津大学建筑设计规划研究总院有限公司提供

上海 SHANGHAI

图片序号	图片名称	图片来源
SH-01	旧上海市图书馆整体鸟瞰	上海原构设计咨询有限公司提供
SH-02	旧上海市图书馆初期设计手稿	上海原构设计咨询有限公司提供
SH-03	抗战时期的旧上海市图书馆	上海原构设计咨询有限公司提供
SH-04	上海市行政区历史鸟瞰图	上海原构设计咨询有限公司提供
SH-05	旧上海市图书馆东侧外观	杨浦区图书馆提供
SH-06	旧上海市图书馆修缮后入口	上海原构设计咨询有限公司提供
SH-07	旧上海市图书馆修缮后外墙面	上海原构设计咨询有限公司提供
SH-08	旧上海市图书馆修缮前外观	上海原构设计咨询有限公司提供
SH-09	旧上海市图书馆修缮前外墙、屋面及室内楼梯	上海原构设计咨询有限公司提供
SH-10	旧上海市图书馆二层大厅历史照片	上海原构设计咨询有限公司提供
SH-11	旧上海市图书馆二层大厅修缮后照片	编者摄
SH-12	修缮后向社会开放的旧上海市图书馆	编者摄
SH-13	修缮、扩建部分示意图	上海原构设计咨询有限公司提供

图片序号	图片名称	图片来源
SH-14	董大酉手稿	上海原构设计咨询有限公司提供
SH-15	新老建筑立面材质区分	编者摄
SH-16	新老建筑交接处	编者摄
SH-17	旧上海市图书馆一层功能分布图	上海原构设计咨询有限公司提供
SH-18	旧上海市图书馆二层功能分布图	上海原构设计咨询有限公司提供
SH-19	旧上海市图书馆阅览厅	编者摄
SH-20	空调外形柜	编者摄
SH-21	一层入口大厅	编者摄
SH-22	新做“假柱子”隐藏管线设施	编者摄
SH-23	地下管沟详图	上海原构设计咨询有限公司提供
SH-24	琉璃瓦修缮前	上海原构设计咨询有限公司提供
SH-25	门楼立面图	上海原构设计咨询有限公司提供
SH-26	修缮记录展示	编者摄
SH-27	一层 AR 扫描点位布局图	杨浦区图书馆提供
SH-28	吊顶、屋檐彩画	上海原构设计咨询有限公司提供
SH-29	扫描二维码手机浏览图书馆	编者摄
SH-30	旧上海市图书馆展陈	编者摄
SH-31	上海近代市政文献主题馆全景	编者摄
SH-32	上海近代市政文献主题馆藏书	编者摄
SH-33	跑马总会旧址（现上海市历史博物馆）夜景	上海建筑设计研究院有限公司提供
SH-34	跑马总会旧址历史全景图	公众号：方志上海，编者改绘
SH-35	20 世纪 20 年代跑马总会旧址西楼	公众号：方志上海
SH-36	20 世纪 30 年代跑马总会旧址东楼	公众号：方志上海
SH-37	跑马总会旧址整体鸟瞰	上海建筑设计研究院有限公司提供
SH-38	跑马总会旧址总平面图	上海建筑设计研究院有限公司提供
SH-39	跑马总会旧址东楼历史演化示意图	上海建筑设计研究院有限公司提供
SH-40	跑马总会旧址内部历史场景	上海建筑设计研究院有限公司提供
SH-41	功能流线平面组织图	上海建筑设计研究院有限公司提供
SH-42	功能流线竖向组织图	上海建筑设计研究院有限公司提供
SH-43	经典红厅展陈设计	上海建筑设计研究院有限公司提供
SH-44	经典白厅展陈设计	上海建筑设计研究院有限公司提供
SH-45	西楼、东楼及两楼之间的庭院	上海建筑设计研究院有限公司提供
SH-46	消防设计重点位置示意图	上海建筑设计研究院有限公司提供

续表

图片序号	图片名称	图片来源
SH-47	消防前室	编者摄
SH-48	消防卷帘	编者摄
SH-49	走线保证顶棚的完整	编者摄
SH-50	隐蔽空调	编者摄
SH-51	BIM 碰撞检查	上海建筑设计研究院有限公司提供
SH-52	设备夹层位置示意	上海建筑设计研究院有限公司提供，编者改绘
SH-53	设备层现状	编者摄
SH-54	清水墙和泰山砖的小样制作比对	上海住总集团建设发展有限公司提供
SH-55	瓦片手工钻孔	上海住总集团建设发展有限公司提供
SH-56	波形沥青防水板及挂瓦条施工	上海住总集团建设发展有限公司提供
SH-57	瓦片背面黏贴耐碱玻璃纤维网格布	上海住总集团建设发展有限公司提供
SH-58	原有红缸砖	上海住总集团建设发展有限公司提供
SH-59	红缸砖原物集中地面展示位置	上海住总集团建设发展有限公司提供
SH-60	红缸砖原物集中地面展示	上海住总集团建设发展有限公司提供

江苏　JIANGSU

图片序号	图片名称	图片来源
JS-01	潘祖荫故居中路一进楼厅	苏州古城投资建设有限公司提供
JS-02	潘祖荫故居庭院	苏州古城投资建设有限公司提供
JS-03	潘祖荫故居鸟瞰效果图	苏州古城投资建设有限公司提供
JS-04	中路后厅走马楼	苏州古城投资建设有限公司提供
JS-05	东路一进修复后的花园	苏州古城投资建设有限公司提供
JS-06	功能分区示意图	根据苏州古城投资建设有限公司提供图纸标绘
JS-07	南立面修缮图	苏州古城投资建设有限公司提供
JS-08	南立面效果图	苏州古城投资建设有限公司提供
JS-09	修缮后的厢廊门窗	苏州古城投资建设有限公司提供
JS-10	修缮后的书房阁楼	苏州古城投资建设有限公司提供
JS-11	景观式消防水池	苏州古城投资建设有限公司提供
JS-12	中路第五进楼厅屋面修复	苏州古城投资建设有限公司提供
JS-13	潘祖荫故居平面图（《苏州旧住宅参考图录》，陈从周，1958 年）	苏州古城投资建设有限公司提供
JS-14	潘祖荫故居设计平面图	苏州古城投资建设有限公司提供

续表

图片序号	图片名称	图片来源
JS-15	潘祖荫故居剖面图（《苏州旧住宅参考图录》，陈从周，1958 年）	苏州古城投资建设有限公司提供
JS-16	修缮前招待所入口	苏州古城投资建设有限公司提供
JS-17	修缮后东路入口园林	苏州古城投资建设有限公司提供
JS-18	修缮前四方天井	苏州古城投资建设有限公司提供
JS-19	修缮后四方天井	编者摄
JS-20	修缮前厢廊	苏州古城投资建设有限公司提供
JS-21	修缮后厢廊	苏州古城投资建设有限公司提供
JS-22	按照香山帮传统营造技艺恢复东花园铺地	苏州古城投资建设有限公司提供
JS-23	项目小组现场研究门窗油漆工艺	苏州古城投资建设有限公司提供
JS-24	中法志愿者参与保护修缮工程	苏州古城投资建设有限公司提供
JS-25	中法志愿者现场学习传统施工工艺	苏州古城投资建设有限公司提供
JS-26	历史沿革展示	编者摄
JS-27	修缮过程展示	编者摄
JS-28	修缮构件展示	编者摄
JS-29	建筑形制展示	编者摄

浙江　ZHEJIANG

图片序号	图片名称	图片来源
ZJ-01	松阳三庙（文庙、城隍庙）片区俯视图	松阳思成文里文化发展有限公司提供
ZJ-02	清乾隆三十四年（1769 年）松阳县全境图	松阳思成文里文化发展有限公司提供，编者改绘
ZJ-03	城隍庙前休憩的社区居民	松阳思成文里文化发展有限公司提供
ZJ-04	城隍庙	松阳思成文里文化发展有限公司提供
ZJ-05	松阳三庙（文庙、城隍庙）片区整体鸟瞰	编者摄
ZJ-06	松阳三庙（文庙、城隍庙）片区保护提升前	松阳思成文里文化发展有限公司提供
ZJ-07	松阳三庙（文庙、城隍庙）片区设计平面图	松阳思成文里文化发展有限公司提供
ZJ-08	松阳三庙（文庙、城隍庙）片区保护提升后	松阳思成文里文化发展有限公司提供
ZJ-09	在文庙内举行全民阅读节活动	松阳思成文里文化发展有限公司提供
ZJ-10	城隍庙开展高腔非遗演出	松阳思成文里文化发展有限公司提供
ZJ-11	对片区内的建筑进行梳理	松阳思成文里文化发展有限公司提供
ZJ-12	修缮前的城隍庙	松阳思成文里文化发展有限公司提供
ZJ-13	修缮后的城隍庙	编者摄

续表

图片序号	图片名称	图片来源
ZJ-14	修缮前的文庙	松阳思成文里文化发展有限公司提供
ZJ-15	修缮后的文庙	编者摄
ZJ-16	修缮前的原区委办公楼	松阳思成文里文化发展有限公司提供
ZJ-17	修缮后的原区委办公楼	松阳思成文里文化发展有限公司提供
ZJ-18	修缮前的粮仓	松阳思成文里文化发展有限公司提供
ZJ-19	修缮后的粮仓	何震环摄，松阳思成文里文化发展有限公司提供
ZJ-20	风雨景观廊道设计结构	成都市家琨建筑设计事务所提供
ZJ-21	植入现代开放式廊道系统	成都市家琨建筑设计事务所提供
ZJ-22	沿青云路剖面示意	成都市家琨建筑设计事务所提供
ZJ-23	修缮后的原区委办公楼平面图	松阳思成文里文化发展有限公司提供
ZJ-24	修缮后的原区委办公楼及杂树院	松阳思成文里文化发展有限公司提供
ZJ-25	原区委办公楼北侧与植入的廊道	王厅摄，松阳思成文里文化发展有限公司提供
ZJ-26	廊道系统串联片区	成都市家琨建筑设计事务所提供
ZJ-27	游廊	何震环摄，松阳思成文里文化发展有限公司提供
ZJ-28	咖啡厅	何震环摄，松阳思成文里文化发展有限公司提供
ZJ-29	原银行（松阳家宴）	松阳思成文里文化发展有限公司提供
ZJ-30	原粮仓（美术馆）	松阳思成文里文化发展有限公司提供
ZJ-31	南门开展文里集市	松阳思成文里文化发展有限公司提供
ZJ-32	原幼儿园（文曲童书馆）	松阳思成文里文化发展有限公司提供
ZJ-33	汉仪松阳体——汉仪字库	松阳思成文里文化发展有限公司提供
ZJ-34	青少年参加香樟书苑的大树下讲堂	松阳思成文里文化发展有限公司提供
ZJ-35	居民在文里咖啡屋顶进行太极晨练	松阳思成文里文化发展有限公司提供
ZJ-36	“秘境江南 · 古韵茶乡”雅集活动现场	姜晓东摄，松阳思成文里文化发展有限公司提供
ZJ-37	社区居民参加“松阳好非遗”系列活动	姜晓东摄，松阳思成文里文化发展有限公司提供
ZJ-38	四连碓一号一三号水碓	温州市瓯海区文化和广电旅游体育局提供
ZJ-39	关于建造水碓的清代碑刻	温州市瓯海区文化和广电旅游体育局提供
ZJ-40	泽雅传统造纸生态博物馆体验园区	温州市瓯海区文化和广电旅游体育局提供
ZJ-41	泽雅屏纸制作技艺流程	温州市瓯海区文化和广电旅游体育局提供
ZJ-42	从左至右依次为砍竹漂塘、煮楻足火、荡料入帘、覆帘压纸、透火焙干	《天工开物》
ZJ-43	泽雅传统造纸生态博物馆导览图	编者摄
ZJ-44	腌塘	编者摄
ZJ-45	水碓作坊	编者摄
ZJ-46	四连碓原址平面分布图	温州市瓯海区文物保护管理所提供，编者改绘

续表

图片序号	图片名称	图片来源
ZJ-47	修缮前的三号水碓	温州市瓯海区文物保护管理所提供
ZJ-48	修缮后的三号水碓	编者摄
ZJ-49	三号水碓屋顶平面图	温州市瓯海区文物保护管理所提供
ZJ-50	三号水碓东立面图	温州市瓯海区文物保护管理所提供
ZJ-51	传统造纸体验区（唐宅造纸作坊群）	编者摄
ZJ-52	历史照片反映传统造纸工艺捣刷、踏刷等工序	温州市瓯海区博物馆（温州市瓯海区文物保护管理所提供）
ZJ-53	传统造纸工艺做料、洗刷、捣刷、捞纸、捆纸展示	温州市瓯海区博物馆（温州市瓯海区文物保护管理所提供）
ZJ-54	研学实践体验“捞纸”	温州市瓯海区博物馆（温州市瓯海区文物保护管理所提供）
ZJ-55	展示研学“捣刷”	温州市瓯海区博物馆（温州市瓯海区文物保护管理所提供）
ZJ-56	屏纸画体验	温州市瓯海区博物馆（温州市瓯海区文物保护管理所提供）
ZJ-57	屏纸展示	编者摄
表 ZJ-01	近年修缮工程项目表	编者自绘

福建　FUJIAN

图片序号	图片名称	图片来源
FJ-01	泉州府文庙鸟瞰	编者摄
FJ-02	泉州府文庙清代平面图	泉州府文庙文物保护管理处提供
FJ-03	泉州府文庙全景鸟瞰图	编者摄
FJ-04	大成殿正立面	泉州府文庙文物保护管理处提供
FJ-05	泉州府文庙文物分布图	泉州府文庙文物保护管理处提供
FJ-06	泉州府文庙中轴线西侧面	泉州府文庙文物保护管理处提供
FJ-07	百姓书房正房阅览区（庄际昌祠）1	编者摄
FJ-08	百姓书房庭院阅览区（庄际昌祠）2	编者摄
FJ-09	百姓书房正立面（庄际昌祠）	编者摄
FJ-10	室内展览区（正音书院）	编者摄
FJ-11	纪念建党百年展览（正音书院）	编者摄
FJ-12	原泮宫门楼屋顶保护展示	编者摄
FJ-13	棂星门遗址保护展示	泉州府文庙文物保护管理处提供
FJ-14	中路环境整治前视廊景观	编者摄
FJ-15	中路环境整治后视廊景观	编者摄
FJ-16	“刺桐风物泉州市情展”设计图 1	泉州府文庙文物保护管理处提供
FJ-17	“刺桐风物泉州市情展”设计图 2	泉州府文庙文物保护管理处提供

图片序号	图片名称	图片来源
FJ-18	“斯文圣境展”设计图	泉州府文庙文物保护管理处提供
FJ-19	泉州教育史话展（明伦堂）	泉州府文庙文物保护管理处提供
FJ-20	泉州教育史话展——文庙格局模型	编者摄
FJ-21	相关科研成果出版图书	泉州府文庙文物保护管理处提供
FJ-22	首届闽台孔庙保护学术研讨会	编者摄
FJ-23	明伦堂国学讲堂	编者摄
FJ-24	“刺桐风物泉州市情展”实景	编者摄
FJ-25	“润物无声 · 古城琴韵”古琴雅集活动现场	编者摄
FJ-26	玉振门经典诵读课堂	编者摄
FJ-27	高光谱成像技术试验分析	泉州府文庙文物保护管理处提供
FJ-28	高光谱成像技术现场勘察	泉州府文庙文物保护管理处提供
FJ-29	大成殿木构架彩画	编者摄
FJ-30	大成殿木构架修缮工程图	泉州府文庙文物保护管理处提供
FJ-31	世界遗产标识说明牌 1	编者摄
FJ-32	世界遗产标识说明牌 2	编者摄
FJ-33	北山寨总体鸟瞰	编者摄
FJ-34	北山寨航拍	编者摄
FJ-35	中路第一进中座和天井	编者摄
FJ-36	中路第一进尾座和天井	编者摄
FJ-37	北山寨入口鸟瞰	编者摄
FJ-38	北山寨入口	福州大永旅游发展有限公司提供
FJ-39	中路中座空间置换为会议室	编者摄
FJ-40	书院空间置换为扎染培训教室	编者摄
FJ-41	庄寨酒店客房入口	编者摄
FJ-42	庄寨酒店大堂	编者摄
FJ-43	庄寨剖面图	福州大永旅游发展有限公司提供
FJ-44	北山寨一层平面设计图	福州大永旅游发展有限公司提供
FJ-45	修缮中跑马廊	福州大永旅游发展有限公司提供
FJ-46	修缮中中路第一进中座	福州大永旅游发展有限公司提供
FJ-47	修缮中第三进天井	福州大永旅游发展有限公司提供
FJ-48	北山寨二层平面设计图	福州大永旅游发展有限公司提供
FJ-49	修缮后跑马廊	编者摄
FJ-50	修缮后过水厅	编者摄

江西　JIANGXI

图片序号	图片名称	图片来源
JX-01	龙溪祝氏宗祠——祠堂鸟瞰	编者摄
JX-02	《龙溪阳基图》（中华民国《郎峰祝氏世谱》卷一）	广丰区文物管理所提供，编者改绘
JX-03	宗祠庆典活动	广丰区文物管理所提供
JX-04	祝氏宗祠南立面	编者摄
JX-05	搜集的《郎峰祝氏族谱》	广丰区文物管理所提供
JX-06	祝氏源流图	广丰区文物管理所提供
JX-07	龙溪祝氏源流图	广丰区文物管理所提供
JX-08	龙溪祝氏宗祠祭仪	广丰区文物管理所提供
JX-09	首届祝氏宗亲联谊（省亲）大会	广丰区文物管理所提供
JX-10	铅山、鹰潭等地祝氏宗亲寻根	广丰区文物管理所提供
JX-11	中厅“器国世家”匾额	编者摄
JX-12	宗祠东门“明德”门楣	编者摄
JX-13	祝氏宗祠戏台	编者摄
JX-14	暑期实践活动 1	广丰区文物管理所提供
JX-15	暑期实践活动 2	广丰区文物管理所提供
JX-16	暑期实践活动 3	广丰区文物管理所提供
JX-17	文昌阁研学基地	编者摄
JX-18	广信墨客 2016 大型书画展	广丰区文物管理所提供
JX-19	作家团现场采风	广丰区文物管理所提供
JX-20	郎峰祝氏文化研究会揭牌庆典	广丰区文物管理所提供
JX-21	龙溪村农业产业现状示意图	江西师大城市规划设计研究院、广丰区东阳乡人民政府提供
JX-22	“蓝莓文化节”活动现场	广丰区文物管理所提供
JX-23	祝氏宗祠戏台修缮前	广丰区文物管理所提供
JX-24	祝氏宗祠戏台修缮后	编者摄
JX-25	祝氏宗祠东侧修缮前	广丰区文物管理所提供
JX-26	祝氏宗祠东侧修缮后	编者摄
JX-27	邀请专家现场指导修缮 1	广丰区文物管理所提供
JX-28	邀请专家现场指导修缮 2	广丰区文物管理所提供
JX-29	邀请专家现场指导修缮 3	广丰区文物管理所提供
JX-30	修缮后的文昌阁	编者摄
JX-31	修缮后的清淤管氏宗祠	编者摄
JX-32	修缮后的舵阳管氏宗祠	编者摄
JX-33	修缮后的管村管氏宗祠	编者摄

图片序号	图片名称	图片来源
SD-01	青岛德国建筑——水师饭店旧址鸟瞰	青岛城市发展集团有限公司提供
SD-02	德占时期（1904 年）水师饭店旧址明信片	摘自《中国现存最早电影院·青岛水师饭店》
SD-03	日据时期，水师饭店旧址历史图像	摘自《中国现存最早电影院·青岛水师饭店》
SD-04	20 世纪初，从栈桥望水师饭店旧址	青岛光影在线影视科技有限公司、青岛 1907 光影俱乐部提供
SD-05	青岛德国建筑——水师饭店旧址入口立面	青岛城市发展集团有限公司提供
SD-06	青岛德国建筑——水师饭店旧址鸟瞰	编者摄
SD-07	《胶州报》1907 年 8 月 9 日第 568 期有关水师饭店旧址放映电影的广告	摘自《中国现存最早电影院·青岛水师饭店》
SD-08	1914 年 6 月水师饭店旧址发布在报纸上放映电影的广告	摘自《中国现存最早电影院·青岛水师饭店》
SD-09	德国 1907 年前后使用的摄像机	摘自《中国现存最早电影院·青岛水师饭店》
SD-10	楼梯内悬挂的电影相关历史图像及电影记事	编者摄
SD-11	一层走廊内摆放的原建筑构件及墙壁上悬挂的历史照片	编者摄
SD-12	电影放映厅两侧墙壁上悬挂的水师饭店旧址历史照片	编者摄
SD-13	电影放映厅内穹顶结构	编者摄
SD-14	原始建筑瓦片展柜	编者摄
SD-15	保留的原爱奥尼柱	编者摄
SD-16	电影放映厅历史照片	青岛光影在线影视科技有限公司、青岛 1907 光影俱乐部提供
SD-17	电影放映厅现状	青岛城市发展集团有限公司提供
SD-18	20 世纪初，水师饭店旧址历史照片	摘自《中国现存最早电影院·青岛水师饭店》
SD-19	水师饭店旧址立面图	北京国文琰文物保护发展有限公司提供
SD-20	水师饭店旧址塔楼平面图及立面图	北京国文琰文物保护发展有限公司提供
SD-21	塔楼 1 ： 10 木屋架结构模型	青岛五环房屋装潢工程公司提供
SD-22	塔楼木屋架模拟组装	青岛五环房屋装潢工程公司提供
SD-23	塔楼修缮前	青岛五环房屋装潢工程公司提供
SD-24	塔楼修缮后	青岛五环房屋装潢工程公司提供
SD-25	电影博物馆内利用麻绳包裹管线	编者摄
SD-26	走廊内利用铁艺网架隐蔽管线设备	编者摄
SD-27	走廊管线设备局部	编者摄
SD-28	功能平面图	北京国文琰文物保护发展有限公司提供，编者改绘
SD-29	1907 青岛电影博物馆室内展陈	青岛光影在线影视科技有限公司、青岛 1907 光影俱乐部提供

图片序号	图片名称	图片来源
SD-30	水师饭店旧址内的小型私人影院	青岛光影在线影视科技有限公司、青岛 1907 光影俱乐部提供
SD-31	朗诵活动照片	青岛光影在线影视科技有限公司、青岛 1907 光影俱乐部提供
SD-32	电影放映厅内在放映电影	青岛光影在线影视科技有限公司、青岛 1907 光影俱乐部提供
SD-33	婚庆活动照片	青岛光影在线影视科技有限公司、青岛 1907 光影俱乐部提供
SD-34	水师饭店旧址内的西餐厅室内	编者摄
SD-35	水师饭店旧址内的西餐厅室外	编者摄
SD-36	水师饭店旧址内的书吧	编者摄
SD-37	水师饭店旧址在报纸上刊登餐饮广告（1905 年）	摘自《中国现存最早电影院 · 青岛水师饭店》
SD-38	1907 光影俱乐部相关文创	编者摄
SD-39	水师饭店旧址内的音乐酒馆	编者摄

湖南　HUNAN

图片序号	图片名称	图片来源
HN-01	安化茶厂早期建筑群总体鸟瞰	编者摄
HN-02	安化茶厂早期建筑群牌楼历史照片	中茶湖南安化第一茶厂有限公司提供
HN-03	安化茶厂早期建筑群牌楼修缮后	编者摄
HN-04	安化茶厂早期建筑群俯瞰图	编者摄
HN-05	安化茶厂早期建筑群平面图	中茶湖南安化第一茶厂有限公司提供
HN-06	茶叶审评室 1	编者摄
HN-07	茶叶审评室 2	编者摄
HN-08	靠背式茶叶木库 1	编者摄
HN-09	靠背式茶叶木库 2	编者摄
HN-10	单开门木仓北栋	编者摄
HN-11	锯齿形车间俯瞰	编者摄
HN-12	靠背式茶叶木库仓门抽屉	编者摄
HN-13	靠背式茶叶木库仓内砖茶	编者摄
HN-14	锯齿形车间室内贮藏原料	编者摄
HN-15	靠背式茶叶木库内壁	编者摄
HN-16	第一拣场车间室内	编者摄
HN-17	茶厂游览路线图	编者摄
HN-18	保护公示牌及游览标识	编者摄

续表

图片序号	图片名称	图片来源
HN-19	文物建筑说明牌	编者摄
HN-20	车间转换为制茶工坊	编者摄
HN-21	车间内开展制茶技术培训	编者摄
HN-22	茶叶贮藏展示	编者摄
HN-23	制茶工艺展示—木仓藏茶	中茶湖南安化第一茶厂有限公司提供
HN-24	制茶工艺体验—筑制茯砖	中茶湖南安化第一茶厂有限公司提供
HN-25	制茶工艺展示—踩制千两	中茶湖南安化第一茶厂有限公司提供

广东　GUANGDONG

图片序号	图片名称	图片来源
GD-01	邓村石屋全景图	编者摄
GD-02	石屋民居修缮前	广东中煦建设工程设计咨询有限公司提供
GD-03	北门楼修缮前	广东中煦建设工程设计咨询有限公司提供
GD-04	石屋碉楼修缮前	广东中煦建设工程设计咨询有限公司提供
GD-05	邓村石屋屋面鸟瞰	吾乡美地（广州）酒店管理有限公司提供
GD-06	邓村石屋屋脊灰塑	吾乡美地（广州）酒店管理有限公司提供
GD-07	邓村石屋鸟瞰图	吾乡美地（广州）酒店管理有限公司提供
GD-08	武威祠堂正立面	吾乡美地（广州）酒店管理有限公司提供
GD-09	北门楼山墙	吾乡美地（广州）酒店管理有限公司提供
GD-10	石焕新民宅厅堂	吾乡美地（广州）酒店管理有限公司提供
GD-11	炮楼外观	吾乡美地（广州）酒店管理有限公司提供
GD-12	邓村石屋规划总平面图	广东中煦建设工程设计咨询有限公司提供
GD-13	邓村旧村改道示意图	编者摄
GD-14	竹林养生餐厅、竹林茶室	编者摄
GD-15	村落绿化景观	编者摄
GD-16	村落街巷景观	编者摄
GD-17	村落遗址景观	编者摄
GD-18	秋收体验活动	吾乡美地（广州）酒店管理有限公司提供
GD-19	学生美术写生	吾乡美地（广州）酒店管理有限公司提供
GD-20	酒店大堂（原祠堂大厅）	编者摄
GD-21	邓村石屋建筑群功能分布示意图	中恒信德建筑设计院有限公司提供

续表

图片序号	图片名称	图片来源
GD-22	祠堂内图书馆室内	编者摄
GD-23	炮楼一层电影院	编者摄
GD-24	炮楼三层棋牌室	编者摄
GD-25	炮楼外观	编者摄
GD-26	炮楼玻璃平台	编者摄
GD-27	客房露明梁架	编者摄
GD-28	卧房百叶	编者摄
GD-29	客房剖面图	杨家声建筑设计事务（广州）有限公司提供
GD-30	通风管道局部大样图	杨家声建筑设计事务（广州）有限公司提供
GD-31	荣封第俯瞰	编者摄
GD-32	仙坑村历史图——清乾隆《河源县志》康禾约图	东源县康禾镇仙坑村委会提供
GD-33	荣封第全景图	编者摄
GD-34	仙坑村全景图	编者摄
GD-35	荣封第正立面	编者摄
GD-36	荣封第入口大门	东源县康禾镇仙坑村委会提供
GD-37	荣封第首层平面图	华南理工大学建筑设计研究院有限公司、华南理工大学建筑学院提供
GD-38	荣封第正立面图	华南理工大学建筑设计研究院有限公司、华南理工大学建筑学院提供
GD-39	荣封第陈列展示	东源县康禾镇仙坑村委会提供
GD-40	荣封第场景展示	东源县康禾镇仙坑村委会提供
GD-41	荣封第村民活动	东源县康禾镇仙坑村委会提供
GD-42	荣封第文旅活动	东源县康禾镇仙坑村委会提供
GD-43	荣封第笃厚堂修缮后	彭长歆摄、东源县康禾镇仙坑村委会提供
GD-44	荣封第中路中厅梁架大样图	华南理工大学建筑设计研究院有限公司、华南理工大学建筑学院提供
GD-45	荣封第中路横厅梁架大样图	华南理工大学建筑设计研究院有限公司、华南理工大学建筑学院提供
GD-46	荣封第山墙修缮前	华南理工大学建筑设计研究院有限公司、华南理工大学建筑学院提供
GD-47	荣封第山墙修缮后	华南理工大学建筑设计研究院有限公司、华南理工大学建筑学院提供
GD-48	上斗门二进修缮前	华南理工大学建筑设计研究院有限公司、华南理工大学建筑学院提供
GD-49	上斗门二进修缮后	华南理工大学建筑设计研究院有限公司、华南理工大学建筑学院提供
GD-50	中路二进正立面修缮前	华南理工大学建筑设计研究院有限公司、华南理工大学建筑学院提供
GD-51	中路二进正立面修缮后	华南理工大学建筑设计研究院有限公司、华南理工大学建筑学院提供
GD-52	修缮工程交底现场讲解	广东南秀古建筑石雕园林工程有限公司、广东南粤古建筑工程有限公司提供
GD-53	修缮技术现场研讨 1	广东南秀古建筑石雕园林工程有限公司、广东南粤古建筑工程有限公司提供

图片序号	图片名称	图片来源
GD-54	修缮技术现场研讨 2	广东南秀古建筑石雕园林工程有限公司、广东南粤古建筑工程有限公司提供
GD-55	雀替雕刻大样图	华南理工大学建筑设计研究院有限公司、华南理工大学建筑学院提供
GD-56	梁底雕刻大样图	华南理工大学建筑设计研究院有限公司、华南理工大学建筑学院提供
GD-57	木雕雕刻补配	广东南秀古建筑石雕园林工程有限公司、广东南粤古建筑工程有限公司提供
GD-58	墙面凹凸修复做法	广东南秀古建筑石雕园林工程有限公司、广东南粤古建筑工程有限公司提供
GD-59	参照墙体对称位置彩绘修复	广东南秀古建筑石雕园林工程有限公司、广东南粤古建筑工程有限公司提供
GD-60	阁楼壁画修缮	广东南秀古建筑石雕园林工程有限公司、广东南粤古建筑工程有限公司提供

四川 SICHUAN

图片序号	图片名称	图片来源
SC-01	三苏祠南大门	编者摄
SC-02	三苏祠鸟瞰（历史图）	眉山三苏祠博物馆提供
SC-03	苏洵、苏轼、苏辙像（从左至右）	眉山三苏祠博物馆提供
SC-04	三苏祠祠堂区不同时期的院落布局	北京国文琰文物保护发展有限公司提供
SC-05	三苏祠飨殿	眉山三苏祠博物馆提供
SC-06	前厅南立面图	北京国文琰文物保护发展有限公司提供
SC-07	前厅脊饰现状歪闪严重	四川开禧古建筑园林工程有限公司提供
SC-08	前厅脊饰保护性拆卸	四川开禧古建筑园林工程有限公司提供
SC-09	前厅脊饰归安	四川开禧古建筑园林工程有限公司提供
SC-10	前厅脊饰修复	四川开禧古建筑园林工程有限公司提供
SC-11	2017 年出版的《眉山三苏祠维修工程报告》	眉山三苏祠博物馆提供
SC-12	2015 年出版的《古祠新生　三苏祠“4 · 20”灾后大维修纪实》	眉山三苏祠博物馆提供
SC-13	修缮历程展示	编者摄
SC-14	文物史料展示	编者摄
SC-15	修缮后的三苏祠百坡亭	眉山三苏祠博物馆提供
SC-16	“风吹细细绿筠香——东坡竹文化体验”研学活动	眉山三苏祠博物馆提供
SC-17	“宋代文人四雅——焚香、点茶、抹画、括花”体验研学活动	眉山三苏祠博物馆提供

续表

图片序号	图片名称	图片来源
SC-18	“传拓技艺体验”研学活动	眉山三苏祠博物馆提供
SC-19	2020 年 7 月，荔枝成熟之际，开展“聆听古今抗疫故事 · 敬献英雄千年丹荔”活动	眉山三苏祠博物馆提供
SC-20	2021 年 7 月 1 日，建党百年之际，举办的唱支歌给党听、对党告白、拓片祝寿献福、党史知识有奖问答系列活动，为党庆生	眉山三苏祠博物馆提供
SC-21	2021 年 1 月 31 日，东坡 984 周年诞辰，开展祭拜三苏、定制春联、民乐展演、拓福体验、文创优惠、寻找东坡有缘人等活动	眉山三苏祠博物馆提供
表 SC-01	三苏祠保护工程项目统计表	编者自绘

贵州　GUIZHOU

图片序号	图片名称	图片来源
GZ-01	谷氏旧居	编者摄
GZ-02	1977 年谷氏旧居历史影像图	编者根据历史影像图改绘
GZ-03	中华民国时期谷氏旧居在安顺古城的位置示意	安顺古城历史文化街区保护规划（中国城市规划设计研究院编制）
GZ-04	谷氏旧居陈列室院落	编者摄
GZ-05	谷氏旧居（北院）	编者摄
GZ-06	启创中国城市公益图书馆	编者摄
GZ-07	谷氏旧居总平面图	安顺谷氏旧居修缮工程勘察设计方案（贵州省文物保护研究中心）
GZ-08	谷氏旧居北院剖面图	安顺谷氏旧居修缮工程勘察设计方案（贵州省文物保护研究中心）
GZ-09	谷氏旧居修缮过程照片	拍摄者：谢开然
GZ-10	谷氏旧居内传统彩色蜡染服饰展	编者摄
GZ-11	谷氏旧居内启创中国城市公益图书馆 1	编者摄
GZ-12	谷氏旧居内启创中国城市公益图书馆 2	编者摄

青海　QINGHAI

图片序号	图片名称	图片来源
QH-01	塔尔寺如来八塔	编者摄
QH-02	1947 年塔尔寺	拍摄者：马克 · 考夫曼
QH-03	塔尔寺大经堂	青海省塔尔寺古建筑工程有限公司提供
QH-04	塔尔寺酥油花	编者摄
QH-05	塔尔寺全景图	塔尔寺管理委员会提供
QH-06	梁架施工	青海省塔尔寺古建筑工程有限公司提供
QH-07	边玛墙施工	青海省塔尔寺古建筑工程有限公司提供
QH-08	瓦作技艺	青海省塔尔寺古建筑工程有限公司提供
QH-09	彩绘技艺	青海省塔尔寺古建筑工程有限公司提供
QH-10	砖雕技艺	青海省塔尔寺古建筑工程有限公司提供
QH-11	木料储存多年、阴干	青海省塔尔寺古建筑工程有限公司提供
QH-12	木作技艺	青海省塔尔寺古建筑工程有限公司提供
QH-13	麦穗墙	编者摄
QH-14	塔尔寺大经堂	青海省塔尔寺古建筑工程有限公司提供
QH-15	嘉木样活佛院修缮后 1	青海省塔尔寺古建筑工程有限公司提供
QH-16	塔尔寺酥油花	拍摄者：张添福
QH-17	嘉木样活佛院修缮后 2	青海省塔尔寺古建筑工程有限公司提供
QH-18	嘉木样活佛院修缮后 3	青海省塔尔寺古建筑工程有限公司提供
QH-19	嘉木样活佛院修缮后 4	青海省塔尔寺古建筑工程有限公司提供
QH-20	嘉木样活佛院修缮后 5	青海省塔尔寺古建筑工程有限公司提供
QH-21	时轮经院前廊 1—1 剖面图	北京兴中兴建筑设计有限公司提供
QH-22	时轮经院前廊正立面图	北京兴中兴建筑设计有限公司提供
QH-23	酥油花上院修缮前	北京兴中兴建筑设计有限公司提供
QH-24	支顶换柱	青海省塔尔寺古建筑工程有限公司提供
QH-25	酥油花上院修缮后	北京兴中兴建筑设计有限公司提供
QH-26	尕前活佛院剖面图	北京兴中兴建筑设计有限公司提供
QH-27	尕前活佛院正房修缮前	北京兴中兴建筑设计有限公司提供
QH-28	尕前活佛院正房修缮后	北京兴中兴建筑设计有限公司提供
QH-29	墙内柱透风口	编者摄
QH-30	小金瓦殿	塔尔寺管理委员会提供

案例参与单位索引

文物名称	福州新馆	文物等级	市、县（区）级文物保护单位
文物主管单位	北京市西城区文化和旅游局		
业主单位	北京市西城区文物保护研究所		
使用运营单位	人民文博（北京）运营管理有限公司		
项目一	福州新馆文物修缮工程		
设计单位	北京北建大建筑设计研究院有限公司		
施工单位	北京东兴建设有限责任公司		
监理单位	北京方亭工程监理有限公司		

文物名称	原浙江兴业银行大楼	文物等级	省（自治区、直辖市）级文物保护单位
文物主管单位	天津市文物局、天津市和平区文化和旅游局		
业主单位	天津海河建设发展投资有限公司		
使用运营单位	天津恒隆地产有限公司		
项目一	二层穹顶加固及库房空调强电改造工程		
设计单位	天津市润实建筑设计有限公司、天津市天大建学科技开发有限公司		
施工单位	天津环宇绿洲建设工程有限公司		
监理单位	天津祥瑞古建筑监理有限公司		
项目二	星巴克旗舰店装修工程		
设计单位	天津建工集团建筑设计有限公司、天津市天大建学科技开发有限公司		
施工单位	天津市博肯装饰工程有限公司		
监理单位	天津祥瑞古建筑监理有限公司		

文物名称	北疆博物院旧址	文物等级	全国重点文物保护单位
文物主管单位	天津市文物局		
业主单位	天津自然博物馆		
使用运营单位	天津自然博物馆		
项目一	北疆博物院旧址修缮工程		
设计单位	天津大学建筑设计规划研究总院有限公司		
施工单位	天津环宇绿洲建设工程有限公司		
监理单位	天津建华工程咨询管理公司		
项目二	“回眸百年 致敬科学”——北疆博物院旧址（北楼及陈列室）复原陈列		
设计单位	金大陆展览装饰有限公司		
施工单位	金大陆展览装饰有限公司		
监理单位	—		

文物名称	“大上海计划”公共建筑群——旧上海市图书馆	文物等级	省（自治区、直辖市）级文物保护单位
文物主管单位	上海市文物局		
业主单位	上海市杨浦区教育局		
使用运营单位	杨浦区图书馆		
项目一	同济中学图书馆暨杨浦区图书馆（旧上海市图书馆）修缮扩建项目		
设计单位	上海原构设计咨询有限公司		
施工单位	上海建筑装饰（集团）有限公司		
监理单位	上海煌浦建设咨询有限公司		

文物名称	跑马总会旧址	文物等级	省（自治区、直辖市）级文物保护单位
文物主管单位	上海市文化和旅游局		
业主单位	上海市历史博物馆（上海革命历史博物馆）		
使用运营单位	上海市历史博物馆（上海革命历史博物馆）		
项目一	上海市历史博物馆建设工程		
设计单位	上海建筑设计研究院有限公司		
施工单位	上海住总集团建设发展有限公司		
监理单位	上海市建设工程监理咨询有限公司		
项目二	上海市历史博物馆新馆布展工程		
设计单位	上海华成实业有限公司		
施工单位	上海华成实业有限公司		
监理单位	上海市建设工程监理咨询有限公司		

文物名称	潘祖荫故居	文物等级	尚未核定公布为文物保护单位的不可移动文物
文物主管单位	苏州市文物局		
业主单位	苏州古城投资建设有限公司		
使用运营单位	苏州古城投资建设有限公司 / 花间堂		
项目一	潘祖荫故居修缮整治工程		
设计单位	苏州市计成文物建筑研究设计院有限公司		
施工单位	苏州香山古建园林工程有限公司、苏州计成文物建筑工程有限公司		
监理单位	苏州景原工程设计咨询监理有限公司		
项目二	文旅探花府花间堂酒店 / 苏州文旅会客厅装修工程		
设计单位	苏州苏明装饰股份有限公司		
施工单位	苏州水木清华设计营造有限公司		
监理单位	—		

文物名称	松阳三庙（文庙、城隍庙）	文物等级	省（自治区、直辖市）级文物保护单位
文物主管单位	松阳县文化和广电旅游体育局（松阳县文物局）		
业主单位	松阳县博物馆		
使用运营单位	松阳思成文里文化发展有限公司		
项目一	松阳三庙之文庙城隍庙修缮工程		
设计单位	浙江省古建筑设计研究院		
施工单位	东阳市文物建筑修缮有限公司		
监理单位	浙江夏鼎工程管理有限公司		
项目二	文里·松阳（松阳文庙城隍庙区块保护与更新）		
业主单位	北京同衡思成投资有限公司		
使用运营单位	松阳思成文里文化发展有限公司		
设计单位	成都市家琨建筑设计事务所		
施工单位	浙江宏信建设有限公司		
监理单位	浙江建航工程咨询有限公司		
项目三	文里·松阳心第精品民宿室内精装修工程		
业主单位	北京同衡思成投资有限公司		
使用运营单位	松阳思成文里文化发展有限公司		
设计单位	成都市家琨建筑设计事务所		
施工单位	正达建设有限公司		
监理单位	—		

文物名称	四连碓造纸作坊	文物等级	全国重点文物保护单位
文物主管单位	温州市瓯海区文化和广电旅游体育局		
业主单位	温州市瓯海区文化和广电旅游体育局、泽雅镇人民政府		
使用运营单位	温州市瓯海区博物馆		
项目一	四连碓修缮工程一期		
设计单位	浙江省古建筑设计研究院		
施工单位	浙江匀碧文物古建筑工程有限公司		
监理单位	—		
项目二	四连碓修缮工程二期		
设计单位	浙江省古建筑设计研究院		
施工单位	浙江匀碧文物古建筑工程有限公司		
监理单位	—		
项目三	四连碓修缮工程三期		

续表

文物名称	四连碓造纸作坊	文物等级	全国重点文物保护单位
设计单位	浙江省古建筑设计研究院		
施工单位	永嘉县楠溪江建筑工程有限公司		
监理单位	—		
项目四	四连碓造纸作坊（唐宅保护区）抢险加固工程		
设计单位	温州市瓯海区博物馆		
施工单位	瑞安市开景建设有限公司		
监理单位	浙江省古典建筑工程监理有限公司		
项目五	四连碓造纸作坊修缮工程		
设计单位	浙江古风建筑设计有限公司		
施工单位	浙江省临海市古建筑工程有限公司		
监理单位	浙江省古典建筑工程监理有限公司		
项目六	四连碓造纸作坊（林岸石桥村）造纸作坊抢险修缮工程		
设计单位	浙江古今园林建筑设计有限公司		
施工单位	杭州文物建筑工程有限公司		
监理单位	浙江省古典建筑工程监理有限公司		
项目七	泽雅传统造纸展示设计制作		
设计单位	北京东方河图广告有限公司		
施工单位	北京东方河图广告有限公司		
监理单位	—		
项目八	泽雅传统造纸专题展示馆等三处改造提升工程		
设计单位	浙江文博装饰工程有限公司		
施工单位	浙江文博装饰工程有限公司		
监理单位	浙江东方工程管理有限公司		

文物名称	泉州府文庙	文物等级	全国重点文物保护单位
文物主管单位	泉州市文物局		
业主单位	泉州府文庙文物保护管理处		
使用运营单位	泉州府文庙文物保护管理处		
项目一	泉州府文庙保护规划		
设计单位	陕西省文化遗产研究院		
项目二	泉州府文庙大成殿维修工程		
设计单位	广西文物保护研究设计中心、泉州市乾景古建筑设计研究院		
施工单位	泉州市刺桐古建筑工程有限公司		

续表

文物名称	泉州府文庙	文物等级	全国重点文物保护单位
监理单位	广西文物保护研究设计中心		
项目三	泉州府文庙东西两庑及东厢房维修工程		
设计单位	广西文物保护研究设计中心、泉州市乾景古建筑设计研究院		
施工单位	泉州市刺桐古建筑工程有限公司		
监理单位	福建东正工程项目管理有限公司		
项目四	泉州府文庙大成门金声门玉振门维修工程		
设计单位	广西文物保护研究设计中心		
施工单位	泉州市刺桐古建筑工程有限公司		
监理单位	河北木石古代建筑设计有限公司		
项目五	泉州府文庙——崇圣祠院落环境整治工程		
设计单位	广西文物保护研究设计中心		
施工单位	泉州市刺桐古建筑工程有限公司		
监理单位	河北木石古代建筑设计有限公司		
项目六	《刺桐风物——泉州市情展》《斯文圣境——泉州府文庙历史文化展》		
设计单位	上海帝典建筑装饰设计工程有限公司		
施工单位	苏州水木清华设计营造有限公司		
监理单位	福建安华发展有限公司		
项目七	《刺桐风物——泉州市情展》《斯文圣境——泉州府文庙历史文化展》		
设计单位	上海帝典建筑装饰设计工程有限公司		
施工单位	上海润立美术设计有限公司		
监理单位	福建安华发展有限公司		

文物名称	北山寨	文物等级	市、县（区）级文物保护单位
文物主管单位	永泰县文化体育和旅游局		
业主单位	永泰县白云乡北山村民委员会		
使用运营单位	福州大永旅游发展有限公司		
项目一	北山寨主体修复		
设计单位	北京立方创新工程设计咨询有限公司		
施工单位	北京立方创新工程设计咨询有限公司		
监理单位	—		
项目二	民宿改造装修工程		
设计单位	北京立方创新工程设计咨询有限公司		
施工单位	北京立方创新工程设计咨询有限公司		
监理单位	—		

文物名称	龙溪祝氏宗祠	文物等级	全国重点文物保护单位
文物主管单位	广丰区文化广电新闻出版旅游局		
业主单位	广丰区文物管理所		
使用运营单位	东阳乡龙溪村		
项目一	龙溪祝氏宗祠维修项目（含江浙社、文昌阁、观音阁）		
设计单位	江西省文物保护中心		
施工单位	福建省泉州市古建筑有限公司		
监理单位	苏州建华建设监理有限责任公司		
项目二	龙溪祝氏宗祠展陈项目		
设计单位	江苏先达陈列展览工程有限公司		
施工单位	江苏先达陈列展览工程有限公司		
监理单位	浙江省古典建筑工程监理有限公司		

文物名称	青岛德国建筑——水师饭店旧址	文物等级	全国重点文物保护单位
文物主管单位	青岛市文化和旅游局、青岛市市南区文化和旅游局		
业主单位	青岛城市发展集团有限公司		
使用运营单位	青岛光影在线影视科技有限公司、青岛 1907 光影俱乐部		
项目一	青岛德国建筑水师饭店旧址维修工程		
设计单位	北京国文琰文物保护发展有限公司		
施工单位	青岛五环房屋装潢工程公司		
监理单位	北京文信时空文化发展有限公司		

文物名称	安化茶厂早期建筑群	文物等级	省（自治区、直辖市）级文物保护单位
文物主管单位	湖南省文物局		
业主单位	中茶湖南安化第一茶厂有限公司		
使用运营单位	中茶湖南安化第一茶厂有限公司		
项目一	早期建筑群修缮工程		
设计单位	湖南健全民族工艺发展有限公司		
施工单位	湖南北山建设集团股份有限公司		
监理单位	广东立德建设监理有限公司		
项目二	清代茶叶作坊修缮工程		
设计单位	湖南健全民族工艺发展有限公司		
施工单位	湖南隽秀园林景观工程有限责任公司		
监理单位	广东立德建设监理有限公司		

文物名称	邓村石屋	文物等级	尚未核定公布为文物保护单位的不可移动文物
文物主管单位	广州市增城区文化广电旅游体育局		
业主单位	增城区派潭镇邓村石屋社		
使用运营单位	吾乡美地（广州）酒店管理有限公司		
项目一	吾乡石屋田园度假民宿		
设计单位	古建修缮：广东中煦建设工程设计咨询有限公司 建筑设计：中恒信德建筑设计院有限公司 室内设计：杨家声建筑设计事务（广州）有限公司 景观设计：科美景观规划有限公司		
施工单位	潮州市建筑安装总公司		
监理单位	广东科能工程管理有限公司		

文物名称	荣封第	文物等级	省（自治区、直辖市）级文物保护单位
文物主管单位	河源市文化广电旅游体育局、东源县文化广电旅游体育局		
业主单位	广东省扶贫基金会、东莞市万科房地产有限公司		
使用运营单位	东源县康禾镇仙坑村委会		
项目一	广东省文物保护单位荣封第修缮工程（原河源市文物保护单位仙坑村四角楼修缮工程）		
设计单位	华南理工大学建筑设计研究院有限公司、华南理工大学建筑学院		
施工单位	广东南秀古建筑石雕园林工程有限公司、广东南粤古建筑工程有限公司		
监理单位	广东省城规建设监理有限公司		

文物名称	三苏祠	文物等级	全国重点文物保护单位
文物主管单位	眉山三苏祠博物馆		
业主单位	眉山三苏祠博物馆		
使用运营单位	眉山三苏祠博物馆		
项目一	三苏祠保护维修工程项目（一期）		
设计单位	北京国文琰文物保护发展有限公司		
施工单位	四川开禧古建筑园林工程有限公司		
监理单位	四川文博工程监理有限公司		
项目二	三苏祠保护三期工程		
设计单位	北京国文琰文物保护发展有限公司		
施工单位	四川开禧古建筑园林工程有限公司		
监理单位	四川文博工程监理有限公司		
项目二	三苏祠、三苏纪念展陈改造提升工程		
设计单位	北京清尚建筑装饰工程有限公司		

续表

文物名称	三苏祠	文物等级	全国重点文物保护单位
施工单位	北京清尚建筑装饰工程有限公司		
监理单位	四川陵州建设监理有限责任公司		

文物名称	谷氏旧居	文物等级	市、县（区）级文物保护单位
文物主管单位	安顺府文庙管理处		
业主单位	安顺市城市建设投资有限责任公司		
使用运营单位	六合时尚服饰有限责任公司与清越坊文化发展有限公司		
项目一	—		
设计单位	贵州省文物保护研究中心		
施工单位	贵州保利文物古建有限公司		
监理单位	贵州省文物保护研究中心		

文物名称	塔尔寺	文物等级	全国重点文物保护单位
文物主管单位	西宁市湟中区文体旅游局		
业主单位	塔尔寺管理委员会		
使用运营单位	塔尔寺管理委员会		
项目一	塔尔寺尕前活佛院、酥油花上院等四座古建筑维修工程设计方案		
设计单位	中国文化遗产研究院、北京兴中兴建筑设计有限公司		
施工单位	青海省塔尔寺古建筑工程有限公司		
监理单位	辽宁兴博文化遗产保护设计有限公司		

致　谢

感谢提供工作指导的顾问专家、单位及个人。

感谢国家文物局相关部门的统筹协调，感谢各省级文物部门的大力协助，感谢各地方文物管理部门的配合与支持，感谢曾经提供过资料的设计、施工、监理、管理、运营单位等。

感谢所有提供图片的摄影者、支持单位及个人，极少数图片未能联系上摄影者，见书后可与课题组联系（邮箱：jaoy@vip.qq.com）。

课题研究参与单位：北京建筑大学建筑遗产研究院
北京北建大建筑设计研究院有限公司

课题组负责人：汤羽扬

课题组参与人：刘昭祎　袁琳溪　侯玮琳　傅鑫博　张燕林
魏　侨　李　鹏　王　冰　王志斌